CONSTELLATIONS ET PLANÈTES

CONSTELLATIONS ET PLANÈTES

Texte et illustrations
de Antonín Rükl

Révision du Docteur Jean-Marc Becker,
Membre de la Société astronomique de France

Gründ

GARANTIE DE L'ÉDITEUR

Pour vous parvenir à son plus juste prix, cet ouvrage a fait l'objet d'un gros tirage. Malgré tous les soins apportés à sa fabrication, il est malheureusement possible qu'il comporte un défaut d'impression ou de façonnage. Dans ce cas, ce livre vous sera échangé sans frais. Veuillez à cet effet le rapporter au libraire qui vous l'a vendu ou nous écrire à l'adresse ci-dessous en nous précisant la nature du défaut constaté. Dans l'un ou l'autre cas, il sera immédiatement fait droit à votre réclamation.

Librairie Gründ — 60, rue Mazarine — 75006 Paris

Troisième tirage 1990
Adaptation française de Catherine Hyndrak
Texte original, illustrations et
arrangement graphique de Antonín Rükl
Révision générale du Docteur Jean-Marc Becker,
Membre de la Société astronomique de France
Première édition française 1988 par Librairie Gründ, Paris

ISBN: 2-7000-1551-7
Dépôt légal: avril 1988
Imprimé en Tchécoslovaquie par Svoboda, Prague
Édition originale 1988 par Artia, Prague

3/99/59/53-03

PRÉFACE

Pour le curieux du ciel, il est bon de se familiariser avec le système de repérage utilisé par les astronomes. C'est en effet le meilleur moyen de trouver à l'œil nu comme à l'instrument les objets faiblement lumineux qui sont pourtant parmi les plus fascinants que l'on puisse observer.

Quelques conseils simples permettront de s'y retrouver sans trop de difficulté. Sur terre nous utilisons sans peine les notions de Nord, Sud, Est, Ouest, qui nous sont presque instinctives. Les astronomes ont conçu un système analogue pour repérer n'importe quel point du ciel. L'axe de la sphère sur laquelle les astres sont repérés passe par les deux pôles, Nord et Sud. Ce qui correspond à la latitude sur Terre est appelée «déclinaison» dans le ciel. Elle est comptée positivement de l'équateur vers le pôle Nord, de 0 à 90 degrés, et négativement de 0 à —90 degrés, de l'équateur céleste vers le pôle Sud. L'équateur céleste divise donc le ciel en deux hémisphères. Pour l'observateur, sa hauteur sur l'horizon dépend de la latitude du lieu d'observation. A 45 degrés, c'est-à-dire pour les latitudes des pays tempérés Nord, il passe à 45 degrés de hauteur au-dessus de l'horizon Sud. A l'équateur, il passe en plein zénith; à 45 degrés de latitude Sud, il se trouve en direction du nord, et aux pôles, il fait le tour de l'horizon. Il coupe l'horizon à l'est et à l'ouest du lieu d'observation.

L'équivalent des longitudes terrestres est appelé «ascension droite». L'équateur céleste a été divisé en 24 fuseaux, analogues aux fuseaux horaires, eux-mêmes divisés en 60 minutes de 60 secondes. Leur origine est fixée au point dit «point vernal», qui correspond au point où la trajectoire apparente du soleil coupe l'équateur céleste à l'équinoxe de printemps. Ce point n'est marqué par rien sur la sphère céleste, et il a de plus la fâcheuse propriété d'être mobile à cause du phénomène dit de précession des équinoxes, lui-même dû à une instabilité de l'axe de rotation de la Terre. Cela oblige à remettre périodiquement à jour les éphémérides. Mais cela ne doit pas rebuter le néophyte, car nous allons utiliser uniquement des écartements entre les différents astres qui, eux, sont à peu près fixes.

Pour un observateur se trouvant au nord de l'équateur, les valeurs de l'ascension droite croissent de l'ouest vers l'est. Il est à remarquer qu'une heure équivaut à 15 degrés, qu'une minute vaut 15 minutes d'arc, et qu'une seconde vaut 15 secondes d'arc.

Les objets faibles accessibles aux jumelles et aux petits télescopes ont été repérés ainsi dans ce livre. (A noter que la classique lunette de 60 mm n'est pas adaptée à l'observation des objets faibles étendus, et que les jumelles lui sont en ce domaine très préférables).

Pour s'aider des coordonnées, il faut profiter du passage plein sud des constellations dans lesquelles se trouvent les objets recherchés. Il faut par ailleurs connaître le «champ» de l'instrument utilisé. Un bon repère pour cela: la Lune fait à très peu de chose près un demi degré. Il suffit donc d'estimer combien de fois le diamètre de la Lune «rentre» dans le champ du télescope équipé de son grossissement le plus faible. Pour ce qui est des jumelles, le champ est en général indiqué sur le boîtier, et est de l'ordre de 7 degrés.

On identifie, selon la saison, les constellations qui culminent au «méridien», c'est-à-dire la ligne imaginaire qui joint le pôle et la direction plein sud.

En s'aidant des cartes de l'atlas, il est facile d'identifier les principales étoiles visibles à l'œil nu. On peut ensuite trouver un objet à l'aide des coordonnées d'une étoile, en calculant l'écart angulaire qu'elle forme avec l'objet recherché, dans les deux directions. Il suffit alors de traduire cet écart en largeurs de champs et de les reporter sur le ciel. Un exemple permettra de mieux comprendre. L'amas ouvert M 11, de l'Écu, a pour coordonnées : alpha 18h 51 mn, delta —6° 16′. Par ailleurs, Altaïr, de l'Aigle, étoile particulièrement brillante, est à 19h

51 mn et +8° 52 mn. On voit donc que M 11 est à pratiquement 1h, soit 15 degrés à l'ouest d'Altaïr, et à 15 degrés au nord en déclinaison. Pour le trouver avec des jumelles ayant un champ de 7 degrés, il faut se déplacer de deux champs et demi vers l'ouest en partant d'Altaïr, puis monter de deux champs et demi vers le nord pour trouver M 11.

Il ne faut pas se décourager si les premières tentatives sont laborieuses et infructueuses. Il vaut mieux commencer par les objets faciles, comme la nébuleuse d'Andromède ou l'amas d'Hercule. Peu à peu l'œil s'habitue à percevoir de très faibles contrastes, s'accoutume à l'obscurité, les cheminements pour passer d'un objet à l'autre deviennent familiers, et la véritable découverte du ciel peut alors commencer.

Jean-Marc Becker

INTRODUCTION

Les profondeurs de l'univers recèlent une quantité insoupçonnée de corps célestes. Leur éloignement ne permet pas en général de les observer directement; il faut avoir recours à des enregistrements photographiques. Nous demeurons souvent admiratifs et fascinés par la diversité et le coloris de ces objets comme nous le sommes d'ailleurs face aux splendeurs de la nature.

Le but principal de cet atlas illustré est de familiariser le lecteur avec un choix représentatif d'astres appartenant au système solaire et à l'univers stellaire. Le lecteur y rencontrera les splendeurs les plus célèbres de la voûte céleste. Lorsqu'on observe un objet dans différentes régions du spectre électromagnétique, il peut changer totalement d'apparence. A quelques exceptions près, les corps célestes sont représentés dans cet ouvrage tels qu'ils apparaissent dans la lumière visible.

Toutes les illustrations sont constituées par des dessins qui synthétisent parfois plusieurs photographies d'un même objet, réalisées par divers appareils avec des temps d'exposition différents. Les photographies prises avec des télescopes géants appartenant aux meilleurs observatoires du monde et des clichés réalisés par des sondes spatiales ont servi de matériel de base. Ce livre constitue une nouveauté; en effet, les habituelles photographies ont été remplacées par des dessins très précis, ce qui facilite considérablement la compréhension. Cet ouvrage présente une unité graphique. Les besoins de l'impression ont permis de souligner des détails très ténus. Il est toutefois indéniable que la photographie originale est irremplaçable dans le cadre de recherches scientifiques.

Le livre s'articule sur des dessins aux légendes succintes. Cette publication est destinée à un très large public et aux astronomes amateurs qui débutent. Le lecteur dépourvu de connaissances générales en astronomie trouvera une postface (page 212) ainsi qu'un lexique de termes scientifiques (page 219). Pour une plus ample compréhension de l'astronomie et de ses applications, il consultera les ouvrages recommandés dans la bibliographie.

Une partie importante de ce livre est constituée par la cartographie des planètes, de leurs satellites, de l'univers stellaire, des constellations. La position des corps célestes est indiquée sur les cartes. Le lecteur se familiarisera ainsi avec la topographie et la terminologie de l'astronomie et pourra s'orienter plus facilement dans la littérature spécialisée. Ce livre lui fournira en outre de nombreux sujets d'étude pour ses propres observations d'astronome amateur; en effet, rien ne saurait remplacer l'expérience qu'il acquerra avec un petit télescope.

Naturellement, un objet vu au télescope d'amateur ne correspond pas fidèlement au dessin qui le représente. Mais ce n'est pas seulement son apparence qui compte, nos connaissances à son sujet sont tout aussi capitales. Par notre savoir, ces minuscules points brillants dans le ciel se métamorphosent en astres fascinants. Leur évolution est souvent dramatique, elle suscite toujours notre intérêt. Les portes restent ouvertes à la science et à ses multiples interrogations.

L'auteur n'aurait pas pu rédiger ce livre sans l'aide amicale de nombreux spécialistes, astronomes et également illustrateurs, qui lui ont donné de précieux conseils et une documentation très abondante. Sans eux, il aurait eu beaucoup de peine à surmonter les problèmes techniques liés à l'utilisation de l'aérographe, indispensable pour une représentation exacte et réaliste des corps célestes. L'auteur exprime toute sa reconnaissance à Merton E. Davies de Santa Monica (États-Unis), spécialiste des cartes du système solaire, et également à Robert et Gloria Mc Millan de Tucson (États-Unis), à Hugh D. Moore de Del Mar (États-Unis), à Hermann Mucke, directeur du planétarium de Vienne (Autriche), à Thomas W. Rackham de Jodrell Bank (Grande-Bretagne).

L'auteur remercie ses lecteurs, Pavel Andrle et Pavel Příhoda pour leurs précieuses remarques, ainsi qu'Helena Holovská pour la mise en pages. Grâce à la collaboration de la bibliothèque de l'Institut d'Astronomie de l'Académie des Sciences Tchécoslovaque, de la bibliothèque de Strahov de Prague et de Zdeněk Horský, des illustrations datant des siècles passés ont pu être insérées dans ce livre. En dernier lieu, l'auteur exprime toute sa reconnaissance à sa femme pour la patience dont elle a fait preuve et l'aide qu'elle a su lui offrir pendant la rédaction de ce livre.

Antonín Rükl

LE SYSTÈME SOLAIRE

Comment ne pas s'interroger sur la nature de l'univers dans lequel nous sommes plongés, sur sa structure et sur la place qu'y occupe la Terre? Déjà à une époque d'ignorance complète nos ancêtres reconnaissaient trois catégories de corps célestes: le Soleil, la Lune et les étoiles. En observant plus minutieusement la voûte céleste, ils identifièrent un quatrième type; il s'agissait de cinq étoiles brillantes qui semblaient errer dans le ciel: Mercure, Vénus, Mars, Jupiter et Saturne. Leur mouvement extrêmement complexe ne ressemblait en rien à celui des autres étoiles. Une fois ce mouvement déchiffré, il s'avéra que non seulement ces corps, mais également la Terre, étaient des planètes qui gravitaient autour du Soleil. Toutefois, nous ne connaissons le schéma du système solaire dans son ensemble que depuis peu. Il comprend une étoile, neuf planètes et une infinité de petits corps célestes. Seul le Soleil émet sa propre lumière; les autres objets sont froids, ils réfléchissent la lumière solaire.

La majeure partie de la masse du système est concentrée dans le Soleil. Il produit l'énergie, la lumière et la chaleur indispensables à la vie sur la Terre. Il est difficile de s'imaginer que le Soleil est une simple étoile, semblable à tant d'autres à peine discernables dans le ciel. Elles sont tellement éloignées que leur lumière, se déplaçant à la vitesse de 300 000 km/s, met des années, des siècles, voire plus, pour nous atteindre. La lumière solaire parvient sur la Terre en 8,5 minutes, sur Pluton (la planète la plus éloignée) en 5,5 heures et sur Alpha du Centaure (l'étoile voisine la plus proche) en 4,3 années. Si nous observions le Soleil à partir d'une des étoiles les plus proches, les rôles seraient inversés, le Soleil ressemblerait de loin à une petite étoile et nous n'apercevrions ni la Terre ni les autres planètes. Les astronomes s'efforcent de prouver l'existence de planètes qui graviteraient autour d'autres étoiles-soleils. Jusqu'à présent, leurs tentatives n'ont pas été couronnées de succès. Nous sommes persuadés que cette hypothèse sera bientôt vérifiée. Mais, pour le moment, nous ne connaissons qu'un seul système planétaire dans l'univers, à savoir le nôtre.

Les planètes gravitent autour du Soleil dans un même plan en accomplissant des trajectoires elliptiques, presque circulaires. Les planètes sont réparties en deux groupes: *les planètes telluriques* (de Mercure à Mars) et *les planètes géantes* (de Jupiter à Neptune). Pluton n'appartient à aucun de ces deux groupes, il serait plutôt apparenté aux satellites des planètes géantes. Le tableau de la page 216 fournit les principales caractéristiques des planètes.

Les planètes telluriques ont une densité importante; elles sont essentiellement composées de roches, de métaux et d'une petite quantité de gaz contenue dans la couche peu épaisse de l'enveloppe atmosphérique. Cependant, les conditions physiques qui règnent sur les surfaces de ces planètes diffèrent considérablement. Ces différences ne sont pas uniquement liées à un éloignement plus ou moins important de la source d'énergie (le Soleil). Le milieu de chaque planète est le résultat de l'action à long terme de forces internes et externes. La connaissance de la surface de ces corps nous confirme que la vie et le milieu naturel de la Terre sont des trésors inestimables dans un univers hostile.

Les planètes géantes ont des dimensions nettement supérieures à celles des planètes telluriques, leur masse est plus importante. Leur densité moyenne est voisine de celle de l'eau. Elles sont plus proches, par leur composition chimique, du Soleil que de la Terre. Ce sont des géants gazeux composés d'hydrogène, d'hélium et de composants mineurs tel que le méthane. Leur noyau rocheux est relativement petit. Les planètes géantes possèdent de nombreux satellites et des systèmes complexes d'anneaux.

Le tableau de la page 217 regroupe les principales caractéristiques des satellites des planètes. Sept d'entre eux ont un diamètre supérieur à 3000 km. Ce sont des milieux très surprenants; par exemple Io, le satellite de Jupiter, avec son intense activité volcanique, ou bien encore Titan, le plus grand satellite saturnien, qui aurait une atmosphère composée d'azote et de méthane, et peut-être même des océans de méthane. Les satellites ont une faible densité moyenne, ce qui témoignerait de la présence d'une grande quantité d'eau (glace). De même que dans le système Terre-Lune, la durée de rotation de tous les satellites dépend de leur durée de révolution autour de la planète (rotation synchrone). Le satellite présente ainsi toujours la même face à la planète, et l'autre face demeure cachée.

Les comètes, les astéroïdes et les météores sont les objets les moins massifs du système solaire (voir leur présentation plus détaillée page 88.) Depuis toujours, les comètes suscitent un très vif intérêt, et plus spécialement les comètes brillantes à longue queue. Cependant, les savants accordent beaucoup d'attention aux noyaux des comètes qui pourraient contenir des échantillons de matière non altérée provenant de la formation du système solaire.

Quand et comment s'est créé le système solaire? Il proviendrait d'un immense nuage de poussière et de gaz interstellaires qui se serait écroulé sous l'action de sa propre gravitation et sous l'action d'une impulsion externe pour se transformer en disque en rotation. La partie essentielle de la masse s'est concentrée dans le centre du disque. En se contractant par la suite, elle a donné naissance à l'étoile Soleil. Lorsque la température et la pression à l'intérieur de l'étoile ont atteint des valeurs suffisantes pour déclencher les réactions thermonucléaires dans le noyau (le combustible — hydrogène — se transforme en hélium), l'étoile s'est alors allumée. Les planètes, leurs satellites et les autres corps se sont formés avec les résidus du disque protoplanétaire dans lesquels s'étaient agglomérées la poussière et la matière gazeuse. Cela remonte à plus de 4,6 milliards d'années. Il se produisit ensuite de nombreuses collisions et chutes de matière non utilisée sur la surface des planètes et des corps plus petits. Des cratères d'impact existants encore sur la Lune, Mercure et d'autres corps célestes datent de cette période de bombardement intense.

L'UNIVERS STELLAIRE

LE RAYONNEMENT ÉLECTROMAGNÉTIQUE, dont la lumière constitue la partie visible pour l'œil, est la source principale d'information sur les objets de l'univers stellaire. La lumière est composée d'une série de couleurs spectrales auxquelles correspond une longueur d'onde λ (lambda) exprimée en nanomètres (1 nm = 10^{-9} m = un milliardième de mètre). Le spectre continu de la lumière visible (figure 1) comprend dans un ordre croissant de longueurs d'onde le violet (λ = 300 nm), le bleu, le jaune, l'orange et le rouge foncé (λ = 700 nm). Certains objets n'émettent pas de spectre continu mais rayonnent dans certaines couleurs très étroitement délimitées (raies spectrales).

En vision nocturne, notre œil n'est pas sensible à des nuances subtiles de couleurs. Nous voyons l'univers plus ou moins en noir et blanc, à quelques exceptions près. Cependant, grâce aux moyens techniques modernes tels que l'enregistrement électronique du spectre, le traitement d'images, les photographies prises avec des télescopes, les objets sont représentés de manière plus réaliste et objective. L'objet étudié est généralement reproduit pour des besoins scientifiques dans plusieurs dessins en différentes couleurs (voir par exemple les dessins de la nébuleuse annulaire page 175). Les belles illustrations en couleur représentant des galaxies, des nébuleuses et d'autres corps que nous pouvons admirer dans certains ouvrages ne répondent en général qu'à des buts de vulgarisation.

Le rayonnement invisible est aussi fondamental que la lumière visible pour appréhender un corps cosmique. Seuls la lumière visible, certains rayons infrarouges et radio atteignent notre planète à travers le filtre de l'atmosphère. Nous sommes actuellement en mesure d'observer un corps dans la totalité de son spectre électromagnétique grâce aux appareils de haute précision installés à bord des satellites artificiels. De nouveaux domaines scientifiques tels que la radioastronomie, l'astronomie infrarouge, ultraviolette, X et gamma se consacrent à l'étude de l'univers aux côtés de l'astronomie optique classique. Des enregistrements de rayonnement invisible peuvent être utilisés dans des dessins en couleur qui illustrent par exemple la répartition spectrale de l'intensité du rayonnement (voir l'exemple de «l'image radio» du centre de la Galaxie page 188).

LES ÉTOILES sont des astres le plus généralement sphériques, constitués de plasma brûlant. Elles sont beaucoup plus massives que les planètes et possèdent dans leur noyau leur propre source thermonucléaire d'énergie. Le Soleil est une étoile moyenne, il sert d'unité de référence (unité soleil) lorsque l'on compare le diamètre, la masse, la luminosité et autres caractéristiques des étoiles.

Les étoiles ressemblent à des points plus ou moins brillants dans le ciel. Nous exprimons leur luminosité en degrés de groupes stellaires ou bien en *magnitude stellaire apparente* (^{m}). Les étoiles les plus faibles visibles à l'œil nu on une magnitude de $+6{,}0^{m}$, les plus brillantes de $0{,}0^{m}$, Sirius atteint même $-1{,}4^{m}$. Pour pouvoir comparer de manière objective les luminosités des étoiles, on calcule la *magnitude absolue* M. Il s'agit de la magnitude qu'aurait toute étoile à une distance standard de 10 parsecs de la Terre, c'est-à-dire à 32,6 années-lumière. Pour obtenir M, il est indispensable de connaître la luminosité réelle de l'étoile.

La distance d'une étoile se mesure de manière relativement précise avec une méthode trigonométrique utilisant la *parallaxe.* La parallaxe correspond à l'angle entre deux droites d'observation de l'étoile (par exemple l'angle entre deux points opposés situés sur l'orbite terrestre autour du Soleil). Cette méthode n'est pas applicable pour des distances excédant 300 années-lumière, les parallaxes des étoiles seraient alors extrêmement petites. On utilise la même méthode mais en sens inverse: après avoir déterminé la magnitude absolue de l'étoile, la différence M-m permet d'obtenir la distance de l'objet. La valeur M est définie dans le diagramme de température—luminosité dans lequel est classée l'étoile selon sa classe spectrale (figure 2). Naturellement, ces distances calculées de manière indirecte ne sauraient être exactes. Il peut exister une marge de 30 % entre la distance réelle et la distance obtenue par calcul. De même, la distance d'un même objet peut excessivement varier selon les sources utilisées, ce qui ne manque pas de choquer le profane. C'est malgré tout un succès pour l'astronomie d'être parvenue à élaborer un schéma relativement fidèle de la position des objets dans le cosmos.

Le *diagramme température—luminosité* est d'une importance capitale pour l'étude des

Fig. 1 Spectre continu

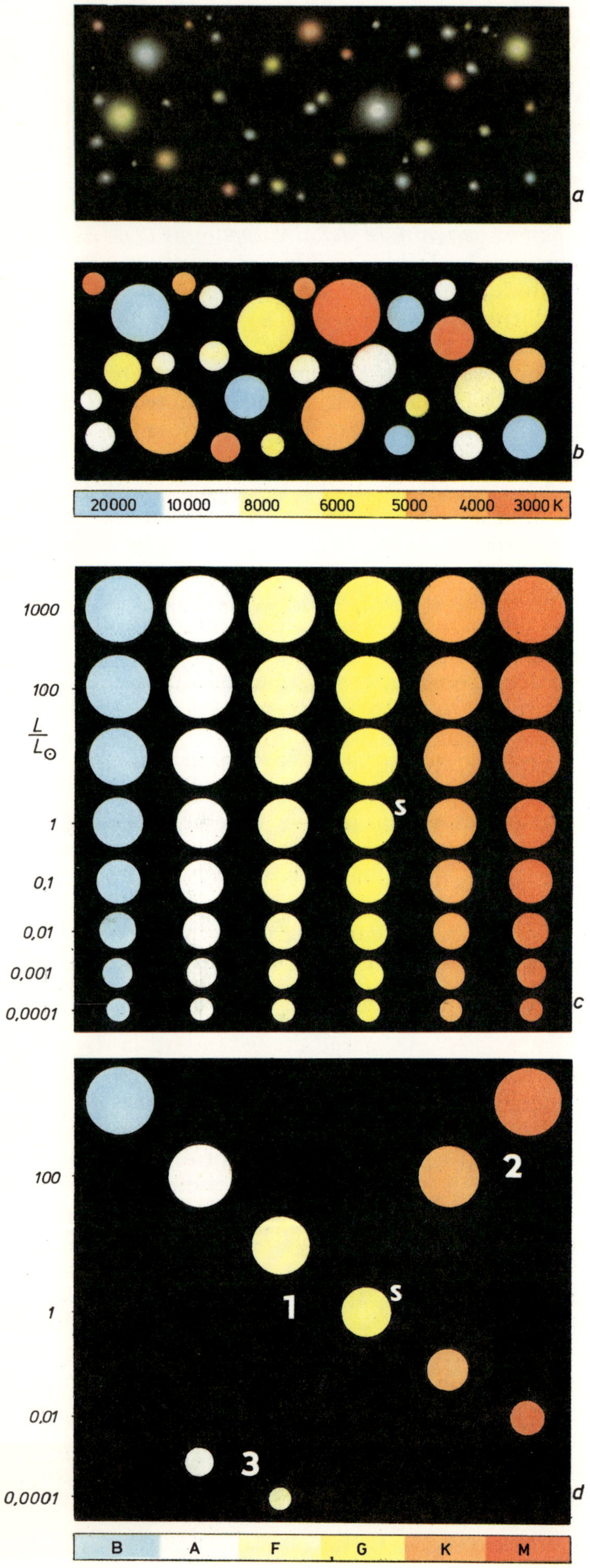

Fig. 2 Diagramme température—luminosité. Les étoiles du ciel ne brillent pas toutes d'un même éclat (a) d'une part parce qu'elles n'ont pas la même luminosité, d'autre part parce qu'elles sont plus ou moins éloignées. Leurs nuances de couleur dépendent de leur température: les étoiles les plus chaudes émettent surtout de la lumière bleue, les plus froides de la lumière rouge.

Afin de pouvoir les comparer, nous représentons les luminosités par des disques; plus la luminosité est importante, plus le disque est grand. Nous indiquons ainsi qu'une étoile avec une grande surface est plus lumineuse qu'une étoile aussi chaude mais de taille inférieure. La couleur des disques indique la température des étoiles. Le spectre d'une étoile correspond à sa température. Les étoiles sont réparties en classes spectrales. Seules les classes spectrales principales A, B, F, G, K, M, sont représentées sur le diagramme; en réalité, il existe toute une échelle de températures et les classes spectrales se suivent de manière très serrée.

Nous allons maintenant classer ces étoiles (disques) selon leur grandeur (luminosité L) et leur couleur (température); les disques de même couleur sont assemblés en colonnes. Nous classerons toutes les étoiles du ciel sans oublier le Soleil (S) dont la luminosité sert d'unité ($L_\odot = 1$). La température du Soleil est de 6000 K.

Qu'advient-il dans le classement? Nous pourrions nous attendre à ce qu'à chaque couleur corresponde une quantité énorme d'étoiles dont les disques seraient de taille différente (luminosité) comme le montre le dessin voisin (c). Il n'en est rien!

Même en considérant le plus grand nombre possible d'étoiles, les disques se concentrent toujours dans certaines zones du diagramme, les autres zones demeurant vides (d). La plupart des étoiles, y compris le Soleil (S), se répartissent le long de la «séquence principale» (1) qui s'étire en diagonale comme une ceinture d'en haut à gauche vers le bas à droite. Les géantes et les supergéantes représentent un groupe important (2) ainsi que les naines (3). Cette appellation se révèle exacte; il faut effectivement qu'une étoile soit une géante pour qu'à température égale avec une naine sa luminosité soit un million de fois plus élevée.

Le diagramme température—luminosité vous est présenté sous une forme très simplifiée (voir également page 100).

étoiles, de leurs caractéristiques fondamentales et de leur évolution. Les étoiles sont réparties en classes spectrales d'après ce diagramme. C'est une notion élémentaire en astronomie; le tableau est présenté sous une forme simplifiée à la page 10 (figure 2) et à la page 101.

Sous l'effet de la gravitation, des nuages de gaz et de poussière interstellaire s'agglomèrent pour donner naissance à des étoiles. Une étoile se met à briller lorsque l'hydrogène «s'enflamme» dans son noyau. C'est une réaction thermonucléaire. L'étoile entre dans la séquence principale du diagramme température—luminosité où elle passe les plus belles années de sa vie. Le destin d'une étoile est tracé dès sa naissance: il dépend de sa masse initiale. Plus l'étoile est massive, plus vite elle consomme son hydrogène. Sa température et sa luminosité sont élevées, elle épuise rapidement son stock de combustible (l'hydrogène). Elle abandonne alors la séquence principale pour devenir une *géante* ou *supergéante* pour une période intermédiaire. Les réactions nucléaires se font plus complexes. Après avoir consommé tout son combustible nucléaire, l'étoile parvient au dernier stade de son évolution; elle ne peut plus résister aux puissantes forces de gravitation par manque d'énergie interne, elle s'effondre alors. Parfois elle explose et une partie de la matière stellaire s'éparpille dans l'espace. L'étoile en chutant se transforme selon sa masse d'origine en *naine blanche, étoile à neutrons* ou encore en *trou noir* si elle était à l'origine très massive. Dans la partie illustrée figurent quelques spécimens de ces objets exotiques dont la densité est extraodinairement élevée.

LES ÉTOILES DOUBLES ET MULTIPLES sont des groupes simples d'étoiles qui tournent autour d'un même centre de gravité. Nous parlons de *double visuelle* lorsque les composants de la binaire sont visibles au télescope, de *double spectroscopique* lorsque l'étroite proximité des composants ne permet pas de les distinguer par les moyens optiques, et que seul le spectre témoigne de la binarité. Les *étoiles doubles à éclipses* méritent une attention toute particulière: leurs composants s'éclipsent mutuellement, provoquant de la sorte des variations régulières d'éclat. L'observation des binaires permet de déterminer la masse, les dimensions et autres caractéristiques des composants.

Les étoiles doubles constituent un des sujets préférés des astronomes amateurs, et plus particulièrement les binaires offrant un contraste flagrant de couleur entre les deux composants. Le lecteur trouvera dans la partie illustrée de nombreux exemples de trajectoire apparente de binaires dont les positions changent rapidement. Les composants des étoiles doubles et multiples sont désignés dans un ordre décroissant d'éclat pas les lettres A, B, C, etc. A, le composant le plus brillant, est donné comme point fixe dans les schémas, quelques positions de B à des dates données figurent sur son orbite elliptique apparente.

LES VARIABLES sont des étoiles dont l'éclat varie à intervalle régulier ou irrégulier pour des raisons physiques telles que des variations de diamètre et de température de l'étoile. Il existe plusieurs types de variables parmi lesquelles les *variables pulsantes* sont les plus nombreuses. Les plus célèbres sont les céphéides qui doivent leur nom à l'étoile Delta Cephei, prototype de ce groupe. Les céphéides sont les «phares de l'univers»'. La période de variation de leur éclat dépend de la magnitude stellaire absolue M et, comme nous le savons déjà, la distance de l'objet correspond à la différence M-m (voir page 221).

Chaque variable est caractérisée par sa courbe de lumière, c'est-à-dire par un graphique illustrant ses variations d'éclat dans le temps. La partie illustrée offre de nombreuses courbes de lumière, notamment pour les variables dont les variations d'éclat sont importantes et facilement observables.

Les explosions intervenant au stade final de l'évolution d'une étoile provoquent des variations considérables d'éclat. Selon la nature de cette explosion, il s'agit de *novae* ou de *supernovae.*

LES AMAS STELLAIRES sont des groupes d'étoiles qui se sont créées et développées en même temps, et qui sont liées entre elles par la gravitation. Les *amas ouverts* comprennent des dizaines, des centaines, voir des milliers de membres, et leur diamètre réel se situe entre 5 et 50 années-lumière. Nous connaissons plus de 1000 amas ouverts, localisés près du plan de la Voie lactée. Ce sont des formations relativements jeunes. Les *amas globulaires* contiennent de 10 000 à 10 millions d'étoiles et présentent une forme sphérique régulière. Ils sont très peu denses à la périphérie, et la concentration en étoiles augmente vers le centre. Leur diamètre réel se situe entre 50 et 300 années-lumière. Nous en connaissons plus de 120. Les amas globulaires appartiennent au halo galactique. Ils représentent une des formations les plus anciennes de la Galaxie. Sur le schéma de la Galaxie, ils correspondent aux disques orange (figure 3).

LES NÉBULEUSES sont des formations de l'espace interstellaire, composées de gaz (essentiellement d'hydrogène) ou de poussière. A proximité d'étoiles très chaudes qui émettent de puissants rayons ultraviolets, les nuages de gaz sont ionisés et apparaissent comme des *nébuleuses à émission* aussi appelées régions H II. Elles brillent intensément, surtout dans la partie rouge du spectre. Les nuages de poussière réfléchissent par contre la lumière des étoiles proches (même moins chaudes); ce sont des *nébuleuses à réflexion*. La couleur bleue domine souvent dans leur lumière.

Les nébuleuses contiennent souvent en même temps de la poussière et du gaz; c'est pourquoi les nébuleuses à émission et les nébuleuses à réflexion se trouvent souvent ensemble. Leurs formes extraordinaires et leur coloris très délicat éclatent littéralement dans les photographies. Elles comptent parmi les objets les plus splendides de l'univers.

Si les nuages de matière interstellaire sont éloignés des étoiles, ils ne brillent pas. Les nuages de poussière absorbent la lumière des étoiles distantes et forment des *nébuleuses sombres* qui apparaissent surtout dans l'arrière-plan de riches champs stellaires dans la Voie lactée.

Les *nébuleuses planétaires* apparaissent à proximité de certains types d'étoiles en fin d'évolution qui se séparent des couches externes de leur atmosphère. Observées au télescope, elles ressemblent à des disques et rappellent la forme des planètes, d'où leur nom. Les étoiles centrales de ces nébuleuses sont extraordinairement chaudes: de 30 000 K à 150 000 K. Elles émettent des rayons ultraviolets intenses qui font briller le gaz très raréfié de la nébuleuse dans le domaine de la lumière visible.

LA GALAXIE, appelée Voie lactée, est un système stellaire auquel appartient notre Soleil. Nous pouvons nous représenter la Galaxie comme une île très vaste. La plupart des étoiles est concentrée dans un disque plat, élargi au centre (figure 3). La partie centrale renflée du disque a un diamètre d'environ 15 000 années-lumière; le diamètre du disque entier serait de 90 000 années-lumière. Le disque possède une structure spiralée. Vers le plan du disque, des nuages de gaz et de poussière interstellaire se concentrent. Le Soleil (⊙) se situe à plus de 28 000 années-lumière du centre de la Galaxie, localisé dans la direction de la constellation Sagittarius (Sagittaire).

Dans le plan du disque, d'énormes quantités d'étoiles voisines se projettent sur le ciel pour former la bande argentée de la Voie lactée. Les «fenêtres galactiques», par lesquelles on peut regarder l'espace cosmique, le monde des galaxies, se trouvent en dehors du plan de la Galaxie.

Le disque est enveloppé par un halo sphérique de 100 000 années-lumière de diamètre contenant de vieilles étoiles et des amas globu-

Fig. 3 Schéma de notre Galaxie

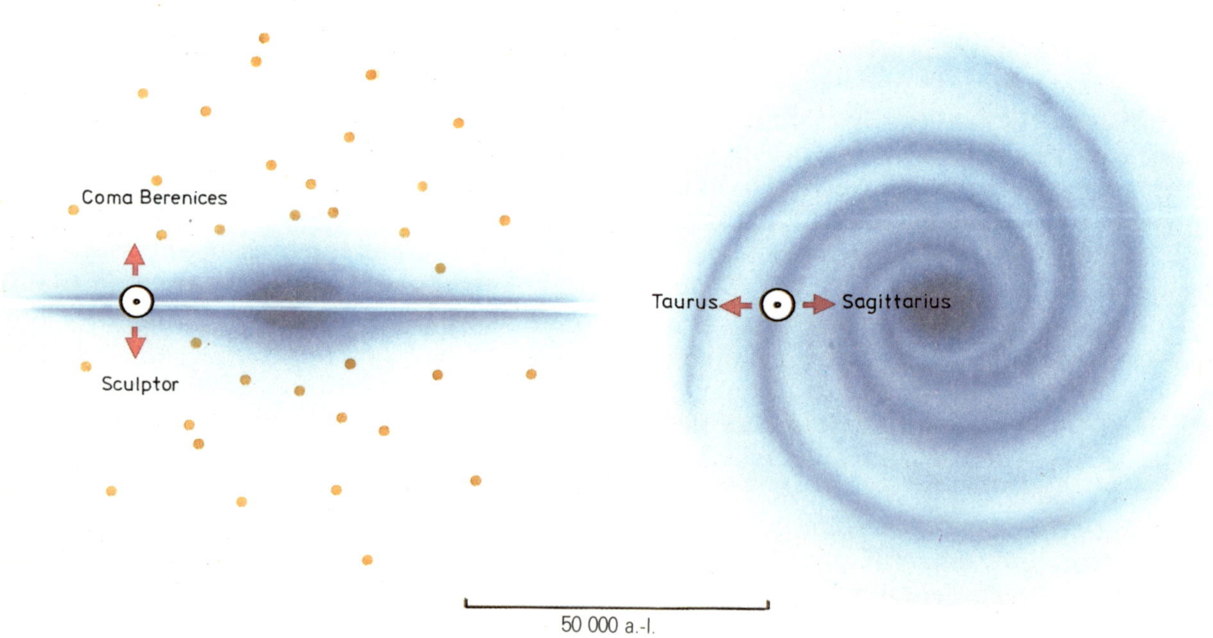

laires. Depuis 1973 on sait qu'il existe une partie externe de la Galaxie, appelée «couronne» dont le diamètre dépasse 400 000 années-lumière (elle n'est pas représentée sur la figure 3). La couronne est très ténue, nous ignorons jusqu'à présent quelle est sa composition. Elle se manifeste par des effets gravitationnels sur la rotation de la Galaxie. En comptant la couronne, la masse totale de la Galaxie dépasserait un billion (10^{12}) de soleils.

LES SYSTÈMES STELLAIRES appelés galaxies constituent les pierres angulaires de l'univers. Certains ressemblent à notre Galaxie, d'autres s'en différencient notablement par leur constitution et leur masse. Les galaxies se répartissent en elliptiques (E), spirales (S) et spirales barrées (SB) (figure 4). Les galaxies elliptiques ont une forme ellipsoïdale sans frontières nettes. Les spirales se subdivisent en sous-classes a, b, c selon l'ouverture de la spirale et dans l'ordre décroissant des dimensions des noyaux. Dans le type SB, les bras spiralés débouchent sur la barre qui traverse le noyau. Les types SO et SBO partagent certaines caractéristiques des galaxies elliptiques et en spirale. Mais elles ne possèdent pas de structure spiralée développée. Les galaxies à forme irrégulière sont désignées par Irr (irregular). Outre cette classification dite de Hubble, il existe d'autres classifications plus détaillées.

Avec un petit télescope nous ne pouvons observer que les galaxies les plus brillantes qui ressemblent la plupart du temps à des nuages brumeux peu nets. Les grands télescopes agrandissent à tel point ces objets fascinants que nous pouvons apercevoir au sein des plus proches des étoiles, des amas et des nébuleuses. Sur des photographies en couleur, les bras en spirale sont en général bleutés; ils doivent leur coloration au rayonnement d'étoiles chaudes qui s'y forment. Les couleurs jaune et rouge dans les parties centrales des galaxies témoignent de la présence d'étoiles plus anciennes.

Les galaxies se regroupent dans des formations plus importantes, dans des *groupes* contenant jusqu'à des dizaines de membres, ou des *amas* contenant des centaines, voire des milliers de membres. Il existe des systèmes encore plus complexes. Notre Galaxie appartient à un groupe, appelé Groupe Local, qui compte environ 25 galaxies.

Les galaxies s'éloignent les unes des autres. Plus la distance qui les sépare est importante, plus elles s'éloignent rapidement. Nous appartenons donc à un univers en expansion.

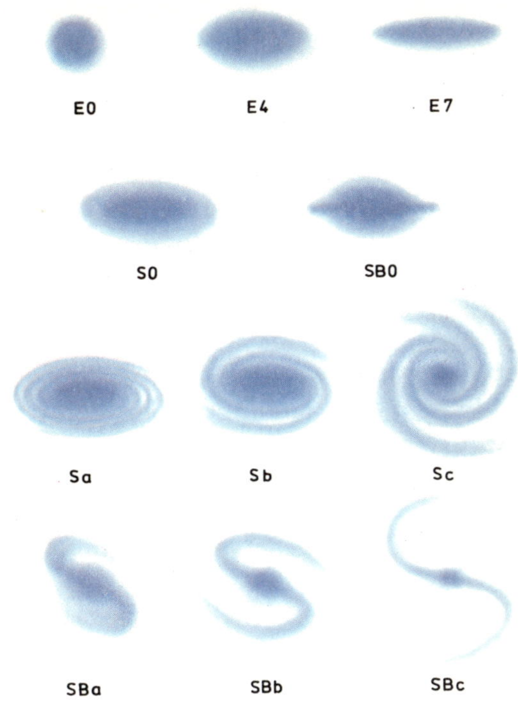

Fig. 4 Classification des galaxies d'après Hubble

CARTES ASTRONOMIQUES

LES CARTES DES CORPS DU SYSTÈME SOLAIRE ont été établies à partir de clichés réalisés pas des sondes cosmiques. Pour certaines planètes et leurs satellites il n'existe jusqu'à présent que des cartes partielles. La planète Mars et la Lune sont dotées des cartographies les plus complètes après celles de la Terre.

Les systèmes de cordonnées existant pour les planètes et leurs satellites sont comparables à celui qui existe pour notre Terre: en observant la rotation de l'astre, on détermine la position de l'équateur et des pôles, ensuite on trace l'ensemble des méridiens et des parallèles et l'un d'entre eux est choisi comme méridien d'origine. Pour les besoins cartographiques, la surface de l'astre est remplacée par une surface sphérique, qui est reproduite sur une carte plane grâce à des méthodes mathématiques. Naturellement, les dimensions et la forme des objets représentés subissent inévitablement des altérations. La cartographie de la Lune constitue un cas à part; les cartes sont conçues pour des observateurs terriens. La Lune est représentée telle qu'elle apparaît à partir de la Terre, les régions externes du disque lunaire subissent d'énormes déformations, les cratères circulaires ressemblent à des ellipses étroites.

La nomenclature utilisée dans les cartes des planètes et de leurs satellites provient du XVIIe siècle. Jusqu'au début du XXe siècle, un cartographe pouvait baptiser un objet comme bon lui semblait. A partir des années 30, l'Union internationale d'astronomie (IAU) a fait autorité pour toutes les questions concernant les cartes des corps du système solaire; elle a agréé plus de 3500 noms sur 20 corps. Ce nombre augmentera vraisemblablement d'ici la fin du XXe siècle. La dénomination des formations de surface est fortement latinisée (voir page 221); nous rencontrons également de nombreux noms de personnalités célèbres, d'êtres mythologiques, etc.

La partie illustrée de cet atlas comprend également des cartes schématiques de tous les corps célestes cartographiés jusqu'à présent. Elles montrent les caractéristiques principales des formations tout en indiquant leur dénomination. Le nord se trouve en haut des cartes.

LES CARTES STELLAIRES: cet atlas contient deux types de cartes stellaires. Le ciel du nord et du sud est représenté par six cartes destinées à une orientation générale et portant les lettres de A à F. Les constellations principales, au nombre de 88, figurent sous leur nom latin. Les cartes stellaires contiennent des coordonnées valables pour 2000,0 (voir le lexique page 222 : Précession). Les coordonnées sont non seulement utiles pour s'orienter, mais elles permettent également de se représenter les dimensions réelles dans la voûte céleste. Les équivalents des méridiens terrestres sont des cercles de déclinaison distants ici d'une heure en ascension droite, les équivalents des parallèles terrestres sont des cercles de même déclinaison, espacés de 10° en déclinaison.

Chacune des six cartes est suivie d'une série de petites cartes sur lesquelles sont mentionnées les positions des objets cosmiques illustrés. Vous trouverez la légende de ces cartes à la page 102. Les étoiles brillantes sont désignées par leur nom ou bien par les lettres minuscules de l'alphabet grec (dénomination introduite par Bayer en 1603), suivies du nom latin au génitif de la constellation (exemple: *Alpha Lyrae* = Alpha de la Lyre). Les étoiles les plus brillantes sont désignées par leur numéro de Flamsteed (exemple: 61 du Cygne). D'autres systèmes de dénomination existent pour les étoiles, notamment les numéros des différents catalogues. Les étoiles variables sont désignées par les majuscules de l'alphabet latin (exemple: VV de Céphée).

Les étoiles brillantes, les nébuleuses, les galaxies visibles au petit télescope, sont présentées aux amateurs sous leur *numéro de Messier*. Cet astronome français a dressé ce catalogue en 1784; il contenait 104 objets auxquels ont été rajoutés d'autres corps par la suite. La lettre M indique qu'il s'agit du catalogue de Messier, elle est suivie par le numéro d'ordre de l'objet : M 42= Grande Nébuleuse d'Orion. Les plus beaux amas, nébuleuses, galaxies ont été baptisés (Trifide, Sombrero, Laguna, etc.) Sinon, ils sont désignés sous leur numéro du NGC (New General Catalogue of Nebulae and Clusters of Stars 1888) ou bien de son additif IC (Index Catalogue).

Les cartes stellaires de cet atlas permettent de s'orienter dans le ciel, d'identifier la position des objets illustrés et de découvrir les plus brillants d'entre eux avec un télescope. L'astronome amateur qui désirerait identifier des objets moins brillants au télescope ne pourrait se passer d'un atlas stellaire plus détaillé.

PARTIE ILLUSTRÉE

Les symboles astronomiques et les abréviations qui figurent en marge des pages paires permettent de s'orienter plus facilement dans la partie illustrée. Vous trouverez ci-dessous la liste des symboles utilisés, et les abréviations des noms des constellations à la page 211.

La partie illustrée comprend des illustrations anciennes. Les dessins en couleur des constellations sont des reproductions d'un code astronomique établi vraisemblablement en Italie au XIVe siècle. Ce code est conservé à la bibliothèque de Strahov à Prague, dans le Musée de la Littérature Nationale. Une partie des illustrations est extraite de l'*Harmonia macrocosmica,* atlas astronomique de Cellarius (Bruxelles, 1763). La plupart des gravures a été empruntée aux œuvres de Petrus Apianus qui datent de la première moitié du XVIe siècle.

Des dessins datant du XVIIe siècle jusqu'au XIXe siècle ainsi que des illustrations provenant de la littérature spécialisée du siècle dernier retracent les débuts de l'utilisation du télescope. Ce fut une découverte considérable qui ouvrit de nouvelles voies à la science et qui a extraordinairement enrichi nos connaissances.

TERRE	♁	♄	SATURNE
LUNE	☾	♅	URANUS
MERCURE	☿	♆ ♇	NEPTUNE, PLUTON
VÉNUS	♀	☄	COMÈTES
MARS	♂	☉	SOLEIL
JUPITER	♃	✦	ÉTOILES

♁ LA TERRE

Gravitation de la Terre
autour du Soleil.
Cellarius, *Harmonia macrocosmica*, 1763.

Comment ne pas admirer la beauté de notre Terre en l'observant à partir du cosmos? Sous la brume bleutée de l'atmosphère entre les nuages blancs nous apercevons les vastes surfaces des océans terrestres, les tons marron des continents troués par des zones vert foncé recouvertes de végétation. Dans la couche atmosphérique peu dense qui ceint la planète, l'eau, l'atmosphère et la chaleur des rayons solaires concourent à créer les conditions indispensables à la vie. C'est le seul lieu de vie que nous connaissions dans l'univers jusqu'à présent. Lorsque nous observons la Terre de loin, nous constatons combien notre monde est fragile et vulnérable, perdu dans un cosmos infini, inhospitalier et dépourvu de traces de vie. Même si l'univers renferme de merveilleux éléments qui suscitent notre admiration et nous fascinent, nous ne pouvons que chérir davantage ce joyau qu'est notre Terre.

Comme tout autre corps cosmique, la planète Terre est un composant organique de l'univers et entretient avec lui certains types de relations. Ils sont liés par des échanges d'énergie, par le champ gravitationnel et magnétique. Nous ne devons pas oublier ces faits lorsque nous observons des objets cosmiques éloignés: notre regard n'appréhende que la surface apparente des choses.

La figure du bas représente la magnétosphère de la Terre, c'est-à-dire l'espace dans lequel s'exerce le champ magnétique terrestre. Elle ressemble à une goutte d'eau allongée, déformée par le vent solaire, par les particules ionisées en provenance du Soleil (flèches jaunes à gauche). Le vent solaire et le champ magnétique sont en contact par une onde de choc (1); au-delà de cette onde s'étend la frontière du champ magnétique: la magnétopause (2). Les zones de rayonnement pénétrant figurent en rouge; ce sont des zones dangereuses pour les équipages des vaisseaux cosmiques.

Pendant les périodes d'activité solaire intense (page 94), des modifications interviennent dans la magnétosphère, telles que les aurores boréales et les orages magnétiques par exemple.

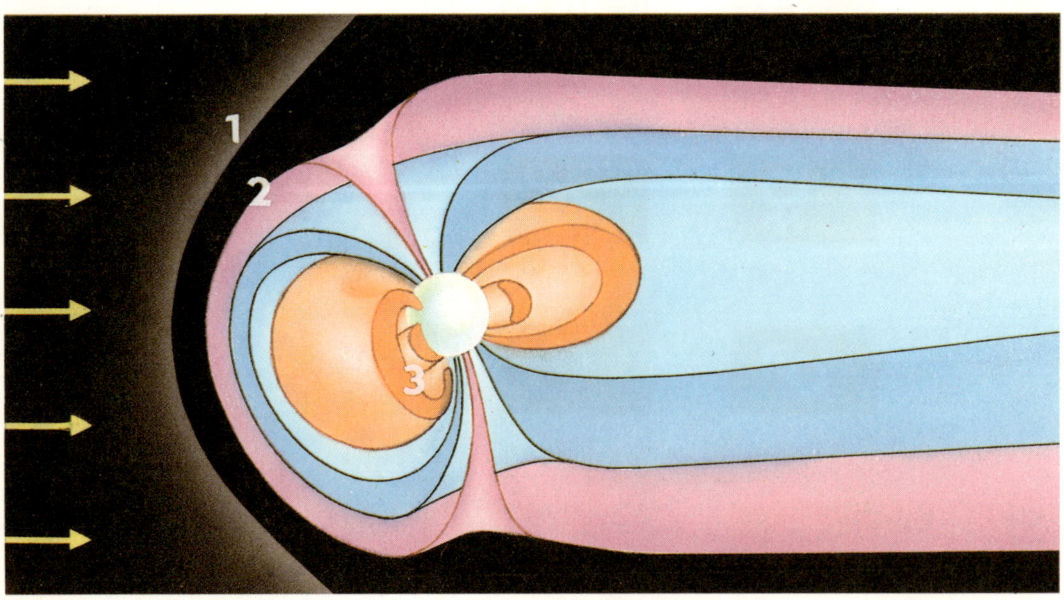

LA LUNE

Vue de la Terre

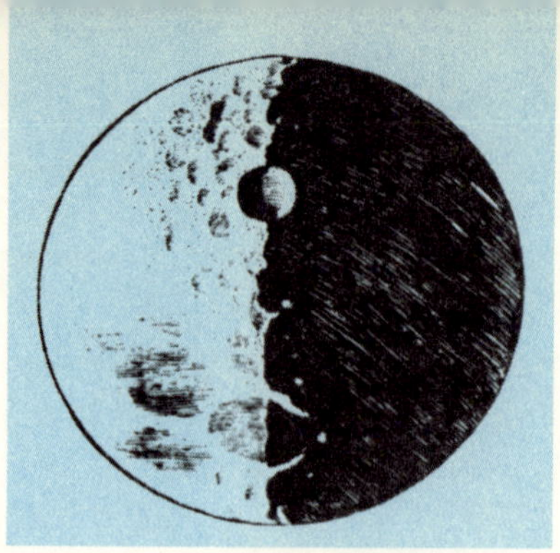

Un des premiers dessins de la Lune d'après des observations au télescope. G. Galilée, 1610.

Ce fidèle compagnon de la Terre est un corps facilement identifiable et observable. Le satellite est le deuxième objet le plus brillant après le Soleil. Nous pouvons suivre même à l'œil nu les modifications constantes de son aspect, à savoir les différentes phases lunaires qui interviennent dans une période de 29,5 jours. Le cycle comprend: la Nouvelle Lune, le Premier Quartier, la Pleine Lune et le Dernier Quartier. Pendant la Nouvelle Lune, le satellite est invisible dans la lumière solaire. Nous ne pouvons remarquer que les taches sombres sur le disque lunaire appelées mer (*mare* en latin); elles sont pratiquement toujours situées au même endroit. La Lune tourne toujours la même face vers la Terre, elle connaît une rotation synchrone. La durée de rotation de la Lune sur son propre axe est égale à la durée de sa révolution autour de la Terre. Ce n'est pas un fait dû au hasard mais la conséquence logique de l'attraction réciproque de ces deux éléments dans ce système Terre—Lune. Dans le système solaire, la majorité des satellites se comportent de manière similaire à l'égard des planètes dont ils dépendent.

La petite carte ci-contre illustre la face visible de la Lune. La nomenclature du relief lunaire comprend des mers, des cratères, des montagnes; ce sont les principales formations lunaires que l'on doit connaître pour une première orientation. Pour déterminer la position d'une formation, on utilise les coordonnées sélénographiques: la longitude sélénographique correspond à la longitude géographique et la latitude sélénographique à la latitude géographique.

La face visible de la Lune est divisée en quatre parties égales: les quadrants (voir cartes plus détaillées pages 22 à 29). La surface de la Lune est représentée comme si elle était éclairée à l'est par le Soleil (à droite sur la carte), situé très bas au-dessus de l'horizon et éclairant toute la superficie. La réalité est naturellement toute autre: nous observons la Lune partie par partie, morceau par morceau dans un éclairage différent pendant les diverses phases lunaires.

Champ de cratères sur le bord sud-ouest de la Lune, deux jours après la Pleine Lune. Le terminateur (ligne de démarcation entre le jour et la nuit) se situe sur le bord droit. A proximité du terminateur, là où le Soleil se couche, les ombres sont allongées, les formations lunaires ressortent. En s'éloignant du terminateur (vers la gauche), les ombres disparaissent, les cratères et autres dénivellations sont gommés.

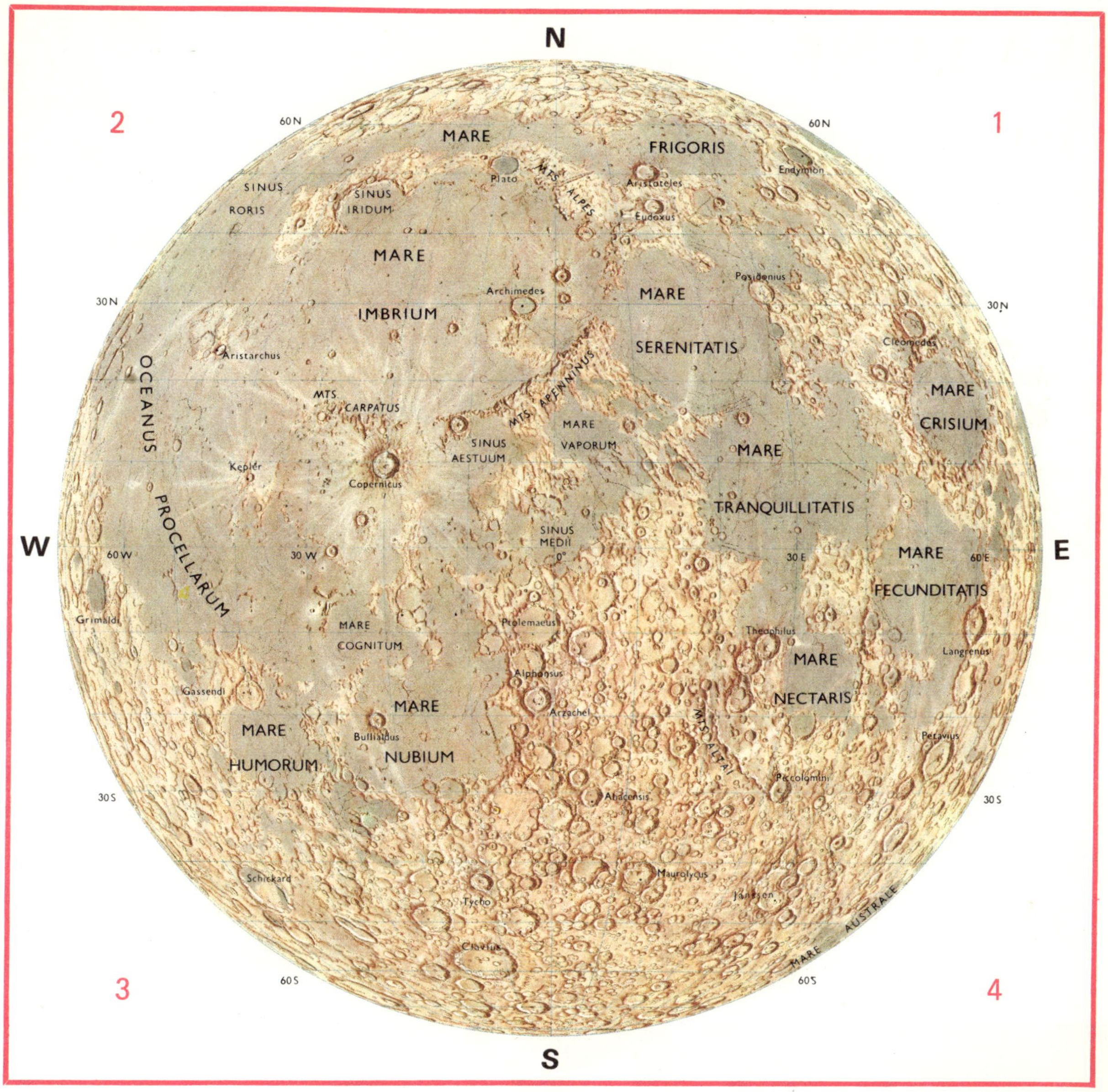

N
S
W
E
2
1
3
4
60 N
60 N
30 N
30 N
60 W
30 W
30 E
60 E
30 S
30 S
60 S
60 S
MARE FRIGORIS
Plato
MTS ALPES
Aristoteles
Eudoxus
Endymion
SINUS RORIS
SINUS IRIDUM
MARE IMBRIUM
Archimedes
MARE SERENITATIS
Posidonius
Cleomedes
MARE CRISIUM
Aristarchus
OCEANUS PROCELLARUM
MTS CARPATUS
MTS APENNINUS
SINUS AESTUUM
MARE VAPORUM
MARE TRANQUILLITATIS
Kepler
Copernicus
SINUS MEDII
0°
MARE FECUNDITATIS
Grimaldi
MARE COGNITUM
Ptolemaeus
Theophilus
MARE NECTARIS
Langrenus
Alphonsus
Arzachel
MTS ALTAI
Gassendi
MARE HUMORUM
MARE NUBIUM
Bullialdus
Petavius
Piccolomini
Schickard
Tycho
Maurolycus
Janssen
Clavius
MARE AUSTRALE

LA LUNE

Formations de surface

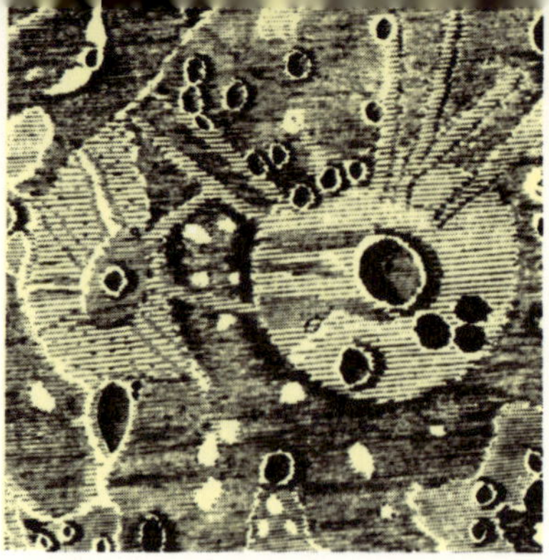

Détail de la carte de la Lune de 1671. (Chérubin d'Orléans, *Dioptrique oculaire*).

Il est très facile de distinguer sur ce satellite deux types de surface, même sans avoir recours à un télescope: les «continents» (zones claires) et les «mers» (zones sombres). Une observation plus minutieuse indique que les continents présentent un caractère montagneux, ils sont saturés de cratères de la taille d'une simple fosse à celle de gigantesques cirques dont les diamètres oscillent entre 100 et 300 km. Les mers, par contre, ressemblent à des plaines crénelées par endroits par les petites crêtes et des croûtes de lave solidifiée. Les nuances claires et foncées que l'on distingue sur la surface lunaire sont dues à la différence de composition chimique des roches continentales et du matériau «maritime» (comprenant essentiellement du basalte); ces explications ont pu être fournies grâce à l'analyse des échantillons de minéraux lunaires rapportés par les cosmonautes et les sondes automatiques.

Les innombrables chutes de météorites (impacts) ont joué un rôle de premier ordre dans la formation du relief lunaire. Sur la face visible de la Lune on dénombre plus de 300 000 cratères d'impact dont le diamètre excède 1 km.

Les ombres noires pourraient laisser supposer à tort que les cratères sont des fosses profondes aux parois raides. Ce sont en réalité des formations relativement peu profondes avec des pentes modérées comme le montre le profil du cratère Eratosthène (en bas). La profondeur de cette formation est égale à un seizième de son diamètre.

Profil du cratère Eratosthène.

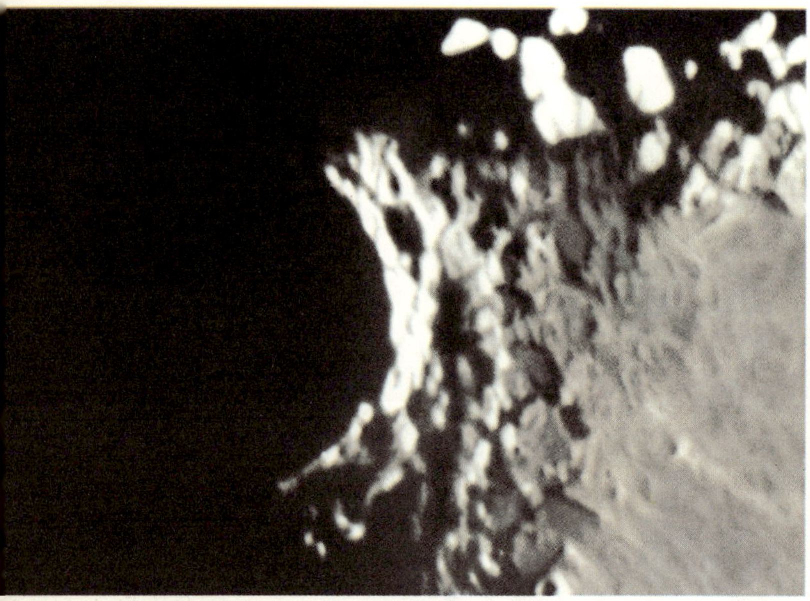

Lever de soleil au-dessus du cratère Eratosthène près du promontoire sud-ouest des Apennins. L'intérieur du cratère est encore plongé dans l'ombre.

Seize heures après le lever du soleil, le sommet central du cratère est éclairé. Diamètre du cratère: 58 km, profondeur: 3570 m.

«Continent» lunaire vu de près. Le champ de cratères est situé à environ 200 km à l'ouest de la chaîne montagneuse Altaï (quatrième quadrant, carte page 29). Le cratère Geber (en haut, à droite) a 46 km de diamètre et 3510 m de profondeur.

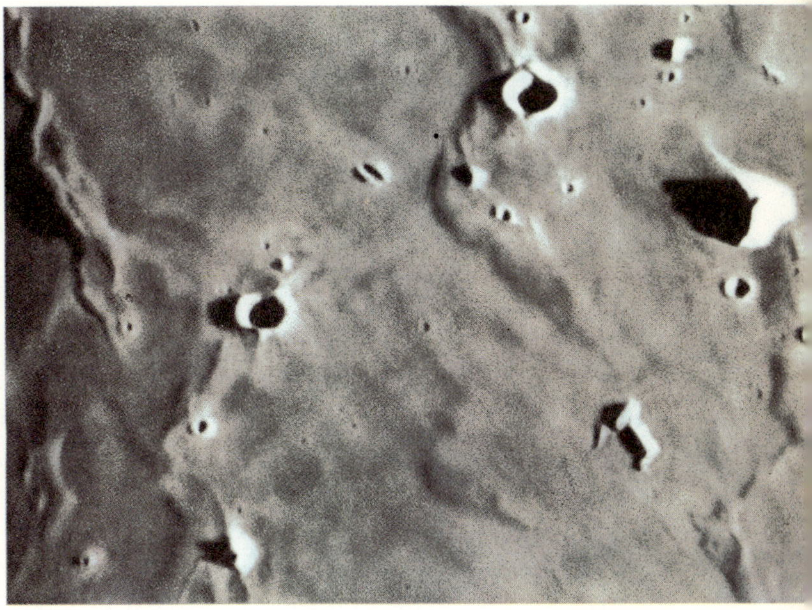

Détail de la mer des Pluies avec la montagne isolée Piton (à droite), 2250 m d'altitude. Le Soleil est très bas à l'horizon; dans la mer apparaissent des petites dénivellations ressemblant à des veines gonflées; elles s'élèvent à quelques dizaines de mètres au-dessus du niveau du terrain environnant.

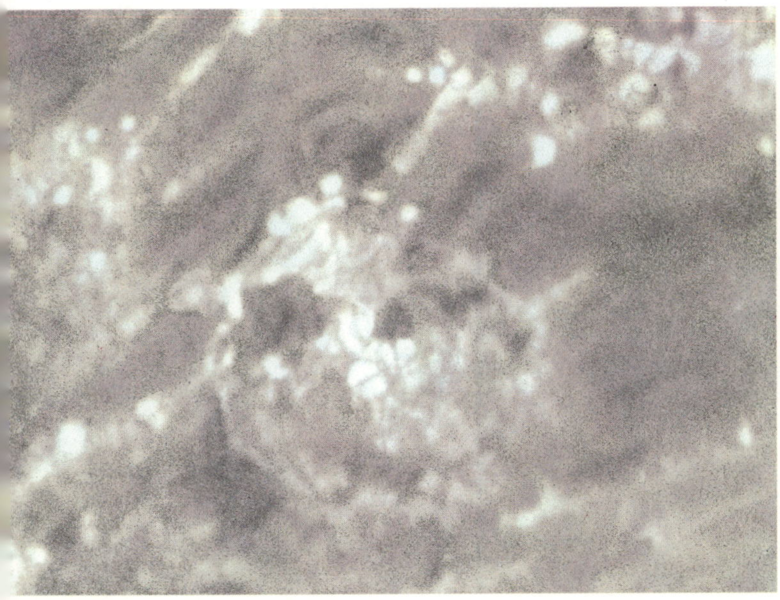

Aux alentours de la Pleine Lune, le Soleil est très haut au-dessus d'Eratosthène, les ombres disparaissent et le gigantesque cratère est pratiquement inobservable.

Un jour et demi avant le coucher du soleil. Le fond du cratère est encore entièrement éclairé, les terrasses de la pente ouest sont plongées dans l'ombre.

LA LUNE

Carte de la face visible: premier quadrant

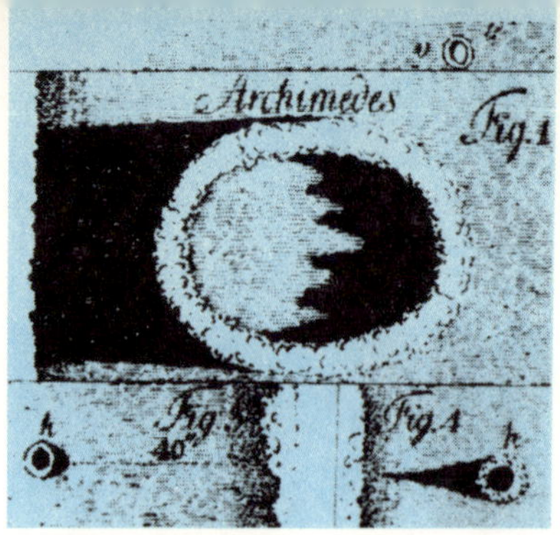

Le cratère Archimedes.
J. H. Schröter,
Selenotopographische Fragmente 1791.

Dans le quadrant nord-est s'étendent de vastes «mers»: *Mare Serenitatis, Mare Tranquillitatis* ainsi que *Mare Crisium* dont la forme ovale est très évidente et parfaitement identifiable sans télescope.

A l'est des Alpes s'élèvent deux grands massifs montagneux circulaires: Aristoteles (diamètre 87 km) et Euxodus (diamètre 67 km).

Non loin du bord est de *Mare Frigoris*, Hercules (67 km) et Atlas (87 km) constituent un couple très apparent de cratères. Le grand cratère Endymion (125 km) avec sa paroi gigantesque et son fond plat, sombre, recouvert de lave, se situe au nord.

Dans la partie nord-est de *Mare Serenitatis* s'étend la plaine murée Posidonius (diamètre 100 km, hauteur des parois: 2300 m). Les alentours du petit cratère Cauchy dans la mer de la Tranquillité constituent un objet d'observation intéressant au télescope: on y découvre de longues fissures et des escarpements *(Rupes Cauchy)* parfaitement discernables à proximité du terminateur, c'est-à-dire au lever ou bien au coucher du soleil.

Sur le même bord de la face visible nous pouvons observer trois mers de petites dimensions qui s'étendent en partie sur la face cachée de la Lune: ce sont *Mare Humboldtianum, Mare Marginis* et *Mare Smythii.* Les détails sont plus ou moins apparents selon les librations—oscillations de la Lune par rapport à la Terre. Grâce au phénomène de la libration nous parvenons à apercevoir la surface lunaire au-delà du méridien 90, c'est-à-dire une petite partie de la face cachée.

Les lieux d'alunissage des sondes américaines Ranger (R), Surveyor (S), Apollo (A) et des sondes soviétiques Luna (L) sont indiqués sur la carte par des triangles noirs. C'est dans la mer de la Tranquillité que Neil Amstrong et Edwin Aldwin, membres de l'expédition Apollo 11, ont pour la première fois posé le pied sur le sol lunaire (20 juillet 1969). Dans les années 70 à 76, les sondes Luna 16, 20 et 24 ont prélevé à proximité du méridien 60 des échantillons de pierres lunaires. Le 11 décembre 1972, la dernière expédition Apollo (A 17) a aluni dans la partie sud-est de la mer de la Sérénité. Un peu plus au nord, dans le cratère Le Monnier, Lunokhod 2 a opéré (il s'agit d'un laboratoire mobile transporté sur la Lune par la sonde Luna 21, le 15 janvier 1973).

Sur le bord nord-est de la mer des Pluies, les Alpes atteignent 1800 à 2400 m d'altitude. Le sommet le plus élevé culmine à 3600 m au-dessus du niveau de cette «mer» sans eau. Le massif est coupé sur une longueur de 130 km par la vallée des Alpes *(Vallis Alpes)*. La faible altitude du soleil levant provoque des ombres dentelées correspondant aux montagnes. Mais les versants des montagnes lunaires sont en réalité peu abrupts.

Équivalents français des noms latins

Mare Crisium	mer des Crises
Mare Fecunditatis	mer de la Fécondité
Mare Frigoris	mer du Froid
Mare Humboldtianum	mer de Humboldt
Mare Marginis	mer Marginale
Mare Serenitatis	mer de la Sérénité
Mare Smythii	mer de Smyth
Mare Spumans	mer Écumante
Mare Tranquillitatis	mer de la Tranquillité
Mare Undarum	mer des Vagues
Mare Vaporum	mer des Vapeurs
Lacus Doloris	lac de la Douleur
Lacus Mortis	lac de la Mort
Lacus Somnorium	lac des Rêves
Lacus Spei	lac de l'Espérence
Lacus Temporis	lac du Temps
Palus Putredinis	marais de la Putréfaction
Palus Somni	marais du Sommeil
Sinus Amoris	golfe de l'Amour
Sinus Asperitatis	golfe de l'Aspérité
Sinus Honoris	golfe de l'Honneur
Sinus Medii	golfe du Centre
Sinus Successus	golfe du Succès
Montes Alpes	Alpes
Montes Apenninus	Apennins
Montes Caucasus	Caucase
Statio Tranquillitatis	base de la Tranquillité

LA LUNE

Carte de la face visible: deuxième quadrant

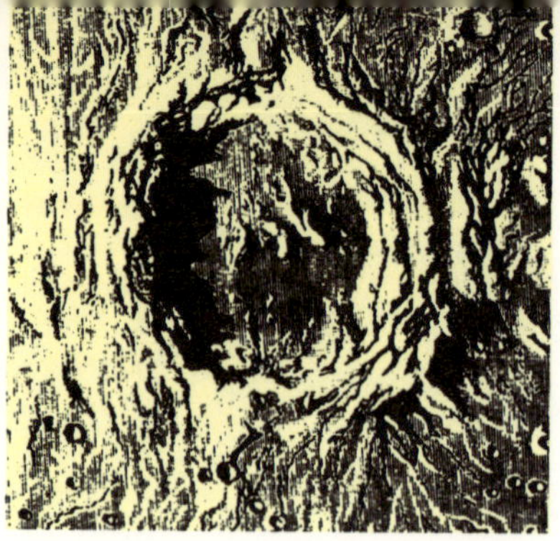

Le cratère Copernicus. Dessins de James Nasmyth, deuxième moitié du XIXe siècle.

La période de bombardement intense de la surface lunaire s'est achevée il y a environ 4 milliards d'années. De gigantesques impacts ont creusé les bassins des futures mers. D'énormes écoulements de lave ont par la suite comblé les cuvettes maritimes et détruit leurs parois. C'est ainsi qu'est née *Mare Imbrium* il y a 3,5 milliards d'années; c'est un ex-cratère gigantesque de 1250 km de diamètre. Ses parois se sont conservées et constituent actuellement les massifs des Alpes, du Caucase, des Apennins et des Carpates. Le golfe des Iris *(Sinus Iridum)* provient également d'un ex-cratère de 260 km de diamètre, comblé en partie par des couches de lave.

Des basaltes maritimes foncés tapissent également le cirque Platon (diamètre 100 km) et le cratère Archimède (diamètre 83 km, profondeur 2150 m).

Pendant la Pleine Lune les couronnes de rayons clairs des cirques Copernic, Kepler et Aristarque se détachent très nettement sur la surface de la mer des Pluies et sur l'océan voisin des Tempêtes. Les rayons correspondent au matériau expulsé au cours de la formation de ces cratères. Près du cirque Aristarque s'étend la sinueuse vallée de Schröter *(Vallis Schröteri)*, large de 200 km et profonde de 1000 m; elle est parfaitement visible avec un petit télescope.

Les croix (×) désignent sur la carte des dômes lunaires en forme de tas peu élevés qui atteignent une circonférence de 10—20 km et une hauteur de quelques centaines de mètres. Ils ne sont observables qu'à proximité du terminateur avec un télescope géant. Ils sont surtout localisés près du 30e méridien ouest, à l'ouest de Copernic.

Le 13 septembre 1959, le premier ambassadeur terrestre a aluni entre les cratères Archimède et Autolycus; il s'agissait de la sonde lunaire soviétique Luna 2. Le premier atterrissage en douceur sur la Lune a été accompli sur le bord ouest de l'océan des Tempêtes (Luna 9, le 3 février 1966). L'expédition Apollo 15 a aluni le 30 juillet 1971 au pied des Apennins: elle possédait le premier véhicule automobile. Au sud du golfe des Iris, Lunokhod 1 (le premier laboratoire automatique mobile) a été utilisé; il avait été acheminé sur la Lune par la sonde Luna 17, le 17 novembre 1970.

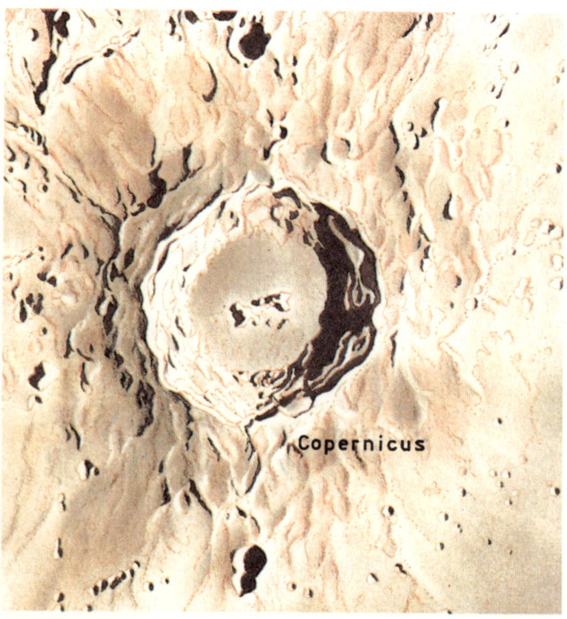

Le cirque Copernic est certainement le plus célèbre cirque rayonnant de la surface lunaire. Son diamètre est de 93 km et sa profondeur de 3760 m. Ses remparts sont en terrasses, le fond est pratiquement plat, avec au centre des monts atteignant 1200 m. La chaîne des remparts s'élève à 900 m au-dessus du terrain environnant. Le fond se situe sous le niveau du terrain, ce qui est fréquent pour les cirques lunaires. Copernic proviendrait d'un impact datant d'un milliard d'années.

Équivalents français des noms latins:

Mare Frigoris mer du Froid
Mare Imbrium mer des Pluies
Mare Insularum mer des Iles
Oceanus Procellarum océan des Tempêtes
Palus Putredinis marais de la Putréfaction
Sinus Aestuum golfe Torride
Sinus Iridum golfe des Iris
Sinus Lunicus golfe de Lunik
Sinus Medii golfe du Centre
Sinus Roris golfe de la Rosée
Montes Alpes Alpes
Montes Apenninus Apennins
Montes Carpatus Carpates
Montes Jura Jura
Montes Spitzbergensis Spitzberg

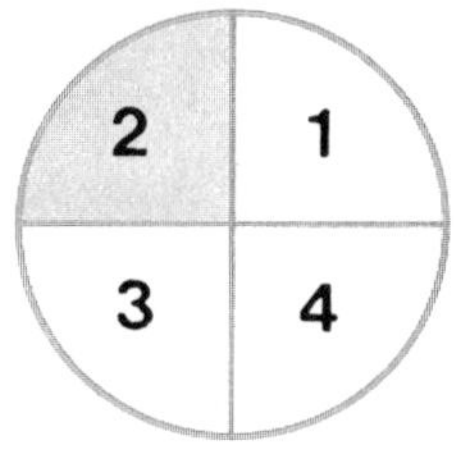

LA LUNE

Carte de la face visible: troisième quadrant

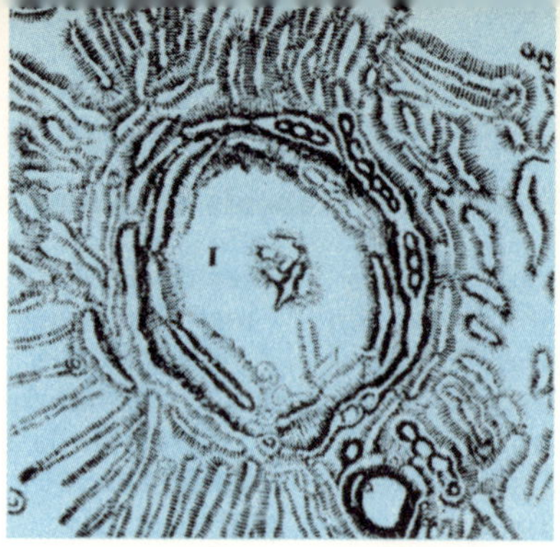

Le cratère Bullialdus.
Détail de la carte de la Lune
par J. Schmidt, 1878.

Le très vaste océan des Tempêtes *(Oceanus Procellarum)* s'étend également dans cette partie sud-ouest du quadrant. Lui font suite *Mare Cognitum, Mare Nubium* et le bassin circulaire de *Mare Humorum.*

Sur le bord nord de *Mare Humorum* s'étend la magnifique plaine murée Gassendi (diamètre 110 km, profondeur 1860 m) qui rappelle la forme d'une bague sertie d'une pierre précieuse avec son petit cratère. Le cratère Bullialdus (59 km, 3510 m) est l'une des formations les plus remarquables de *Mare Nubium*; sur le bord est de cette mer se trouve un très célèbre escarpement lunaire: *Rupes Recta* (le mur Droit). Au soleil levant, cette formation dessine une ombre visible sous la forme d'un trait noir régulier que l'on peut observer même avec un petit télescope. L'escarpement est long de 96 km, sa hauteur oscille entre 240 et 300 m, sa pente moyenne est de 7° environ. Il ne s'agit pas d'un escarpement abrupt comme on le supposait autrefois.

Les formations Ptolémée, Alphonse (118 km, 2730 m) et Arzachel (97 km, 3610 m) permettent de s'orienter facilement dans cette région. Toute la partie sud de la face visible est dominée par le cratère Tycho (85 km, 4850 m), centre du plus grand complexe de rayons brillants qui s'étendent sur des milliers de kilomètres. C'est une formation relativement jeune, issue d'un impact datant de 300 millions d'années environ.

Clavius (225 km), Schickard (227 km), ainsi que Bailly (303 km), appartiennent aux plus grandes plaines murées lunaires. A proximité de Schickard s'élève un curieux cratère: Wargentin (84 km), rempli presque jusqu'au bord par de la lave.

La mer de la Connaissance *(Mare Cognitum)* doit son nom aux premières photographies détaillées qui offrirent des détails de relief de 50 cm. Ces photographies avaient été réalisées par les caméras de télévision de Ranger 7 qui avait aluni le 31 juillet 1964. La première et la dernière sonde du programme Surveyor (S1 et S7) ont également aluni dans ce quadrant dans les années 1966—1968; elles ont minutieusement scruté la surface lunaire avant le premier alunissage des hommes.

La formation Ptolémée est un exemple typique de plaine murée sur la surface lunaire. Son diamètre est de 153 km et la hauteur de ses remparts atteint 2400 m au-dessus du niveau de son fond relativement plat, recouvert de «matériau maritime». Naturellement, le fond n'est pas plat, il suit la courbure de la Lune. C'est pourquoi un observateur qui se tiendrait au centre de Ptolémée ne verrait pratiquement pas les remparts circulaires cachés à l'horizon et n'aurait pas l'impression de se trouver dans un cratère.

Équivalents français des noms latins :

Mare Cognitum	mer de la Connaissance
Mare Humorum	mer des Humeurs
Mare Insularum	mer des Iles
Mare Nubium	mer des Nuages
Mare Orientale	mer Orientale
Oceanus Procellarum	océan des Tempêtes
Lacus Excellentiae	lac de l'Excellence
Lacus Timoris	lac de la Peur
Palus Epidemiarum	marais des Épidémies
Montes Cordillera	Cordillères
Montes Riphaeus	Riphaeus
Rupes Recta	mur Droit

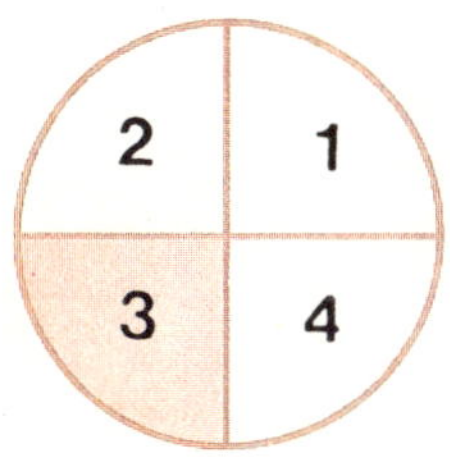

LA LUNE

Carte de la face visible: quatrième quadrant

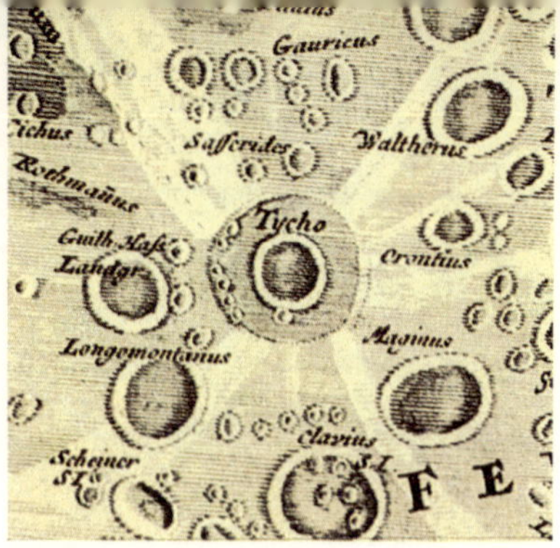

Détail de la carte de la Lune d'après Riccioli. Cellarius, 1763.

Le quadrant sud-est renferme les champs de cratères les plus vastes de la face visible. La surface lunaire y est littéralement cratérisée; on peut observer de nombreux cratères récents recouvrant des formations plus anciennes. Cette région regorgeant de cratères est décrite plus en détail à la page 19.

La petite mer circulaire du Nectar *(Mare Nectaris)* occupe la partie centrale d'un ancien vaste bassin dont la formation remonte à un impact très puissant datant de plus de 4 milliards d'années. L'escarpement Altaï *(Rupes Altai)* est un vestige du rempart externe de ce bassin. Simultanément à la formation des bassins lunaires est apparu un complexe de murs, de fissures et de vallées, réparti en rayons à partir du centre du bassin. La vallée Rheita *(Vallis Rheita)* qui pointe sur la mer du Nectar serait de même origine. Le système de murs du bassin *Mare Orientale* qui s'étend aux confins ouest de la partie visible et de la partie cachée (voir carte de la page 30) est nettement mieux conservé.

Les cratères Theophilus, Cyrillus et Catharina constituent un remarquable trio. Theophilus a des dimensions impressionnantes: 100 km de diamètre, 4400 m de profondeur; la chaîne centrale montagneuse s'élève à 1200 m au-dessus du niveau du terrain environnant. Les grands cratères Langrenus (132 km de diamètre) et Petavius (177 km) avec des remparts très découpés sont tout aussi admirables.

Le couple de cratères Messier dans *Mare Fecunditatis* est digne d'intérêt: deux rayons brillants et étroits s'échappent du cratère ouest (désigné par Messier A) vers l'ouest.

Dans le bord sud-est s'étend une partie de la mer Australe qui couvre également une partie de la face lunaire cachée. Elle est pratiquement circulaire, et son diamètre atteindrait 900 km. La petite mer de Smyth, près de l'équateur, couvre aussi une partie de la face cachée.

L'expédition Apollo 16 a aluni le 21 avril 1972 à proximité du cratère Descartes, à 300 km environ à l'ouest de Theophilus.

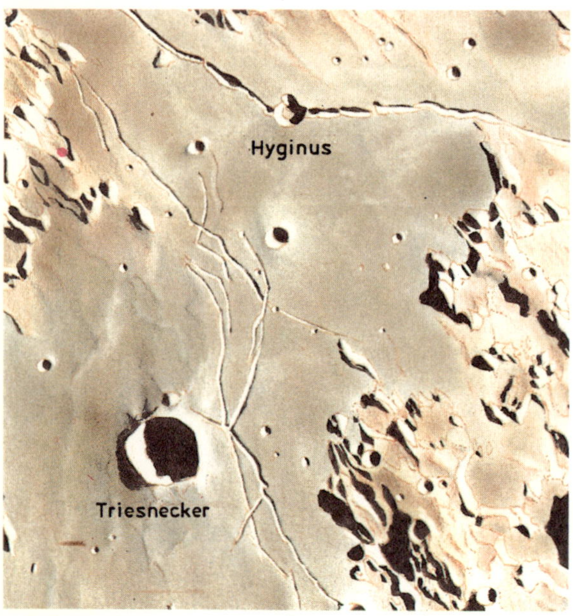

Sillons lunaires et fissures à proximité des cratères Triesnecker (grand cratère du bas) et Hyginus (petit cratère au milieu du sillon supérieur). Ces formations, s'étendant sur plusieurs dizaines de kilomètres, ressemblent à des canyons et à des gouffres sans fond lorsqu'elles sont sous un éclairage oblique près du terminateur. Ce sont en fait des vallées peu profondes (à peine quelques centaines de mètres) avec des bords émoussés et non pas des versant abrupts.

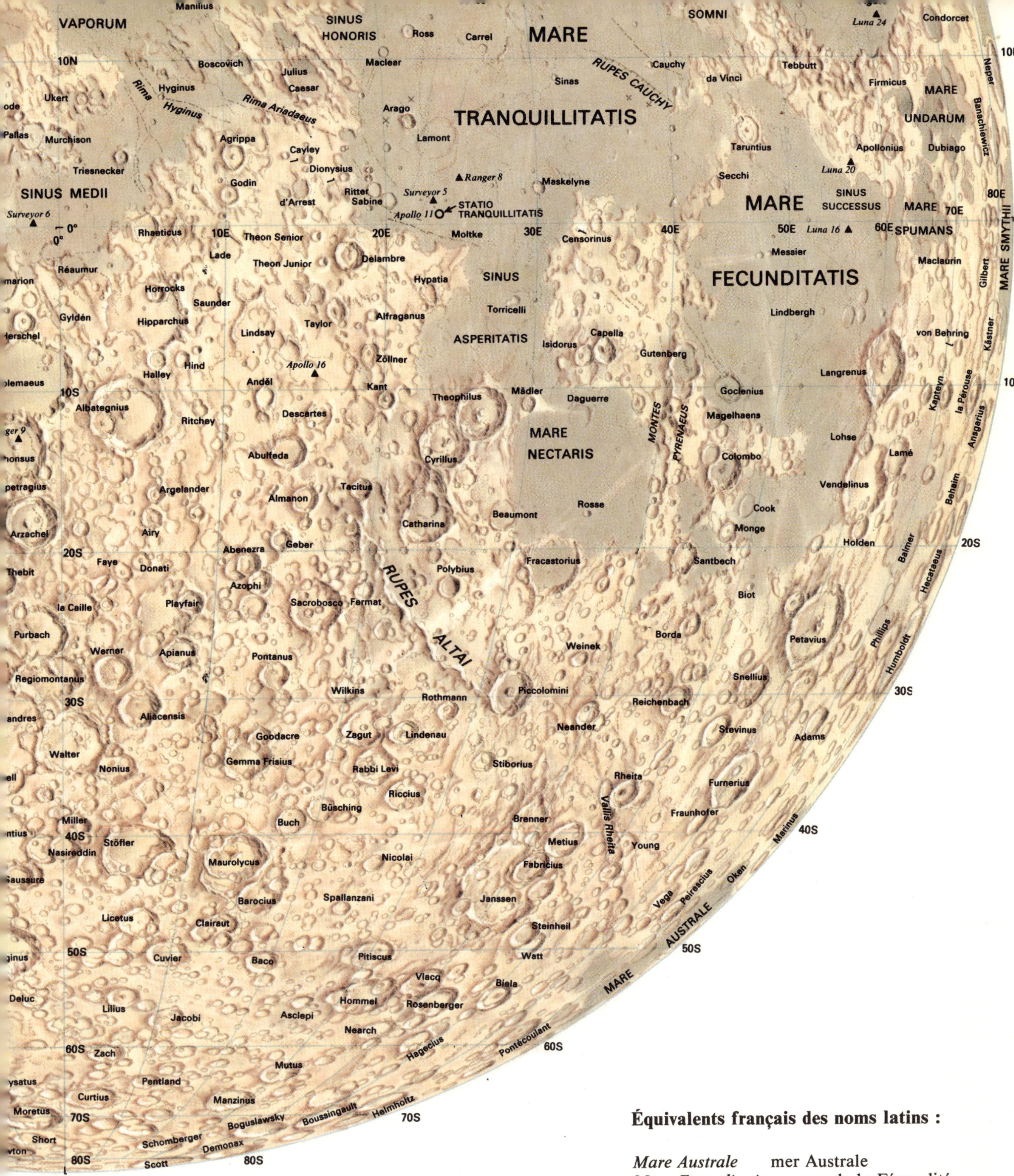

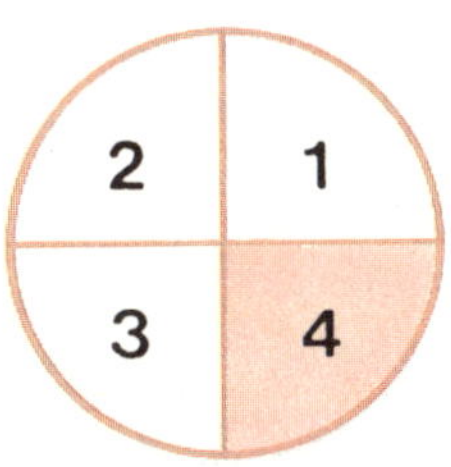

Équivalents français des noms latins :

Mare Australe	mer Australe
Mare Fecunditatis	mer de la Fécondité
Mare Nectaris	mer du Nectar
Mare Smythii	mer de Smyth
Mare Spumans	mer Écumante
Mare Undarum	mer des Vagues
Sinus Asperitatis	golfe de l'Aspérité
Sinus Medii	golfe du Centre
Sinus Successus	golfe du Succès
Rupes Altai	Altaï
Vallis Rheita	vallée Rheita
Statio Tranquillitatis	base de la Tranquillité

LA LUNE

Carte générale

Détail de la carte de la Lune d'après Riccioli. Cellarius, 1763.

Dans les années 1959—1967, grâce aux sondes cosmiques, la Lune dans son entier (y compris la face cachée) a pu être cartographiée. Actuellement il reste 1 % de la surface lunaire à découvrir à proximité du pôle Sud.

La face visible et la face cachée présentent de très nettes différences dans la répartition mers—continents. La face cachée contient plusieurs petites mers: *Mare Moscoviense, Mare Ingenii, Mare Orientale* ainsi qu'une partie de *Mare Australe, Mare Marginis* et *Mare Smythii* qui s'étendent au-delà du 90e méridien. On ne s'explique pas cette différence dans la répartition des formations sur les deux faces.

Le bassin de *Mare Orientale* est l'une des plus importantes formations de la face cachée; nous pouvons parfois observer sur le bord ouest de la face visible sa paroi externe: le massif des Cordillères. Le cratère Ciolkovski est une formation de premier ordre; son fond est comblé par un matériau maritime très foncé.

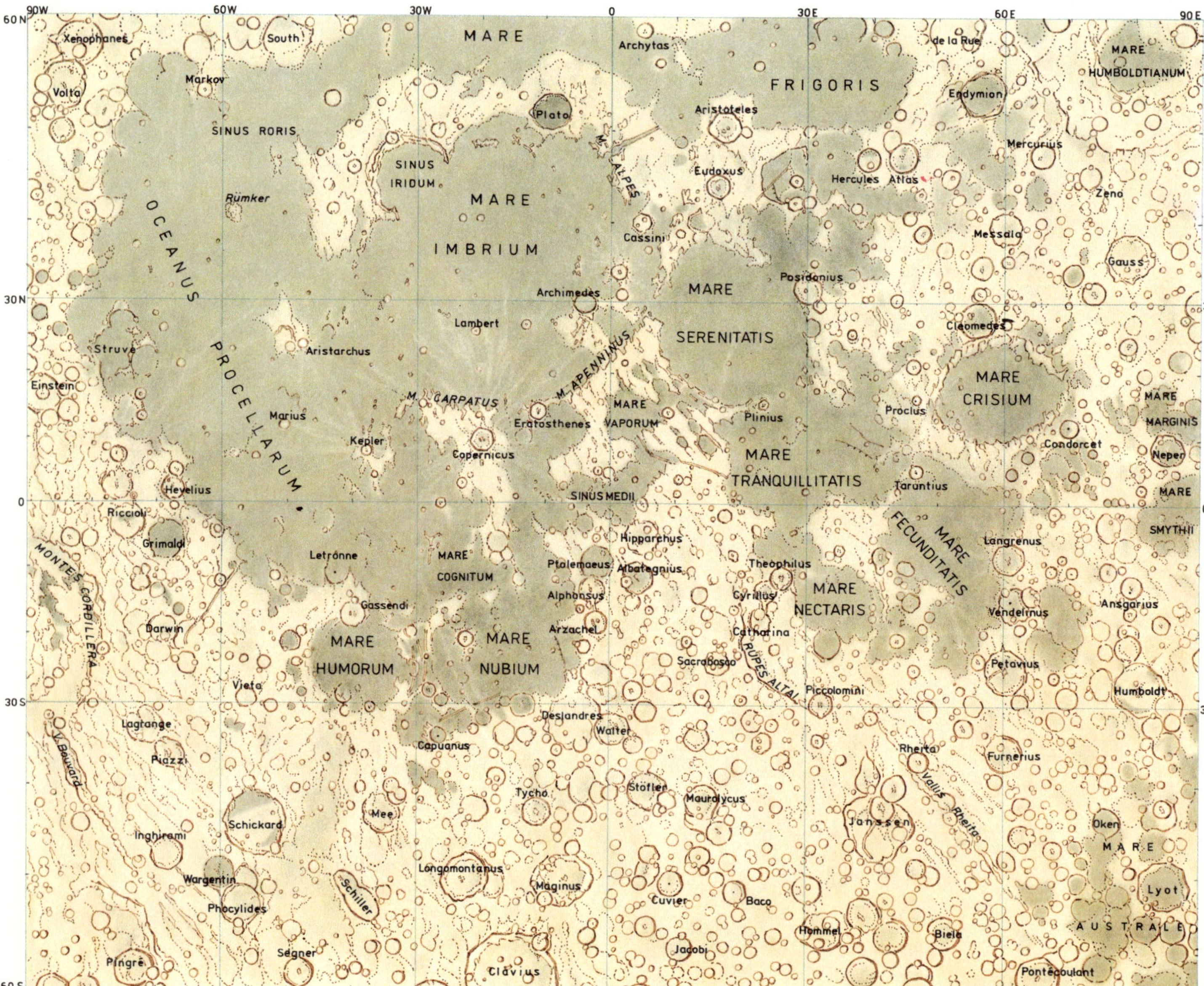

Face visible

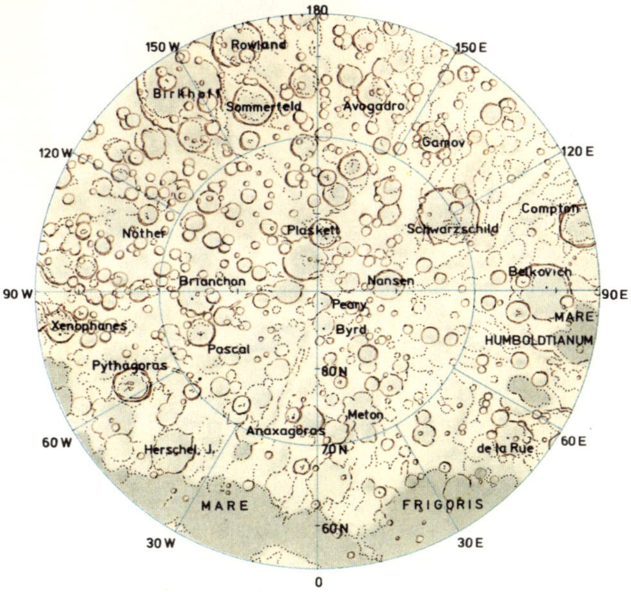

Région polaire Nord

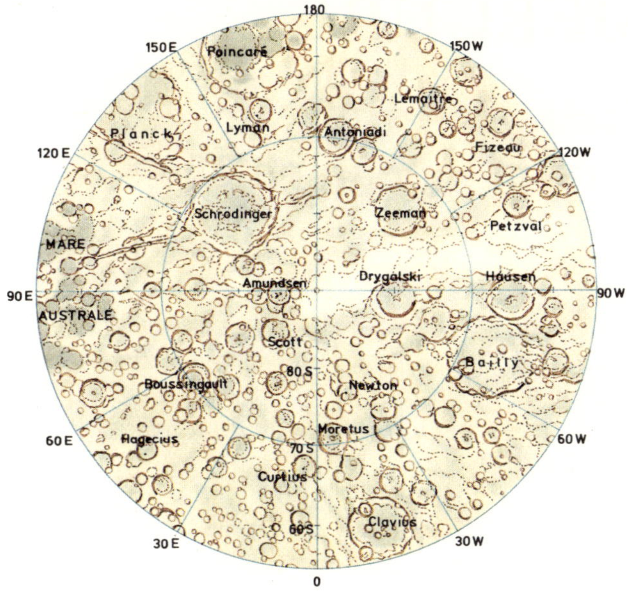

Région polaire Sud

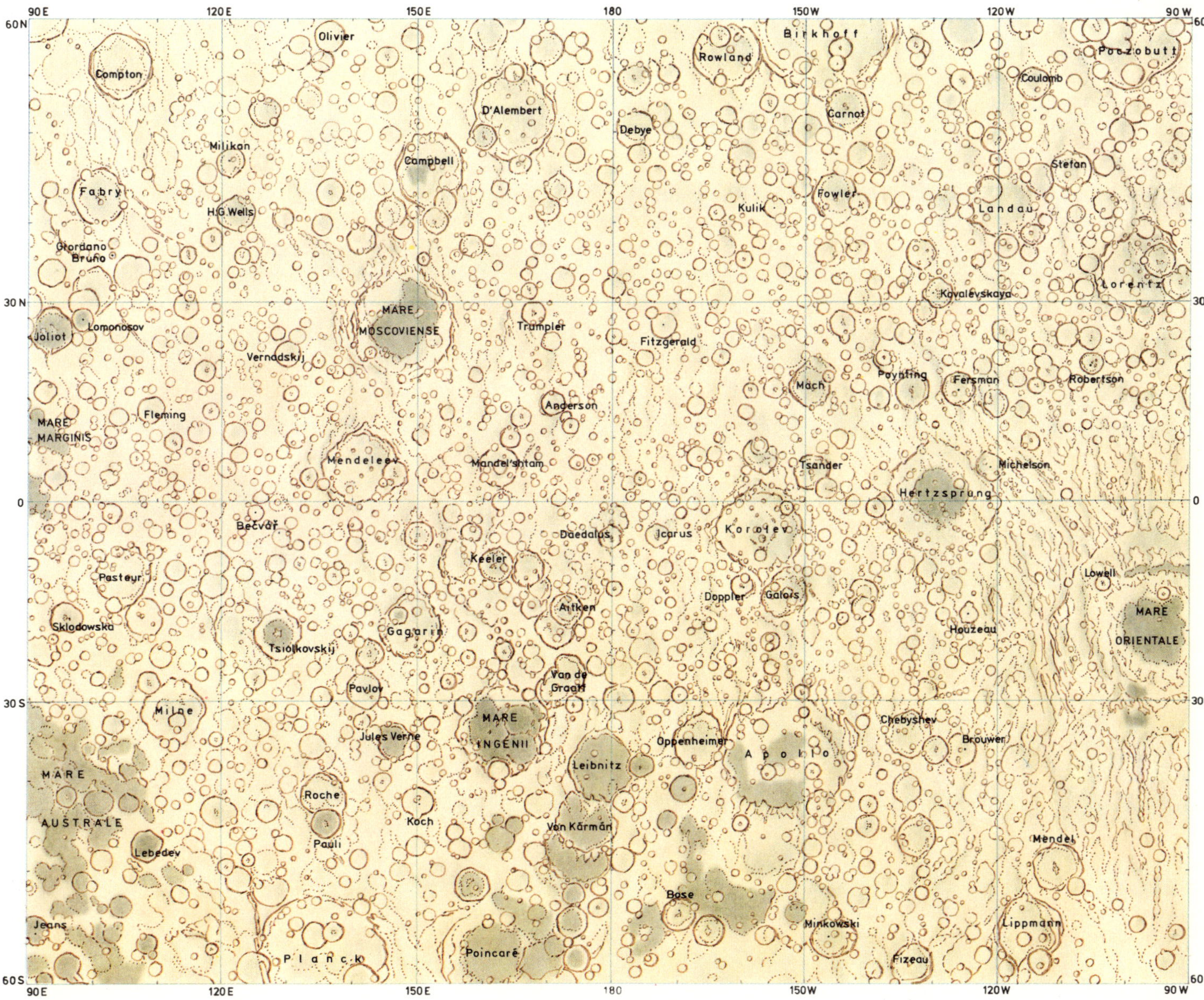

Face cachée

MERCURE

Carte des formations à albédo et carte topographique

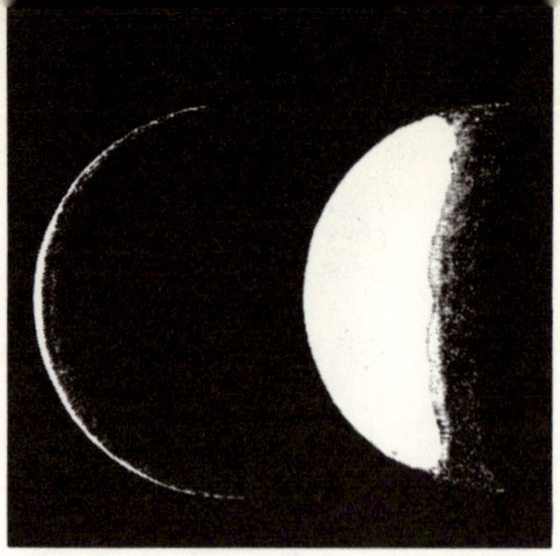

Mercure
d'après les observations
de Schröter, 1800.

Si l'on se cantonne à une simple observation à partir de la Terre, la planète la plus proche du Soleil ne nous livre que de maigres informations à son propre sujet. Mercure est toujours située à proximité du Soleil dans la voûte céleste; aussi est-il difficile de la suivre avec un télescope excepté pendant une très brève période de la journée ou encore au crépuscule, pendant des perturbations atmosphériques. Dans le meilleur des cas, nous ne distinguons que des taches claires ou sombres: les formations à albédo.

La période exacte de rotation de Mercure n'avait pas été déterminée jusqu'en 1965. Elle dure 58,6 jours et, comme il s'avéra ultérieurement, elle est synchronisée avec sa période de révolution autour du Soleil (88 jours): lorsque la planète accomplit deux révolutions autour du Soleil elle effectue trois tours sur son axe. Entre le jour et la nuit la température de surface sur Mercure oscille de +427 °C à —173 °C! Ce sont les plus importantes variations de température enregistrées sur les planètes; elles sont liées en grande partie au mouvement excentrique de Mercure qui se retrouve à des distances très inégales du Soleil (de 46 à 70 millions de kilomètres). Cependant, lorsque Mercure se situe au périphélie (c'est-à-dire à 46 millions de kilomètres du Soleil) il présente toujours la même face au Soleil, à savoir le méridien d'origine ou le 180ᵉ sur lequel se situe «le pôle de la chaleur».

La sonde Mariner 10 qui a survolé Mercure à trois reprises dans les années 1974—1975 a fourni la majeure partie des informations dont nous disposons sur la planète. A chaque survol Mercure se trouvait sous le même éclairage solaire, c'est pourquoi seule la moitié de la surface a pu être cartographiée (voir la carte page ci-contre).

Les photographies prises par Mariner 10 avec un pouvoir de résolution de 100 m (!) montrent que la surface de Mercure ressemble de manière frappante à celle de la Lune. Elle abonde en cratères. Cependant Mercure ne possède pas l'équivalent des mers lunaires sombres. La planète est riche en cratères récents aux rayons clairs. La différence d'albédo observée depuis la Terre serait due en grande partie aux formations de rayons clairs car il n'existe pas sur Mercure de différences d'albédo aussi prononcées que sur la Lune entre les continents et les mers.

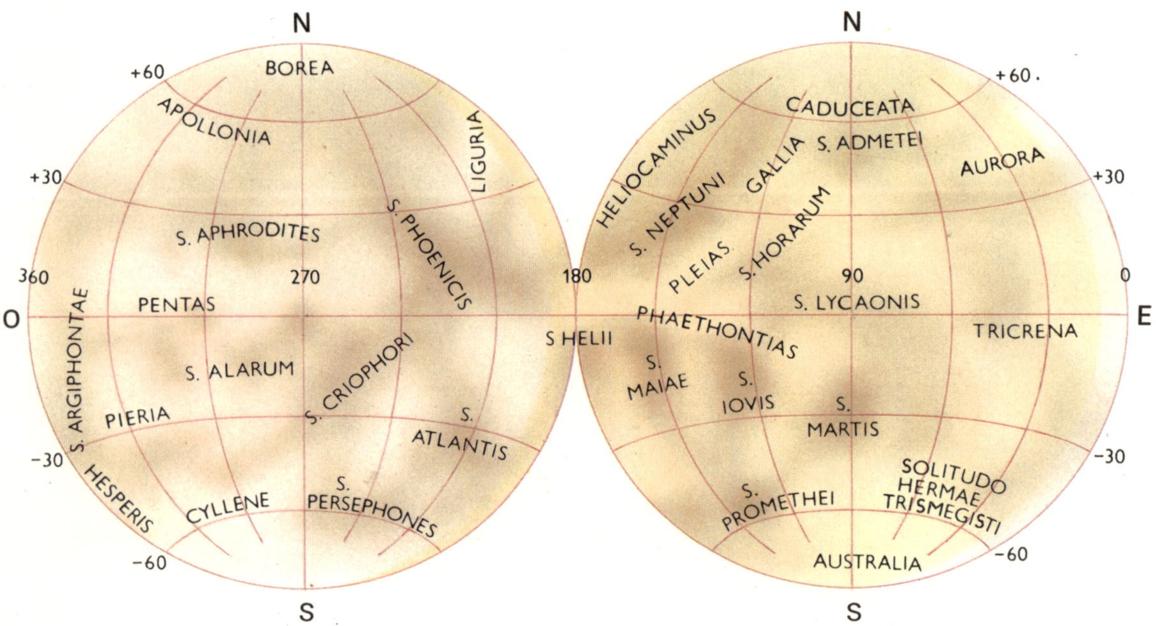

Carte des formations à albédo de Mercure visibles depuis la Terre. Les taches sombres s'appellent *Solitudo*, c'est-à-dire désert (S sur la carte) et non pas «mer» comme sur la Lune. L'hémisphère photographié par Mariner 10 est représenté en jaune.

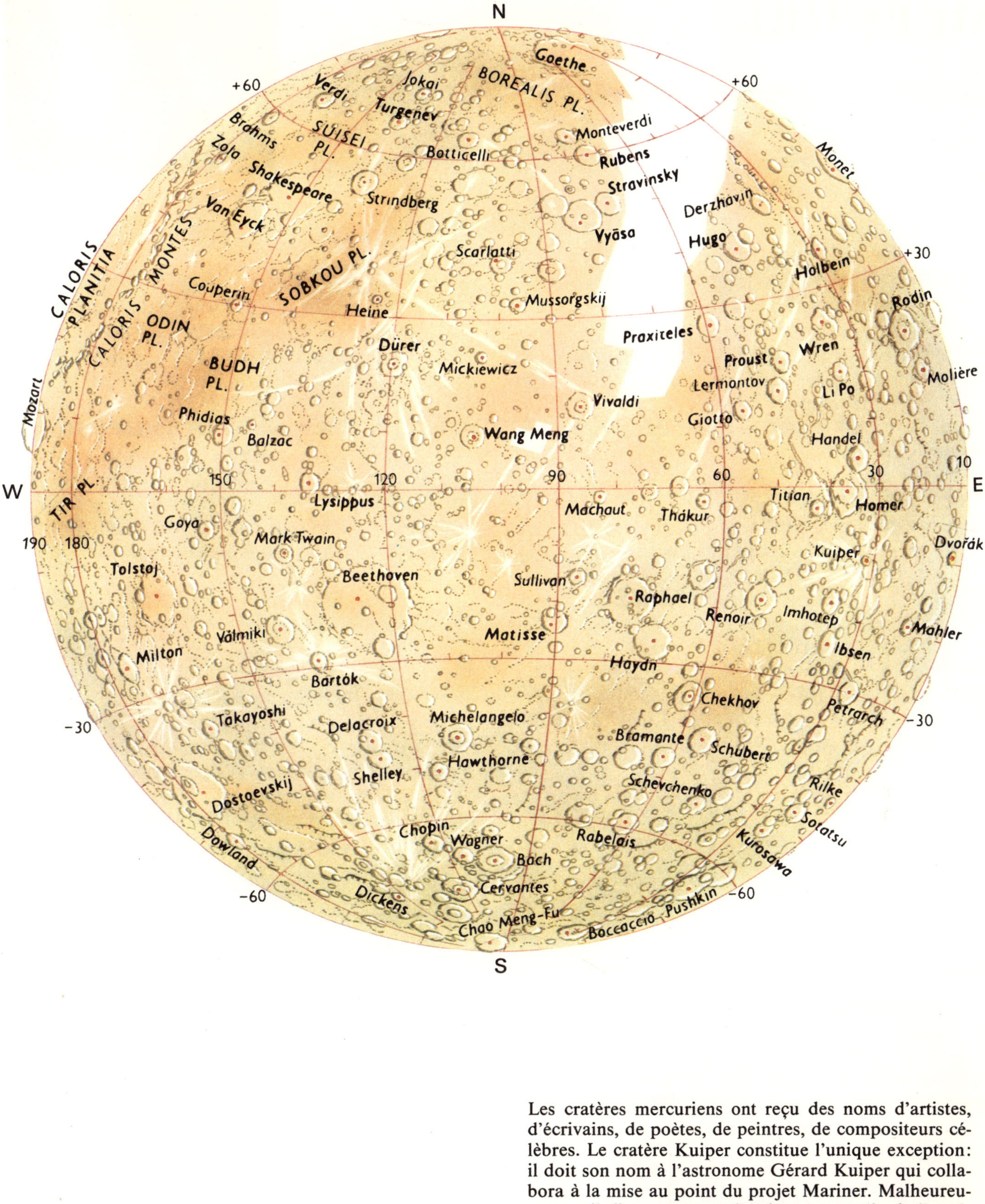

Les cratères mercuriens ont reçu des noms d'artistes, d'écrivains, de poètes, de peintres, de compositeurs célèbres. Le cratère Kuiper constitue l'unique exception: il doit son nom à l'astronome Gérard Kuiper qui collabora à la mise au point du projet Mariner. Malheureusement il disparut avant d'assister au succès de l'expédition. Les bassins *(Planitiae)* portent le nom de Mercure dans différentes langues ainsi que le nom de divinités de l'Antiquité qui jouaient le même rôle que Mercure chez les Romains (Tir, Budh, Odin, Suisei). Les escarpements ont été baptisés comme les engins spatiaux célèbres tels que Discovery, Astrolabe, Vostok, etc.

☿ MERCURE

Formations de surface

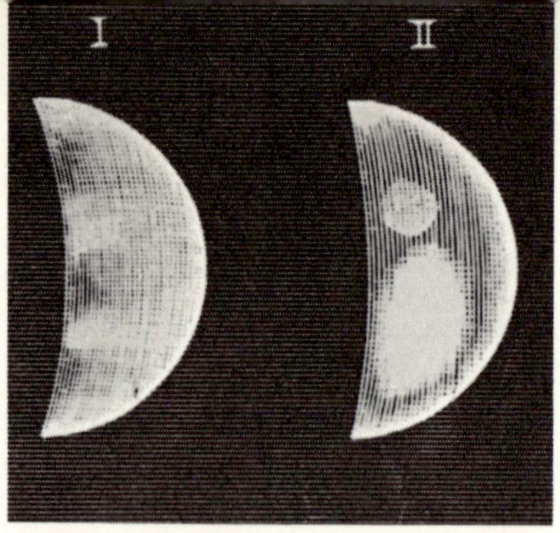

Aspect de Vénus d'après les observations de Denning datant du 5 et 6 novembre 1882.

Les champs de cratères mercuriens et lunaires sont tellement similaires que même un spécialiste peut hésiter devant des photographies détaillées pour savoir à quel objet les attribuer. Il existe cependant des différences fondamentales entre ces deux corps, comme par exemple l'absence de vastes «mers» sombres sur Mercure. Les structures internes de Mercure et de la Lune sont très différentes: la densité moyenne de Mercure est de 60 % supérieure à celle de la Lune, ce qui implique que Mercure posséderait un volumineux noyau métallique.

Il est évident que Mercure et la Lune ont connu des évolutions différentes bien qu'ayant partagé certaines étapes telle que la période de bombardement intense qui a laissé des cratères d'impact sur leur surface. A cette période a succédé une activité volcanique caractérisée par des écoulements de lave qui ont formé des surfaces plates (plaines) semblables aux mers lunaires.

Mercure a connu un événement majeur: le gigantesque impact qui a donné naissance au bassin *Caloris Planitia* de 1300 km de diamètre! Cette formation comprenant de nombreuses failles et vallées concentriques ressemble énormément à *Mare Orientale* sur la Lune (voir carte page 27). Le matériau éjecté au cours de l'impact a formé un terrain de cratères plus ancien qui s'étend jusqu'à 1000 km du rempart montagneux circulaire. Les ondes sismiques ont provoqué «un tremblement de Mercure» dont on peut observer les effets jusque sur l'autre face de la planète.

L'unique phénomène propre à Mercure, inexistant sur la Lune, est un système d'escarpements atteignant 500 à 1000 m de hauteur et s'étendant sur plusieurs centaines de kilomètres. *Rupes Discovery* (la faille Discovery), représentée à droite, est un exemple typique de ce genre de formation. Les mouvements tectoniques, dont est issu ce vaste système d'escarpements, ont vraisemblablement été provoqués par des mouvements de l'écorce lors du refroidissement ou du réchauffement du centre de la planète. L'écorce de Mercure a pu être également ébranlée par le ralentissement de sa rotation (à l'origine plus rapide) sous l'action gravitationnelle du Soleil.

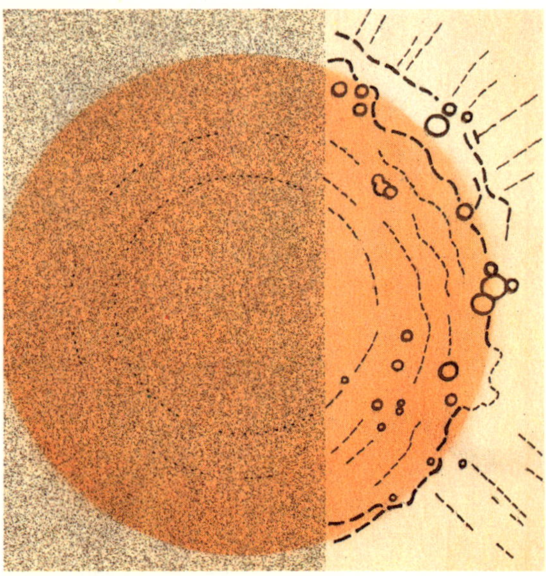

Nous ne connaissons qu'en partie le bassin *Caloris Planitia* dont nous imaginons approximativement la forme globale. En effet, pendant les survols de Mariner 10, une partie du bassin se trouvait sur la face nocturne de la planète. Son nom «plaine de la Chaleur» correspond à la réalité : il est situé près du «pôle de la chaleur» (voir page 32) où règne à midi la température maximale de + 427 °C.

En bas: *Rupes Discovery* (la faille Discovery), long de plus de 400 km, haut de 500 à 1000 m. La faille coupe deux cratères plus anciens.

En haut : une partie du gigantesque bassin *Caloris Planitia* d'après les clichés de Mariner 10. Certains sommets du massif montagneux qui ceint la cuvette culminent à 1000 m. L'intérieur du bassin est strié par des fissures et par quelques crêtes de faible altitude.

VÉNUS

Atmosphère de la planète

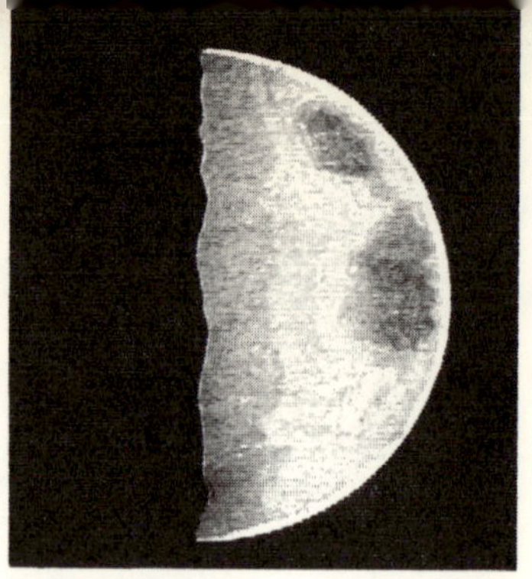

Dessin de Vénus.
Folaché, 1883.

Vénus est la planète qui ressemble le plus à la Terre par sa taille, sa masse, sa densité moyenne et par la quantité d'énergie solaire absorbée. Mais c'est également la planète tellurique la plus méconnue. Vénus est enveloppée par une atmosphère dense parsemée de nuages impénétrables qui masquent parfaitement la surface de la planète. Il n'est pas surprenant que jusque dans les années 50 des scientifiques aient pu penser que la vie était possible sur ce corps. Des expériences récentes ont apporté de nouveaux éléments qui réfutent cette thèse: l'atmosphère sur Vénus est très dense, 100 fois plus dense que l'atmosphère terrestre ; elle contient 97 % de gaz carbonique CO_2. La surface de la planète est rocheuse, dépourvue d'eau (l'atmosphère renferme à peine 0,4 % de vapeur d'eau). La température est très élevée : plus de 450 °C aussi bien le jour que la nuit. La pression atmosphèrique sur la surface est 90 fois plus élevée que sur la Terre.

On peut observer à partir de la Terre ou bien à partir d'une sonde spatiale la partie supérieure de la couche de nuages, située 70 km audessus de la surface de Vénus. A une altitude plus élevée, à 90 km de la planète, s'étend une brume contenant de petits cristaux de glace qui ne facilite pas l'observation à la lumière visible. C'est pourquoi, vue au télescope, Vénus ressemble à un disque blanc sans détail apparent. Dans l'ultraviolet, la brume est transparente, on peut alors observer des nuages clairs et foncés dans la couche supérieure située à une altitude de 70 à 56,5 km de la surface. Des photographies dans l'ultraviolet réalisées par la sonde Pioneer Venus Orbiter ont été utilisées pour réaliser les dessins. Nous pouvons y suivre les variations et le mouvement des formations nuageuses (circulation atmosphérique) ainsi que la rotation de l'atmosphère qui s'effectue en quatre à cinq jours. Cette rotation a été établie par un astronome français, Charles Boyer, qui avait photographié Vénus dans l'ultraviolet. Les nuages contiennent essentiellement de l'acide sulfurique H_2SO_4 et des composants mineurs. Ils ressemblent au smog et à la pollution atmosphérique terrestre. Les trois couches successives et épaisses, réparties entre 45,5 et 70 km d'altitude, empêchent toute transparence à la lumière visible. Pourtant, sur la surface de Vénus, la visibilité est de 3 km, et la luminosité est celle d'une journée brumeuse sur la Terre.

Les phases de Vénus telles qu'elles sont observées à partir de la Terre. Le diamètre apparent de Vénus varie considérablement selon la distance de la planète. La planète Mercure connaît des phases similaires.

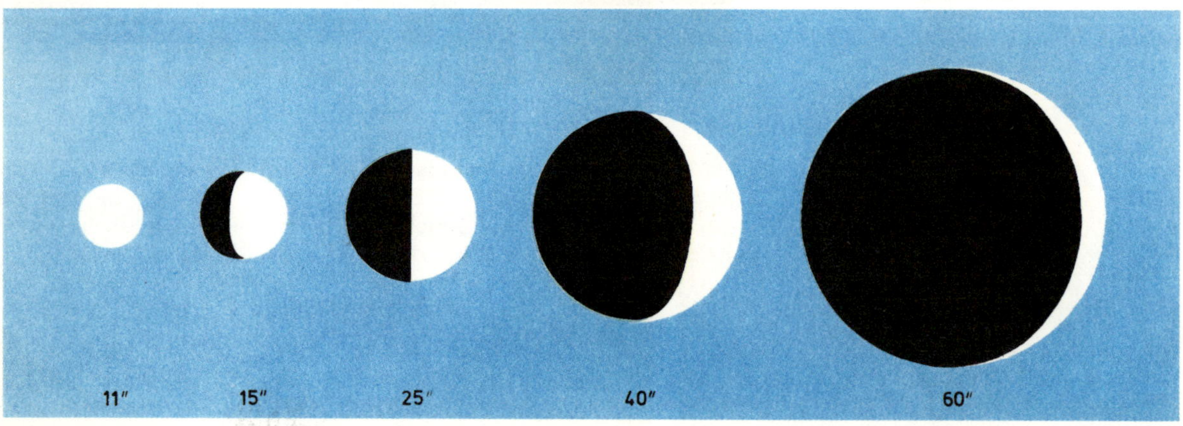

VÉNUS

Surface de la planète

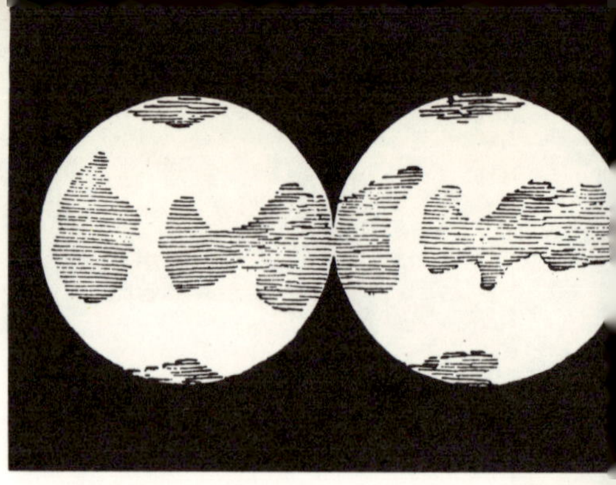

Mers hypothétiques sur Vénus.
Bianchini, 1710

L'atmosphère dense de Vénus ne constitue pas une barrière infranchissable pour les ondes radar qui nous permettent à distance de «tâter» la surface de la planète, d'identifier sa morphologie, de mesurer l'altitude des montagnes et la profondeur des vallées. On peut également à partir de la Terre, grâce à de grands radars, observer certaines régions vénusiennes. La première carte générale date cependant des années 80; elle utilise les mesures effectuées par la sonde Pioneer Venus Orbiter.

La carte de droite nous offre un panorama général du relief. Entre le point le plus élevé et le point le plus bas, on mesure 13 km environ! Vénus est cependant beaucoup plus «plate» que la Terre. On ne trouve de fortes dénivellations (entre 1,5 et 10,6 km) que sur 8 % de la surface (au-dessus du rayon moyen de 6051,5 km), constituées par des élévations *(highlands)* qui ne sont pas sans rappeler les continents terrestres. La plus grande d'entre elles est *Aphrodite Terra* aux dimensions de 3200 km × 9800 km. Le sommet le plus haut sur Vénus est *Maxwell Montes* (10,6 km) qui surplombe le «continent» *Ishtar Terra.*

La majeure partie de la planète (65 % environ) est recouverte par des régions planes, modérément ondulées: les *rolling plains,* avec des dénivellations comprises entre —0,5 et +1,5 km. Le reste de la surface est représentée par des régions basses, des plaines et des bassins qui s'abaissent de —2,5 à —0,5 km au-dessous du niveau de référence. Cette image générale de Vénus est très approximative, très grossière; les plus petits «détails» dépassent en réalité les 100 km.

Des observations radar plus détaillées réalisées à partir de la Terre et des sondes Venera 15 et 16 montrent par exemple des volcans boucliers (*Theia Mons* et *Rheia Mons* avec des cratères au sommet élevé: les *caldeiras*), des dizaines de grands cratères de 35 à 350 km de diamètre, des canyons, etc. Le basalte est prépondérant sur Vénus. Sur les clichés pris par les sondes qui se sont posées sur la planète (Venera 9, 10, 13 et 14), on peut apercevoir de nombreuses pierres aux arêtes vives qui témoignent d'une activité géologique; la formation de la surface ne serait pas encore achevée.

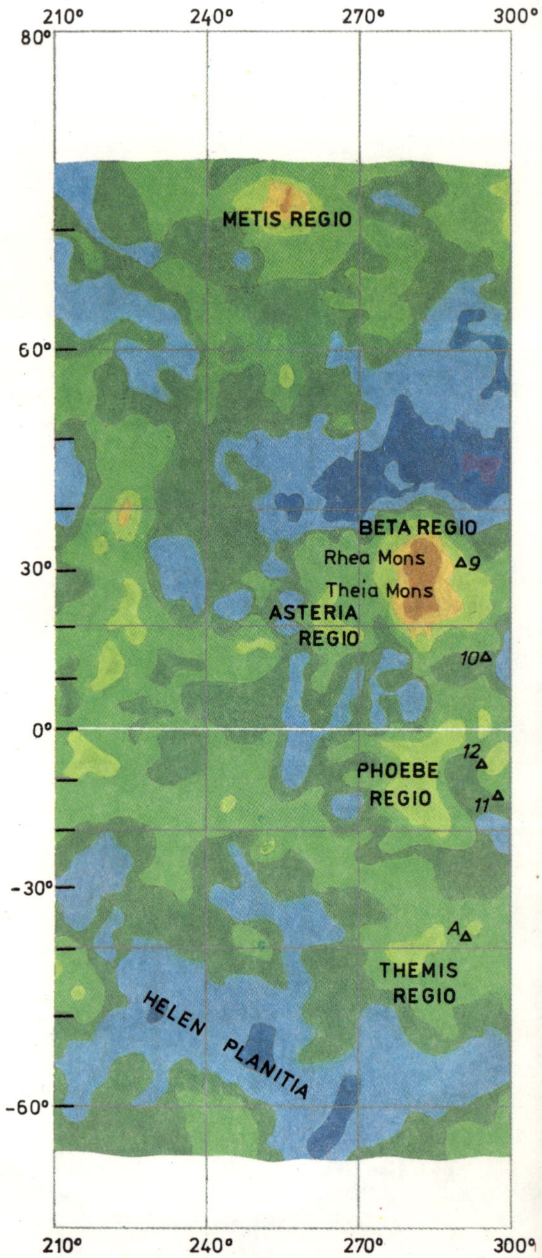

Sur la carte générale de Vénus, chaque couleur représente une altitude différente. Il n'existe pas de plateau maritime pouvant servir de niveau de référence; on utilise à cet effet la surface circulaire circonscrite par un rayon de 6051 km autour du centre de Vénus.

Les petits triangles indiquent les lieux d'atterrissage des modules des sondes spatiales, expédiées sur Vénus jusqu'en 1985. Les nombres de 1 à 14 désignent les numéros des sondes soviétiques Venera. Les lettres de A à F désignent les cinq modules de la sonde américaine Pioneer-Venus 2 en 1978. A côté des lieux d'atterrissage des modules des sondes Vega 1 et Vega 2 (en 1985), on trouve également les trajectoires des sondes-ballons employées alors pour la première fois aux observations de l'atmosphère de Vénus.

Le 15 décembre 1970, la sonde Venera 7 a expédié les premières informations chiffrées sur Vénus. Les sondes Venera 9, 10, 13 et 14 ont photographié le relief.

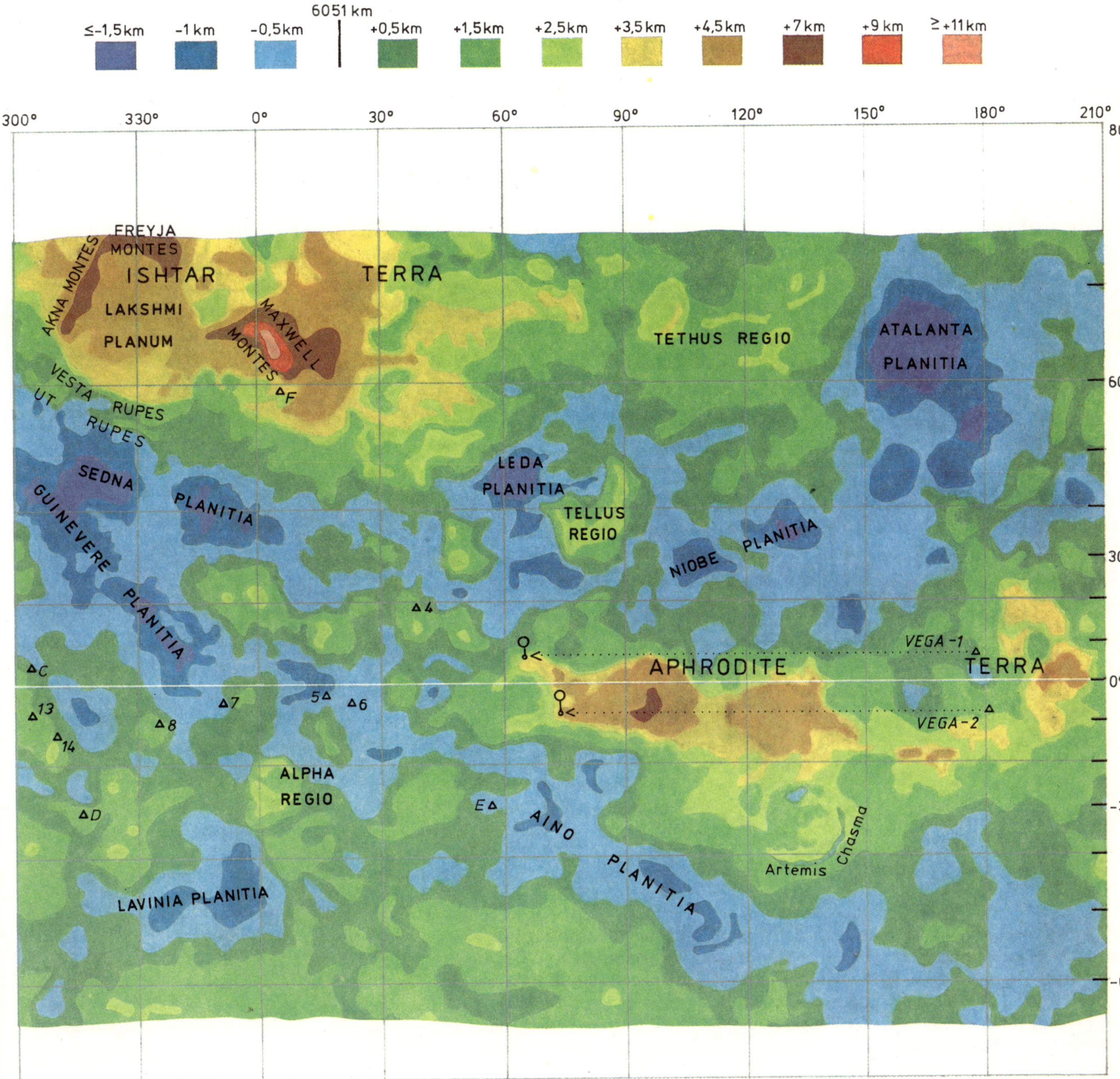

♂ MARS

Formations à albédo

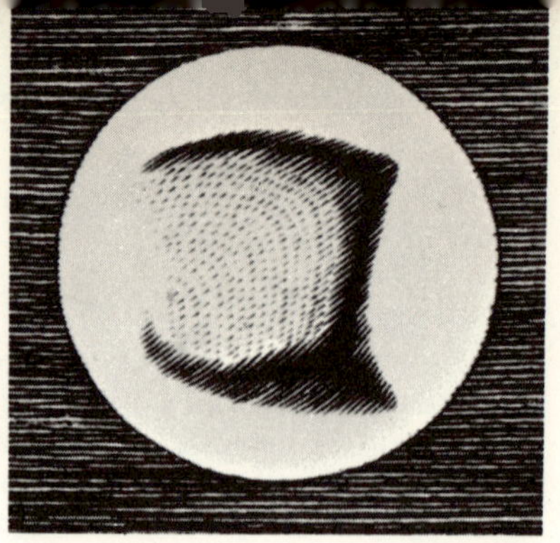

Mars d'après les observations de R. Hooke le 12 mars 1666.

Mars ressemble beaucoup à la Terre bien qu'à première vue cette similitude ne soit pas flagrante. Le diamètre de Mars est deux fois plus petit que celui de la Terre. La longueur d'une journée sur Mars équivaut pratiquement à celle d'un jour terrestre; les saisons y alternent mais leur durée est deux fois plus longue que sur la Terre. La température sur Mars est relativement basse: elle peut atteindre 0 °C, mais les températures diurnes se situent toutefois autour de —30 °C. L'atmosphère de Mars n'est pas dense, elle contient 95 % de gaz carbonique, 2 % d'azote, 1 à 2 % d'argon et de gaz divers ainsi que de l'oxygène et de la vapeur d'eau. Toutes ces particularités ainsi que les modifications intervenant sur cette planète ont longtemps laissé supposer que la vie existait sur Mars, sinon les martiens du moins des micro-organismes.

L'atmosphère transparente permet d'observer directement la surface de la planète lorsqu'il n'y a pas de tempête de poussière, de temps nuageux ou bien encore de trouble atmosphérique. Avec un télescope on distingue trois types de formations avec des couleurs et des albédos différents (albédo: pouvoir de réflexion de la lumière). On identifie des zones rouge orangé appelées «continents» ou bien encore «déserts», des taches gris foncé appelées «mers» ou «lacs», et enfin des calottes polaires blanches et brillantes (en haut de la page ci-contre). Contrairement aux mers lunaires, les surfaces foncées sur Mars changent de taille, d'albédo et de couleur suivant les saisons, principalement après des tempêtes de poussière. La taille des calottes polaires varie également au gré des saisons. On peut observer les calottes avec de petits télescopes, de même que les formations les plus sombres (par exemple *Syrtis Major, Mare Acidalium, Mare Sirenum,* etc.). Mars est toujours un objet difficile à observer dans un instrument d'amateur du fait de sa taille apparente réduite. Grâce aux investigations effectuées par les sondes spatiales, on a pu constater que les «mers» et autres formations à albédo ne correspondent pas à la topographie de la planète mais la recouvrent.

CARTE GÉNÉRALE DES PRINCIPALES FORMATIONS À ALBÉDO SUR MARS

Sur la carte figurent les formations relativement permanentes portant un nom latin et reconnues par l'Union astronomique internationale. La nomenclature est empruntée à d'anciennes cartes d'Europe, d'Asie et d'Afrique; elle comprend également quelques noms provenant de la mythologie. Les surfaces foncées sont appelées *mare* (mer), *lacus* (lac), *sinus* (baie), *palus* (marais), *fretum* (détroit). A la longitude géographique correspond sur Mars la longitude aréographique (*Ares* = Mars), allant du méridien d'origine au 360e vers l'ouest; le nord se situe en haut de la carte.

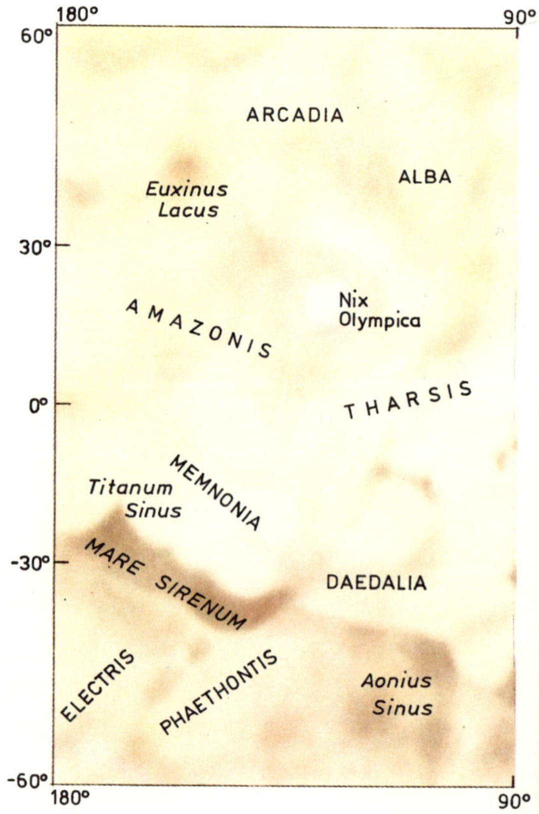

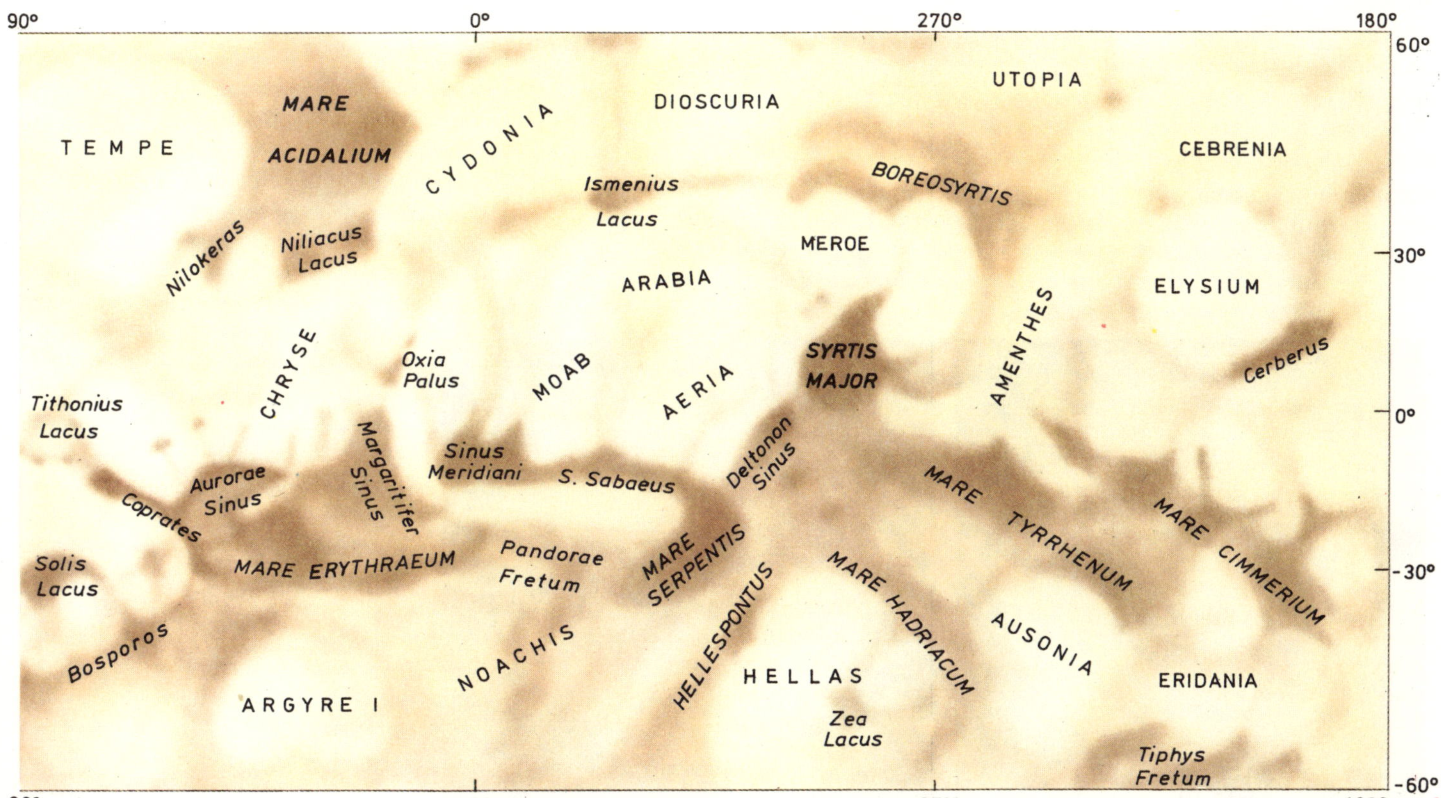

90°
0°
270°
180°
60°
30°
0°
-30°
-60°
TEMPE
MARE
ACIDALIUM
CYDONIA
DIOSCURIA
UTOPIA
CEBRENIA
Ismenius
Lacus
BOREOSYRTIS
Nilokeras
Niliacus
Lacus
MEROE
ARABIA
ELYSIUM
CHRYSE
Oxia
Palus
MOAB
AERIA
SYRTIS
MAJOR
AMENTHES
Cerberus
Tithonius
Lacus
Margaritifer
Sinus
Sinus
Meridiani
S. Sabaeus
Deltonon
Sinus
Aurorae
Sinus
Coprates
MARE TYRRHENUM
MARE CIMMERIUM
Solis
Lacus
MARE ERYTHRAEUM
Pandorae
Fretum
MARE
SERPENTIS
HELLESPONTUS
MARE HADRIACUM
AUSONIA
Bosporos
NOACHIS
HELLAS
ERIDANIA
ARGYRE I
Zea
Lacus
Tiphys
Fretum
90°
0°
270°
180°

♂ MARS

Carte topographique de l'hémisphère Est. Variations sur Mars

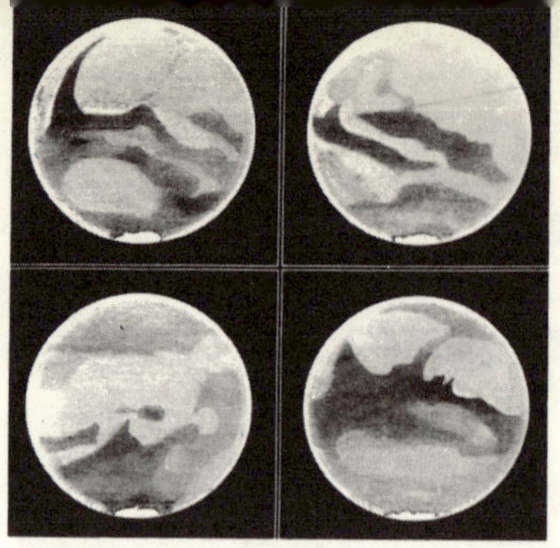

Dessin de Mars d'après des observations de 1877.

Les investigations des sondes spatiales ont permis dans les années 70 d'élaborer des cartes précises de Mars. Une observation plus détaillée a permis de constater qu'à des formations présentant divers pouvoirs de réflexion (zones sombres et claires) ne correspondaient pas comme sur la Lune des types définis de surface. Nous pouvons par exemple remarquer sur les cartes générales de Mars (voir page 43 et page 45) que les «mers» renferment des régions cratérisées et des plaines sans que les groupes morphologiques soient différenciés. Les cartes topographiques de Mars et les cartes des albédos utilisent des nomenclatures différentes. Les formations à albédo ne sont pas stables.

Une importante partie de l'hémisphère Sud ainsi qu'une partie plus petite de l'hémisphère Nord contiennent de très nombreux cratères comme les continents lunaires. Cette vaste surface très cratérisée correspond à la région géologiquement la plus ancienne; elle daterait de la période de bombardement intense (voir page 8). Le vaste bassin *Hellas Planitia* (1500 km de diamètre, 6 km de profondeur) proviendrait d'un impact, de même que le bassin d'Argyre, de taille plus modeste, situé dans l'hémisphère Ouest. Les bassins ne contiennent pas de coulées de lave comme ceux des mers lunaires.

L'hémisphère Nord, et principalement sa région la plus au nord, est occupé par une vaste plaine: *Vastitas Borealis*. Les cratères sont moins fréquents, on remarque surtout des cratères «coulants» (voir page 49). Au-dessus de la plaine *Elysium Planitia* s'élèvent deux volcans «bouclier»: les massifs *Elysium Mons* et *Hecates Tholus*. La sonde Viking-Lander 2 s'est posée le 3 septembre 1976 à environ 200 km du cratère Mie, dans un désert de pierres et de poussière.

Nous ne trouvons pas de formations de relief particulières dans *Syrtis Major*, formation extrêmement foncée; on identifie seulement une longue pente avec de nombreuses bandes foncées variables (page ci-contre, en bas, à droite).

Comme sur la Lune les cratères de Mars ont reçu les noms de personnalités célèbres qui étaient aussi bien des scientifiques, des techniciens, que des voyageurs ou des artistes. Les petits cratères qui apparaissent dans les cartes détaillées portent des noms de villes et de villages terrestres.

Variations saisonnières du paysage de *Pandorae Fretum* (désigné par une flèche). Au début du printemps le paysage est clair (à gauche); il s'assombrit pour se transformer en été en une large bande foncée. L'action des vents déplace la poussière et provoque ces variations d'aspect. Lorsque la poussière claire est chassée d'un fond foncé, le paysage s'obscurcit.

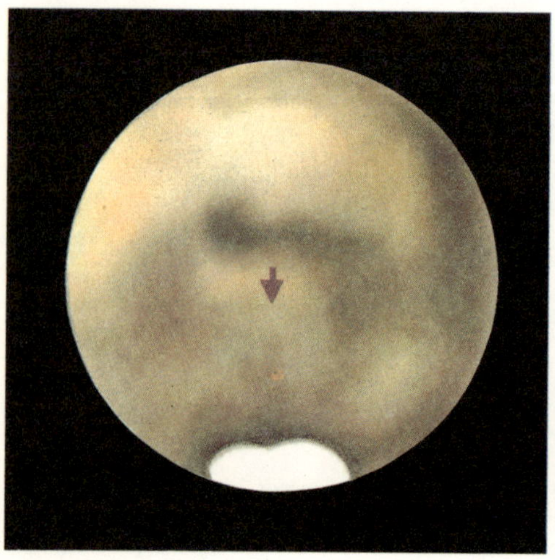

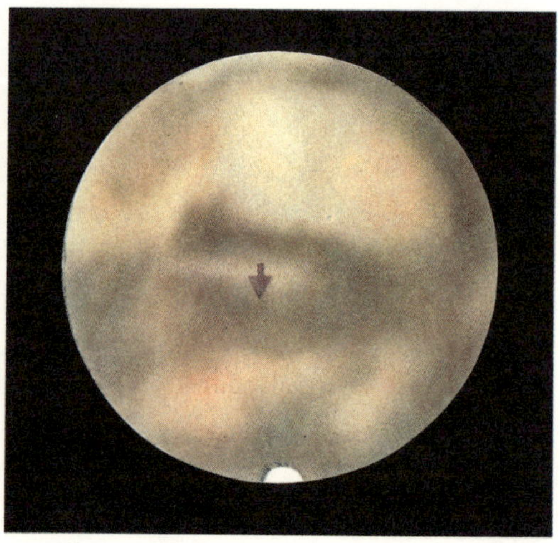

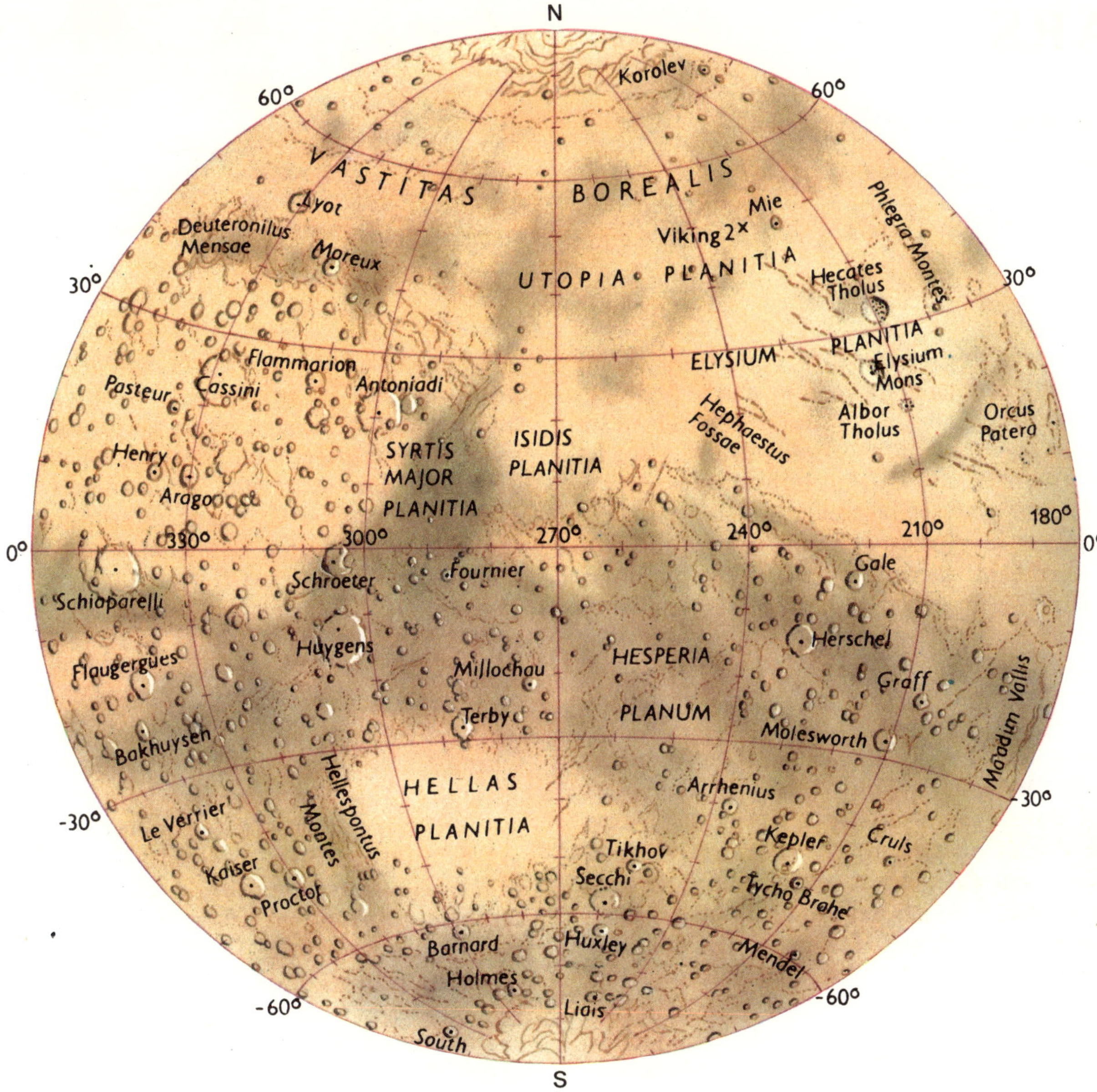

Comme sur la Terre, des nuages apparaissent dans l'atmosphère de Mars. Le dessin représente la nébulosité d'un vent vif à spirale, un cyclone de 600 km de diamètre environ. Les nuages se situent à un altitude de 6 ou 7 km au-dessus de la surface de la planète (d'après les observations de la sonde Viking Orbiter 1).

Après une tempête de poussière, l'action des vents a nettoyé les bandes de terrain foncé de leur couche de poussière claire (détail du bord est de *Syrtis Major*, d'après Mariner 9).

♂ MARS

Carte topographique de l'hémisphère Ouest. Les calottes polaires

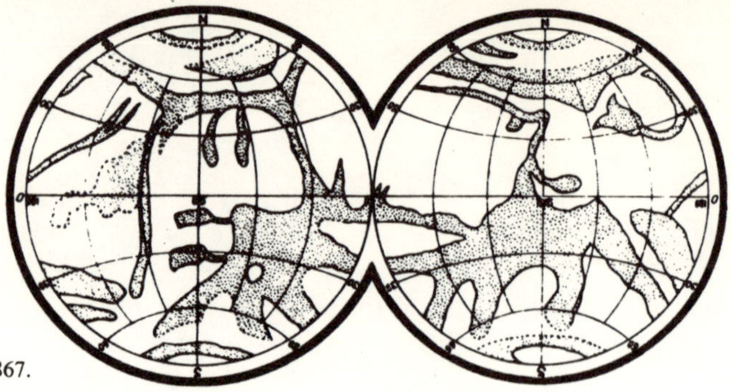

Carte de Mars de 1867.

L'hémisphère Ouest de Mars comprend deux régions particulièrement intéressantes près de l'équateur: la région volcanique de Tharsis et la formation de canyons de *Valles Marineris.* Ce sont les formations les plus importantes de ce genre dans le système solaire.

Tharsis est la plus vaste zone volcanique sur Mars; autrefois, d'énormes quantités de lave provenant de l'intérieur de la planète s'y déversaient. La lave a recouvert des milliers de kilomètres carrés, et les coulées, en se superposant, ont donné naissance à un massif montagneux atteignant 10 km de hauteur et 2000 km de diamètre selon des mesures récentes. Les sommets — *Arsia Mons, Pavonis Mons* et *Ascraeus Mons* — s'élèvent au-dessus de ce massif à une altitude d'environ 20 km. Ce sont des volcans «bouclier» qui présentent une forme conique; ils sont formés par des courants de lave solidifiée comme les volcans hawaïens. Les cratères des sommets (caldeiras) ont quelques dizaines de kilomètres de diamètre; on peut suivre sur quelques centaines de kilomètres de distance les courants de lave solidifiée. *Olympus Mons,* décrit plus en détail à la page 48, est le sommet le plus élevé de la région de Tharsis.

Le massif Tharsis représente une charge importante pour l'écorce de Mars, et aurait provoqué de grands mouvements tectoniques à l'origine des complexes de fissures, de crevasses et de failles dans la croûte de la planète. La plus grande formation d'origine tectonique est l'ensemble de canyons *Valles Marineris,* baptisée d'après le satellite artificiel Mariner 9, qui en 1971—1972 a permis de dresser des cartes détaillées de l'ensemble de la planète. Cette formation s'étend du centre du massif Tharsis vers l'est, sur une distance de 4500 km environ. Elle se présente comme une série de canyons apparemment parallèles, larges de 200 km au maximum avec des parois abruptes (voir description plus détaillée et dessin pages 46 et 47).

Le 20 juillet 1976, la sonde Viking-Lander 1 s'est posée dans la région de *Chryse Planitia.* Ses caméras ont filmé un désert de pierres et des petites dunes de sable. Les analyses biologiques des échantillons n'ont pas relevé de traces de vie.

Traduction de la nomenclature latine des cartes de Mars: *Planitia* — plaine; *Vallis* (pluriel: *Valles*) — vallée; *Mons* — montagne; *Tholus* — colline en forme de dôme; *Mensa* — montagne en forme de table; *Patera* — dépression, cratère irrégulier; *Fossa* — fossé; *Chasma* — canyon.

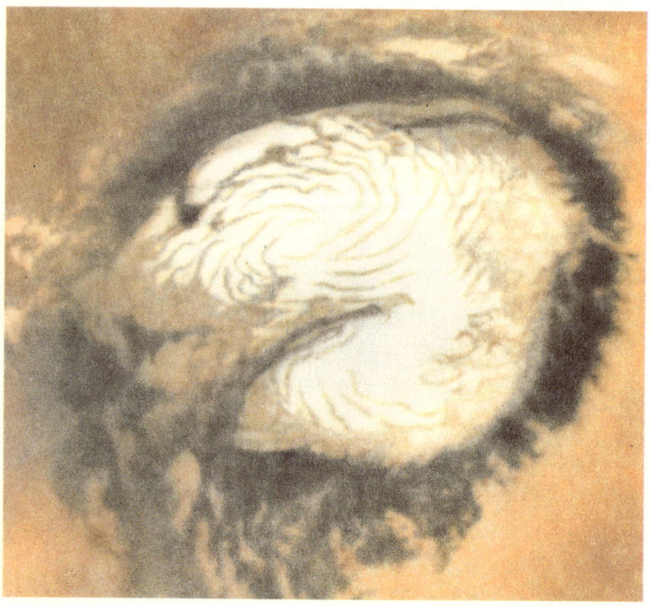

Calotte polaire fondante à la fin du printemps dans l'hémisphère Nord (d'après les clichés de Mariner 9). Les vents soufflant du pôle soulèvent la poussière claire sur le bord de la calotte et, par conséquent, découvrent le terrain plus foncé entourant la calotte. La structure en spirale à l'intérieur de la calotte est probablement due à l'érosion par les vents et aux formes du terrain.

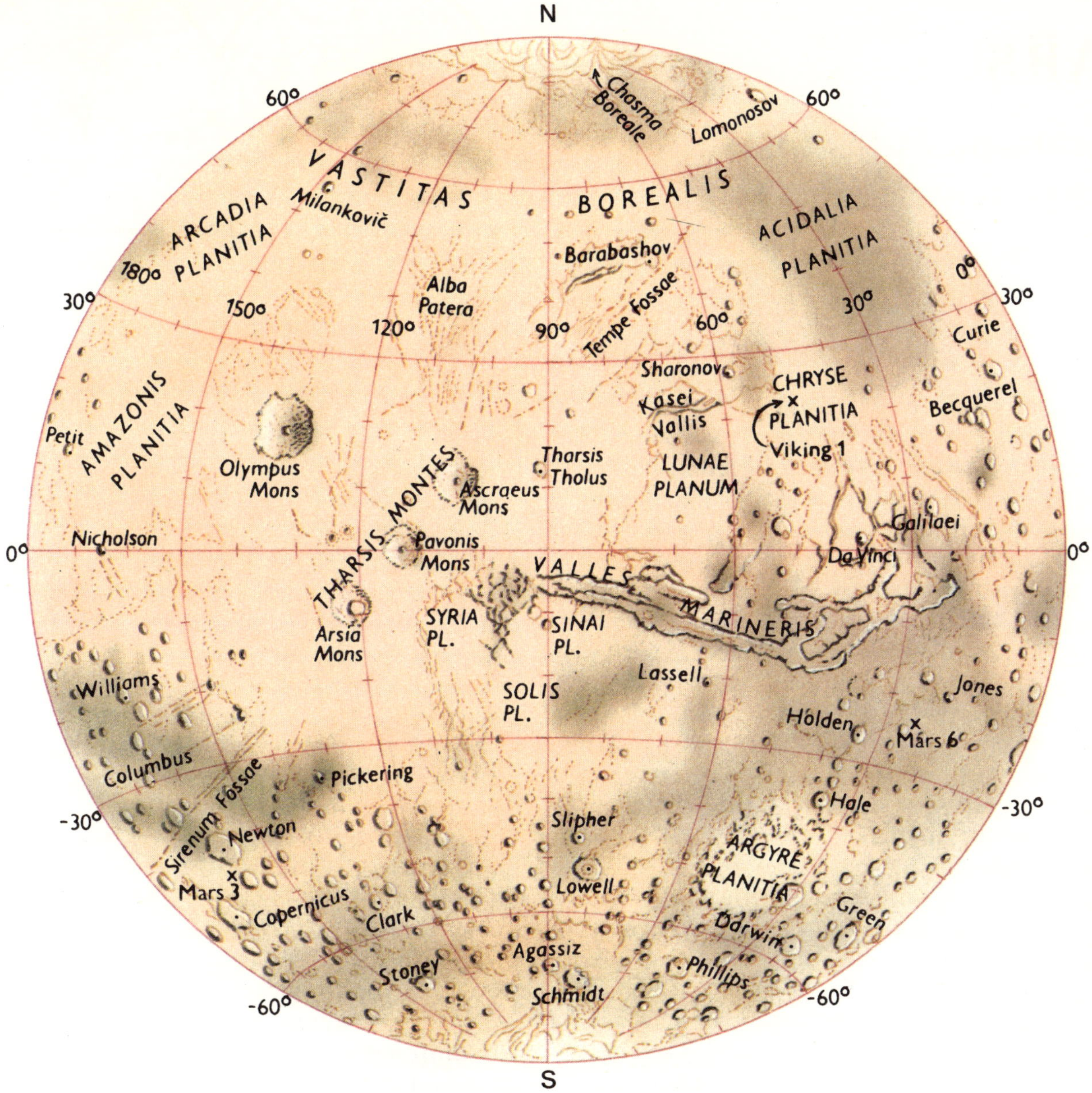

Aspect de la calotte polaire Nord qui se réduit, vue de la Terre, au milieu du printemps (à gauche), à la fin du printemps (au centre) et au début de l'été (à droite). C'est essentiellement de l'anhydride carbonique, CO_2, qui s'évapore. Le reste de la calotte qui ne fond pas même en été est constitué par une épaisse couche de glace. La température à la surface de la glace est de —73 °C.

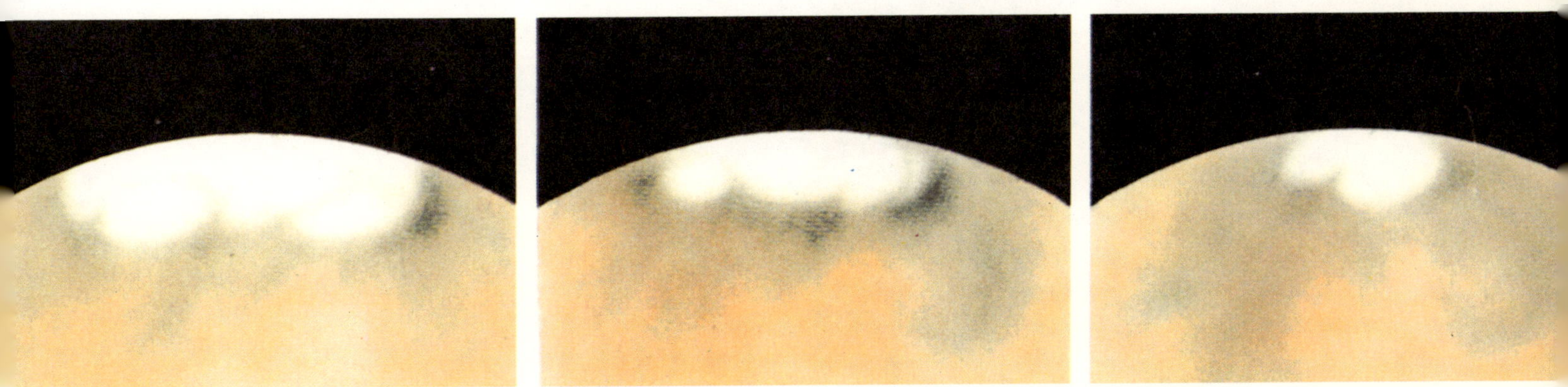

♂ MARS

Les canaux et les lits des rivières

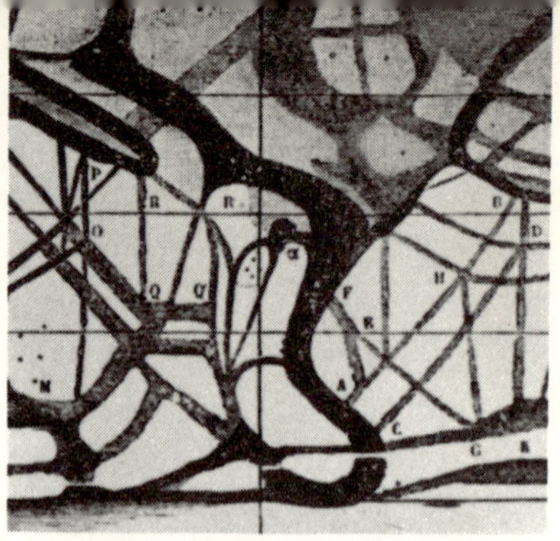

Détail de la carte de Mars de G. V. Schiaparelli, le découvreur des «canaux» sur Mars, 1882.

Depuis 1877, date de leur découverte par l'astronome italien Schiaparelli, les mystérieux canaux de Mars ont excité l'imagination des observateurs. On a même attribué l'existence de ces lignes sombres et étroites qui strient la surface de la planète à l'œuvre des martiens qui auraient construit ces canaux artificiels. Les savants ont cependant constaté un peu plus tard que la majorité des canaux était composée par des rangées de taches irrégulières qui ne constituent pas des lignes continues. Il s'agissait en fait d'une illusion d'optique.

Grâce aux caméras des sondes spatiales, les canaux classiques ont disparu. D'autres canaux ont cependant été découverts à divers endroits de la planète; ce sont des formations d'origine naturelle qui ressemblent à des lits de fleuves asséchés, longs de plusieurs centaines de kilomètres. C'est un phénomène pour le moins singulier car dans les conditions actuelles régnant sur la planète, l'eau à l'état liquide ne peut pas exister sur la surface de Mars: elle se transformerait en glace et s'évaporerait. Cependant, nous supposons que le sous-sol de Mars renferme d'importantes quantités d'eau gelée sous forme de permafrost (correspondant aux terres éternellement gelées dans les régions polaires terrestres); l'eau à l'état liquide pourrait même exister en profondeur. Mars aurait pu être doté d'une atmosphère plus chaude et plus dense dans une époque géologique très reculée, lors d'une intense activité volcanique par exemple. L'eau qui se serait libérée sous la surface aurait pu modeler le visage de la planète soit par l'action lente des rivières, soit par des inondations catastrophiques. Il n'est naturellement pas exclu que certains lits de rivières aient pu être constitués par de la lave liquide.

Un autre type de canaux est représenté par des formations d'origine tectonique telles que des fissures, des crevasses, des canyons, etc. L'ensemble de canyons *Valles Marineris*, long de 4500 km (il couvre un quart de la circonférence de la planète), large de 150 à 700 km (voir carte page 45) est l'un des plus célèbres complexes de canaux. Sur ses parois et dans son fond, de nombreuses traces témoignent de grands glissements de terrain et d'une activité tectonique encore existante. Le matériau friable libéré est entraîné par le vent.

Une formation aussi importante que *Valles Marineris* devrait être observable à partir de la Terre. En effet, la vallée de Mariner est longée par une formation ayant un pouvoir réfléchissant, le canal Coprates. C'est l'une des rares exceptions où une formation géologique correspond à un canal ayant un pouvoir réfléchissant.

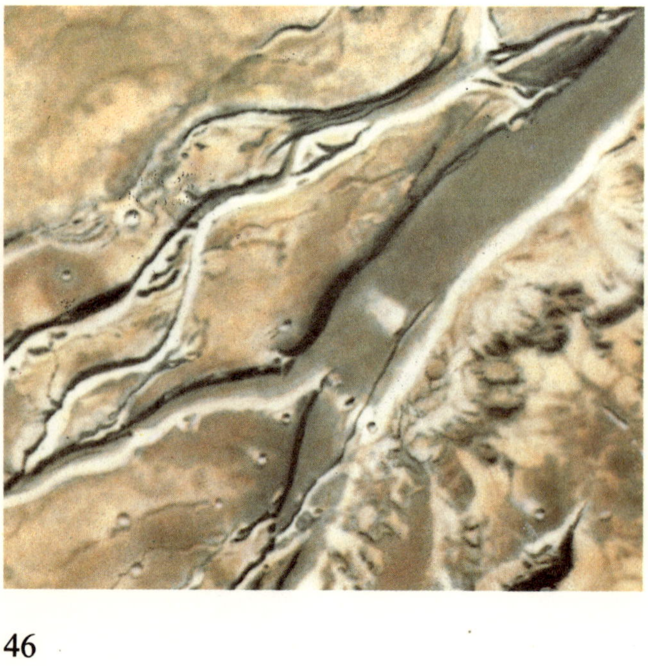

Fraction d'un complexe de canaux, longue de 60 km environ, qui part du grand volcan *Elysium Mons* et s'étend sur plusieurs centaines de kilomètres. Ces canaux ont pu être creusés par l'action des eaux libérées par la fonte du permafrost pendant l'activité volcanique. Ce pourrait être également des canaux provenant d'écoulements de lave.

Fraction d'environ 110 km de long de *Valles Marineris.* Les canyons latéraux (à droite) atteignent jusqu'à 30 km de long. La profondeur du canyon principal est comprise entre 2 et 7 km.

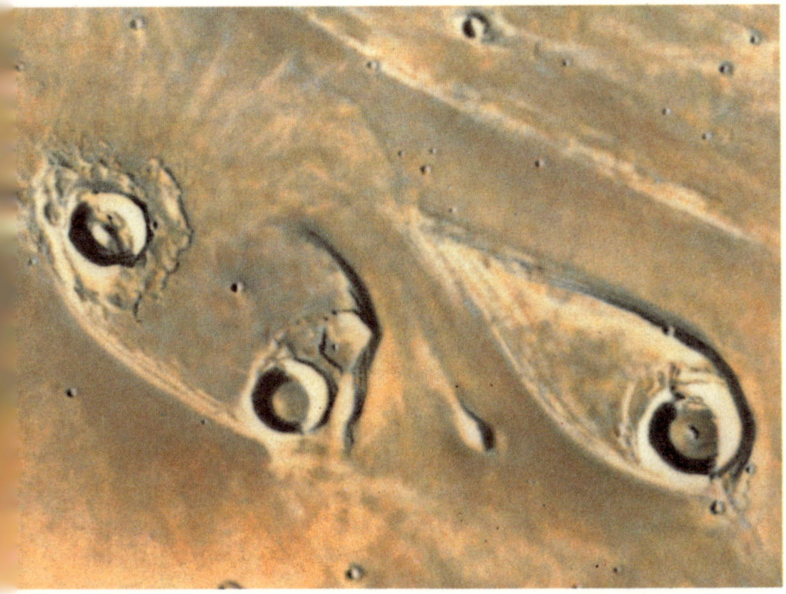

Les «îlots» étendus en forme de goutte dans le large lit de rivière dans la région de Chryse résulteraient de l'action érosive de l'eau au cours d'une très ancienne inondation catastrophique. Les remparts des cratères d'impact ont résisté à la force des eaux.

♂ MARS

Les cratères et les volcans

Détail de la carte de Mars et de ses «canaux». G. V. Schiaparelli, 1882.

Une considérable activité volcanique a fortement contribué à la formation du relief sur Mars. Sa principale région volcanique est représentée par le massif Tharsis situé dans l'hémisphère Ouest (voir carte page 45). Quatre grands volcans et plusieurs autres volcans de taille plus modeste surplombent un gigantesque «gâteau» stratifié de coulées de lave; c'est une région de 2000 km de diamètre qui s'élève jusqu'à 10 km d'altitude. Les grands volcans sur Mars rappellent énormément les volcans «bouclier» hawaïens également élevés et dont les parois sous-marines peuvent atteindre 120 km de diamètre.

La taille des volcans dans la région de Tharsis est imposante. Le volcan *Olympus Mons* (dessin de droite) détient tous les records avec une caldeira de 80 km de diamètre qui se dresse à 25 km au-dessus du pied de la montagne. Ces dimensions titanesques indiquent que le volcan a connu une très longue activité, peut-être pendant 1 milliard d'années. Il n'est pas exclu que le volcan se réveille encore de temps à autre.

Au-dessus de la montagne, plus spécialement au printemps, des nuages blancs et clairs apparaissent; ils contiennent des cristaux de glace. Ce bonnet de nuages est observable à partir de la Terre; il forme une tache blanche dénommée *Nix Olympica* (voir carte des albédos page 40).

Outre les formations volcaniques, Mars est riche en cratères d'impact, semblables à ceux que l'on rencontre sur d'autres corps du système solaire. Un type de cratère est très fortement représenté, il s'agit du cratère «coulant» (figure en bas, à droite). Il semblerait qu'après l'impact le matériau libéré se soit écoulé dans toutes les directions, peut-être sous forme de boue liquide. L'impact s'est accompagné d'une importante élévation de la température sur le lieu même de la chute, ainsi que d'une fonte de la glace et d'autres composants de la surface. Ils se sont mélangés au matériau éjecté et aux gaz atmosphériques; ce mélange s'est ensuite écoulé autour du cratère et a constitué les structures que nous pouvons actuellement observer.

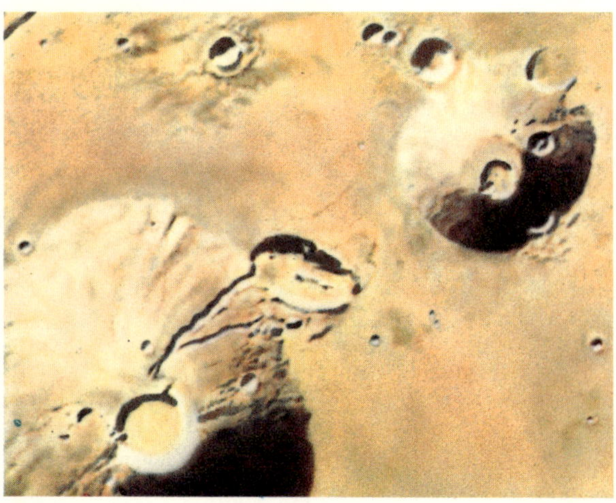

Paire de dômes volcaniques, équivalent des volcans «bouclier». Le plus grand des deux, *Ceraunius Tholus* (*tholus*: colline en forme de dôme), a un diamètre de 150 km, et une cheminée large de 2 km sort de sa *caldeira*. Le dôme le plus petit, *Uranius Tholus*, a un diamètre de 70 km.

Le volcan *Olympus Mons* (diamètre: 500 km) est caractérisé par une pente raide et pleine de relief, atteignant 6 km de haut par endroits (détail en bas).

Cratère d'impact caractéristique, de 20 km de diamètre. Le matériau expulsé était vraisemblablement liquide, il a formé autour du cratère plusieurs couches aux bords élevés. De tels cratères «coulants» n'ont jusqu'à présent été identifiés que sur la surface de Mars.

♂ PHOBOS

Les satellites de Mars vus de près

Réfracteur de l'observatoire de Washington qui a permis de découvrir en 1877 les satellites de Mars (Flammarion, *Astronomie populaire,* 1890).

En 1877, A. Hall a découvert deux petits satellites de Mars à l'observatoire de Washington grâce à un nouveau réfracteur (diamètre de l'objectif: 65 cm). Les deux satellites ont été baptisés Phobos et Deimos, d'après deux compagnons mythologiques du dieu de la guerre. Pendant pratiquement un siècle, on les considéra comme de petites étoiles faibles; on ignorait quelle était leur forme. On supposa même que les satellites étaient creux et qu'ils étaient des objets artificiels. La lumière ne s'est faite qu'en 1971 avec la sonde Mariner 9 et en 1976—77 avec Viking 1 et 2.

Les deux satellites sont dotés d'une forme très irrégulière qui ne peut être qu'approximativement représentée par un ellipsoïde triaxial. Les corps gravitent autour de Mars de telle sorte que leur axe le plus long est toujours pointé vers la planète. Leur surface est saturée de cratères, et recouverte sur des dizaines à des centaines de mètres de hauteur par une couche de régolithe, c'est-à-dire par un mélange de poussière et de roches broyées provenant des innombrables chutes de météorites.

Phobos mesure 28 km × 22 km × 18 km; son volume est supérieur à 5000 km³. Sa révolution autour de Mars s'effectue en 7 heures 39 minutes à une distance de 9400 km.

La formation la plus remarquable sur Phobos est le grand cratère Stickney (l'épouse de A. Hall avait pour nom de jeune fille Angelina Stickney) avec le complexe de sillons qui en est issu. L'origine des sillons remonte probablement à la formation du cratère. Ils pourraient correspondre à des failles profondes sous l'écorce du satellite, apparues lors d'un grand impact dont serait issu Stickney. Phobos manqua apparemment de disparaître sous la puissance de ce choc. Les sillons sont formés par une série de fosses reliées les unes aux autres, qui pourraient provenir d'affaissements et de glissements du régolithe dans les crevasses ou bien du rejet du régolithe le long des failles par des jets de gaz au cours de l'impact. Nous ignorons encore l'explication exacte de ce phénomène très singulier.

Carte schématique de la surface de Phobos. Les sillons issus du cratère Stickney figurent en rouge.

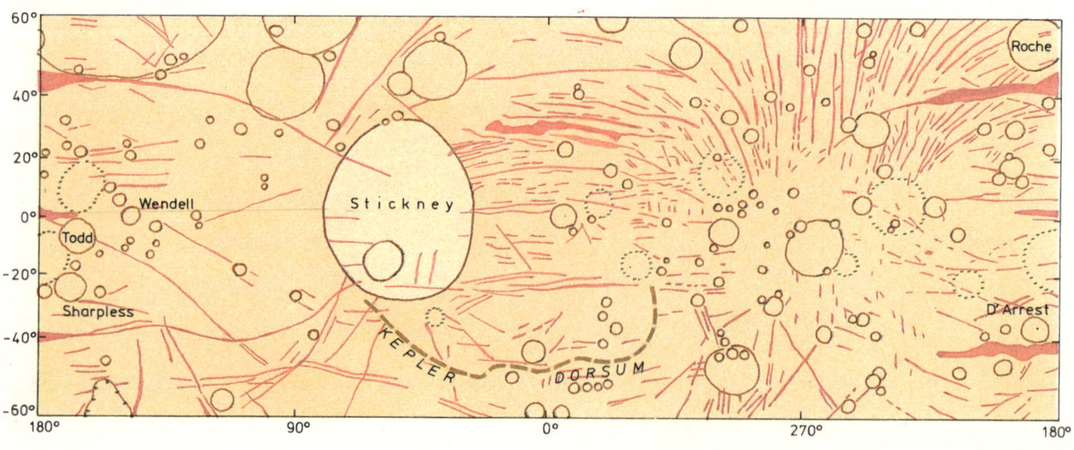

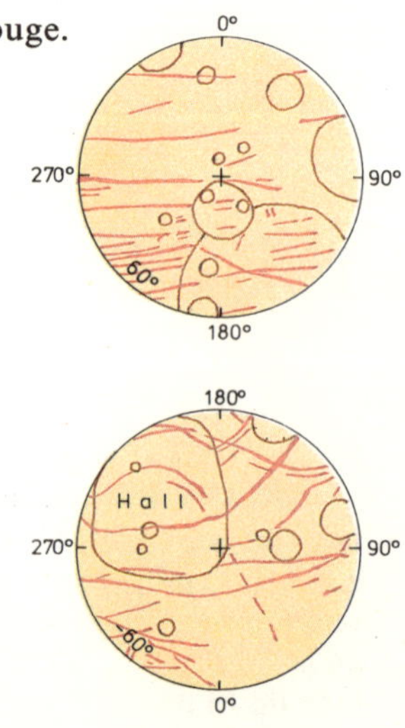

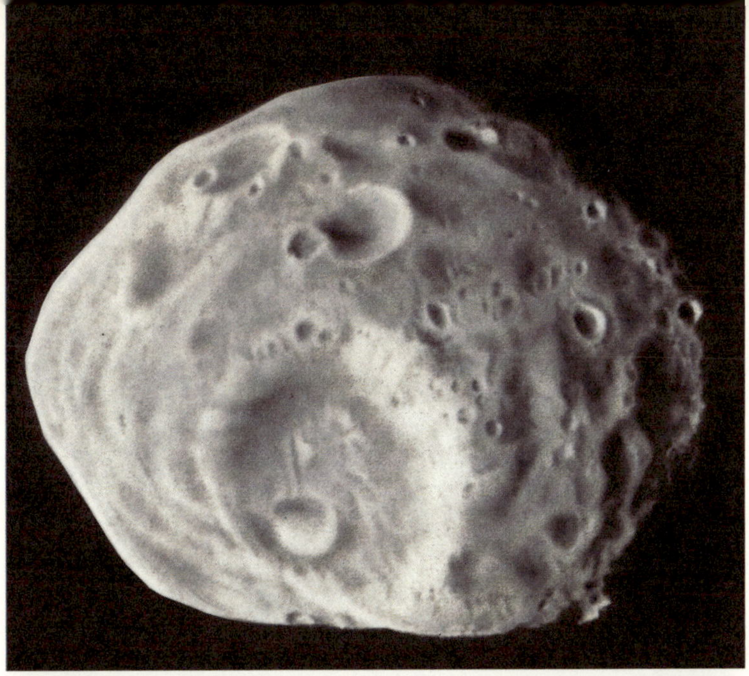

La surface de Phobos est striée par un nombre important de crevasses (en bas). Les crevasses sont pour la plupart larges de 100 à 200 m et profondes de 20 à 30 m.

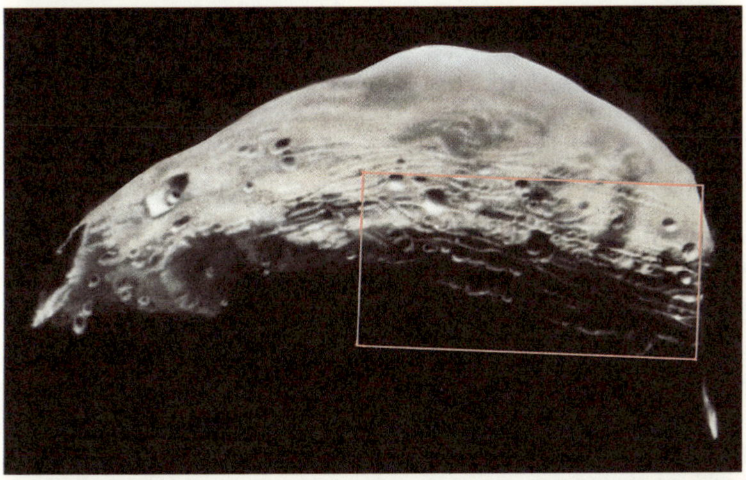

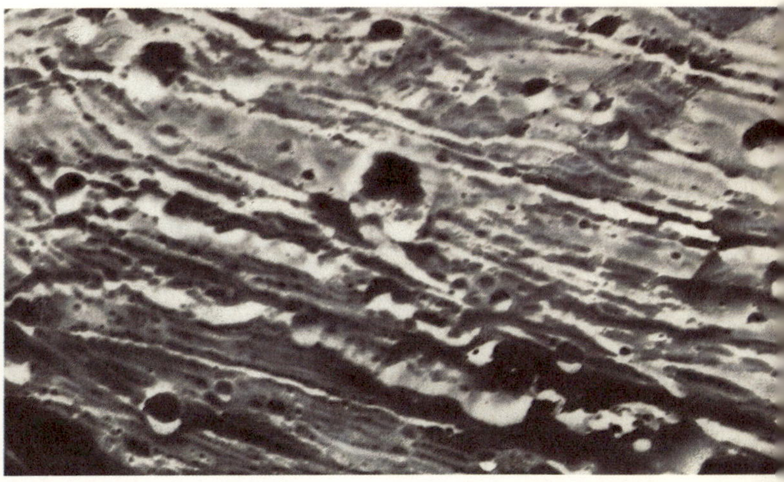

A gauche: la face nocturne de Phobos est faiblement éclairée par les rayons solaires réfléchis par la planète Mars. Nous pouvons ainsi observer le contour global de ce satellite aux formes irrégulières.

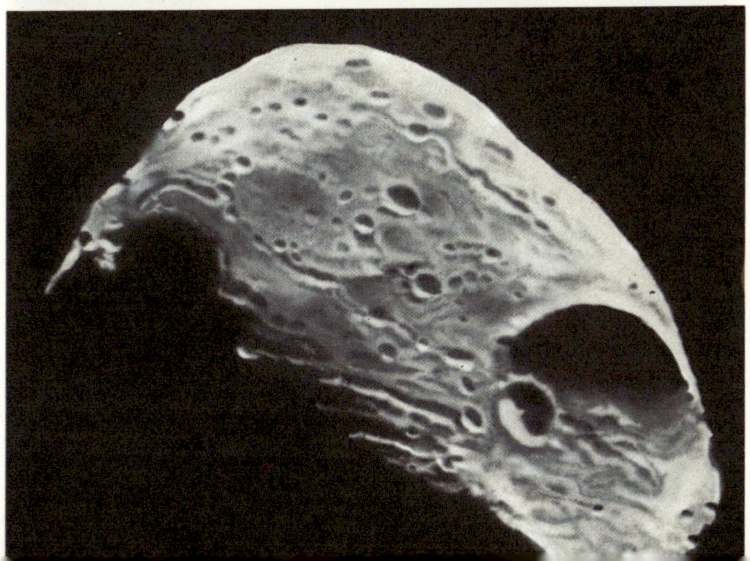

A gauche: sur le bord droit du dessin apparaît le plus grand cratère de Phobos: Stickney. L'éclairage de biais confère à ce satellite une forme fantastique.

Tous les dessins ont été élaborés à partir de clichés réalisés par les sondes Viking 1 et 2.

DEIMOS

Les satellites de Mars et les astéroïdes

Mars d'après les observations de G. D. Cassini. Deuxième moitié du XVIIe siècle.

Deimos, le second satellite de Mars, est de taille plus modeste (16 km × 12 km × 10 km); il gravite autour de la planète en 30 heures 18 minutes à une distance de 23 500 km.

En comparant les surfaces des deux satellites, il semblerait que Deimos soit plus lisse et qu'il possède une concentration moins importante de cratères que Phobos. Quelle en est la raison? Viking 2 nous a fourni de précieuses informations lors de son survol du satellite à une distance de 28 km; il a réalisé de nombreuses photographies avec un pouvoir de résolution de 2 à 3 m (en haut de la page ci-contre). Il s'est avéré que la surface de Deimos est également saturée de cratères mais qu'ils sont remplis par un matériau fin et sont ainsi gommés. Les étranges taches claires que l'on aperçoit également sur Deimos correspondent à des amas de matériau fin qui aurait été éjecté au cours d'impacts. Il n'existe pas sur Deimos comme sur Phobos de sillons et de crevasses.

Quelle peut être l'origine des satellites de Mars? On estime leur densité à 2 g/cm³ d'après leur taille et leur masse, ce qui correspond dans le système solaire à la densité d'un certain type de météorites, appelées chondrites carbonées. On suppose que certains astéroïdes qui se sont formés dans le bord externe de la bande des astéroïdes entre la trajectoire de Mars et de Jupiter (voir page 88) présentent la même composition. Il n'est pas exclu que Phobos et Deimos soient des ex-astéroïdes qui, en s'approchant de Mars, aient été happés par sa force de gravitation et aient été satellisés.

Phobos et Deimos sont deux petits corps relativement bien connus qui illustrent à nos yeux ce à quoi peuvent ressembler les astéroïdes. Des recherches ultérieures pourraient fournir de précieuses informations sur les débuts du système solaire.

Carte schématique de la surface de Deimos.

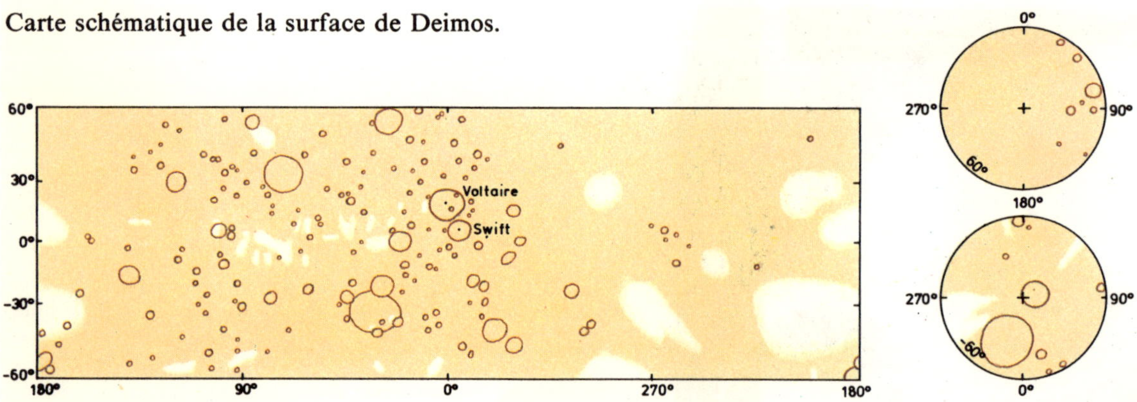

Deimos semble relativement lisse de loin (à droite et en bas, à droite); cependant sa surface abonde en petits cratères remplis de matériau fin (ci-dessous). Un côté du dessin détail représente en réalité 0,5 km environ.

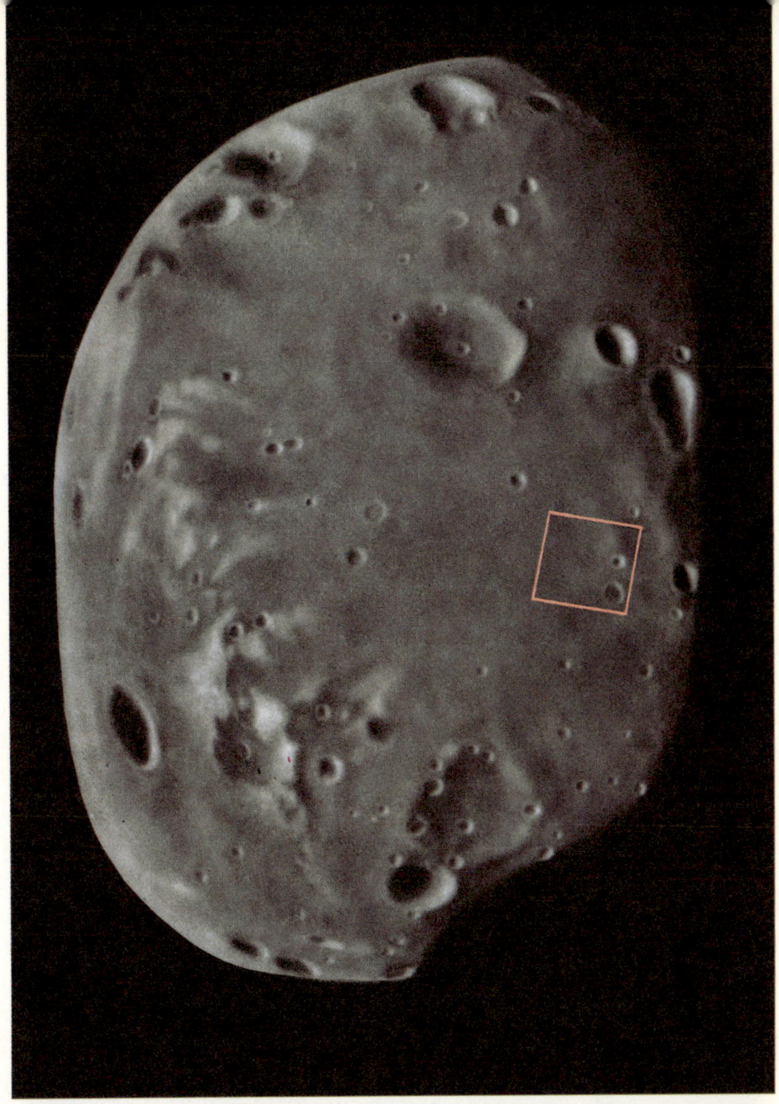

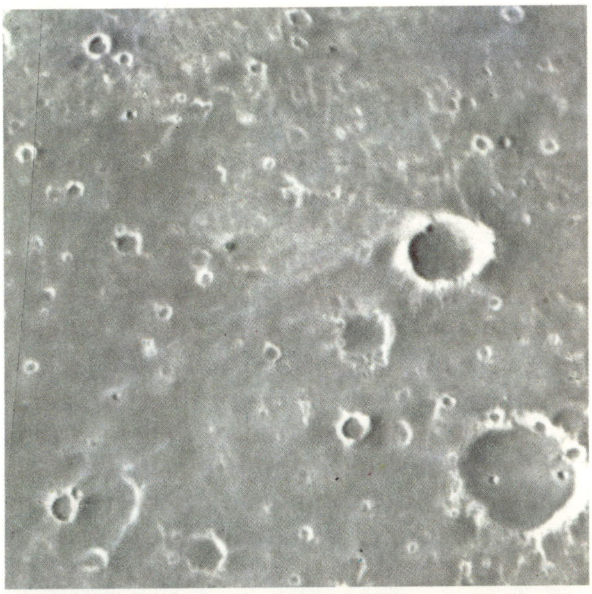

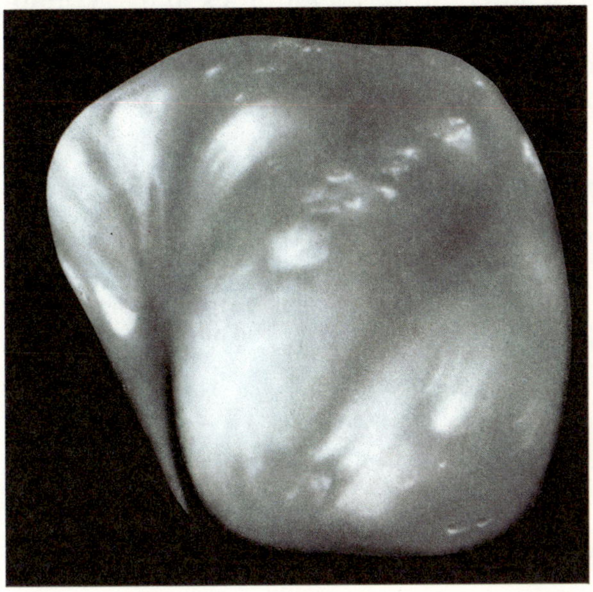

Ci-dessus: Deimos à la Pleine Lune. Sous cet éclairage sa forme irrégulière est bien apparente, le satellite est observé avec «le soleil dans le dos».

4

JUPITER

Aspect de la planète

Jupiter d'après les observations de Grimaldi et de Riccioli. Moitié du XVIIe siècle.

La plus grosse des planètes a un volume mille fois supérieur à celui de la Terre, elle est plus massive que toutes les planètes réunies. Elle est très différente des planètes telluriques, elle est essentiellement constituée par une atmosphère contenant de l'hydrogène, de l'hélium additionné de méthane, d'amoniac et d'autres composés. Vers le centre de Jupiter la température et la pression augmentent; l'atmosphère s'épaissit, ses propriétés se modifient. A 50 000 km de profondeur la pression est si forte que l'hydrogène acquiert les propriétés des métaux.

En observant Jupiter au télescope on ne remarque que des formations nuageuses réparties en bandes sombres et zones claires, disposées parallèlement à l'équateur de la planète. Les détails des bandes nous permettent de suivre la rotation rapide du corps (il accomplit une rotation sur son axe en moins de dix heures) qui provoque un aplatissement polaire très marqué de la planète.

Le changement d'aspect de la planète est dû non seulement à la rotation mais également à des phénomènes météorologiques et à des réactions chimiques intervenant dans l'atmosphère. Les formations nuageuses ont une durée de vie supérieure à celles de la Terre. Leur disposition en bandes et leur éloignement à l'équateur sont stables. La grande tache rouge est une formation unique, c'est un ovale rouge dont le diamètre est supérieur à celui de la Terre. Les astronomes l'observent depuis plus d'un siècle, peut-être même depuis 1664.

La circulation atmosphérique est à l'origine de la structure en bandes. Les zones claires comprennent des nuages froids situés à haute altitude. Les bandes sombres sont relativement transparentes. On peut voir en profondeur à travers des régions nuageuses moins denses et plus basses. La couleur des bandes et leurs détails ont été mis en évidence grâce aux observations réalisées par les sondes spatiales. Leur couleur provient des composés qui se forment à certaines températures et altitudes dans l'atmosphère. La température est de —140 °C dans la couche supérieure mais elle atteint 0 °C dans les couches nuageuses inférieures.

En bas: aspect de Jupiter en juillet 1973 (à gauche) et en octobre 1974 (à droite). Les détails visibles de la Terre au télescope figurent dans les dessins.

Page ci-contre: aspect de Jupiter, début mars 1979 d'après les clichés de Voyager 1.

24 JUPITER

Phénomènes météorologiques

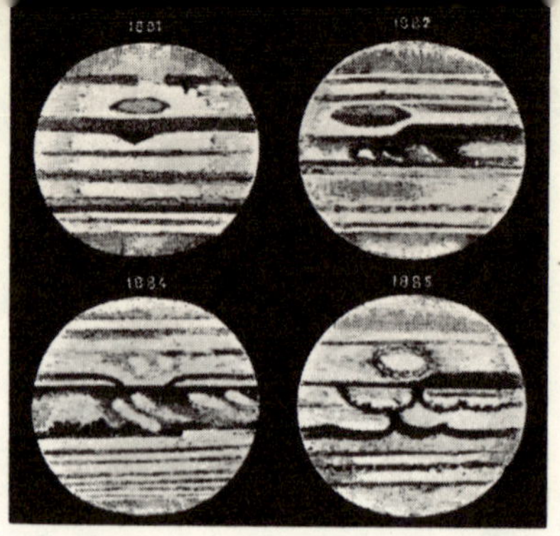

Variations d'aspect de Jupiter d'après des observations de 1881—1885.

Les phénomènes grandioses qui interviennent dans l'atmosphère excessivement perturbée de Jupiter ne peuvent qu'être esquissés dans des dessins statiques. La vitesse des courants sur cette planète est supérieure à celle des ouragans sur la Terre. Les conditions régissant la circulation atmosphérique sur Jupiter et sur la Terre ne sont pas similaires.

La différence essentielle avec la Terre réside dans le fait que l'apport d'énergie thermique indispensable au «brassage» de l'atmosphère provient en grande partie du centre du corps et non pas du Soleil. Jupiter ne s'est pas encore refroidi depuis sa formation, son noyau est très chaud et produit de l'énergie thermique qui réchauffe l'atmosphère par le bas. Les masses de gaz réchauffées s'élèvent en entraînant des particules des composés chimiques qui se condensent dans les couches supérieures plus froides pour former des nuages à haute altitude. Les gaz refroidis redescendent à certains endroits et entraînent les particules dans des niveaux inférieurs plus chauds. Là, les nuages s'évaporent et disparaissent. Les courants descendants sont pour cette raison relativement peu nuageux, ils correspondent aux zones sombres. La rotation rapide de la planète provoque un courant parallèle à l'équateur et explique la structure en bandes des nuages.

La grande tache rouge (GRS) est la formation nuageuse la plus élevée et la plus froide de Jupiter. Des masses de nuages tournent autour de la GRS comme dans les régions d'un anticyclone terrestre, formant un tourbillon dans l'atmosphère qui circule en sens inverse des aiguilles d'une montre. Nous pouvons comparer la GRS à un gigantesque orage/ouragan dont la vitesse excéderait 500 km/h. Des ovales blancs qui existent depuis cinquante ans pour certains seraient de même nature. Les différences de couleur seraient dues aux profondeurs qu'atteignent ces tourbillons. Un courant fort brasse l'atmosphère à la verticale, influence la composition chimique des nuages à différentes altitudes et l'apparition des composés chimiques qui colorent les formations nuageuses.

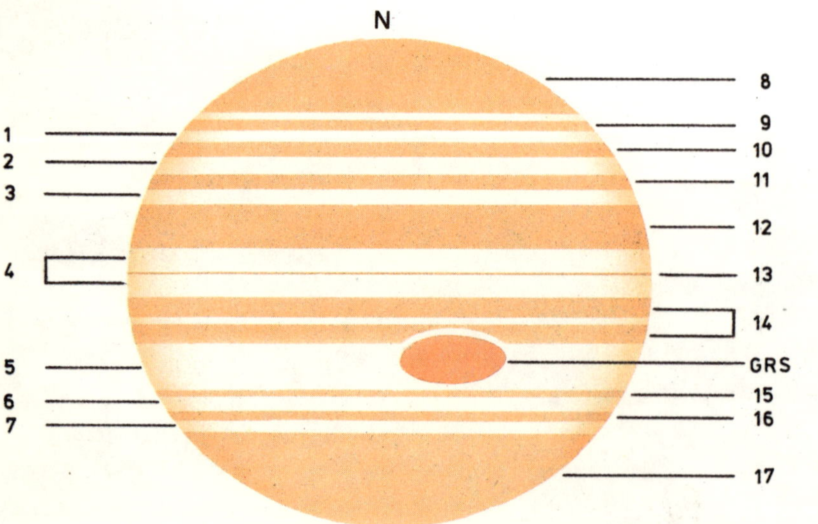

Nomenclature des bandes sombres et des zones claires sur Jupiter:
1 — zone tempérée nord-nord,
2 — zone tempérée nord,
3 — zone tropicale nord,
4 — zone équatoriale,
5 — zone tropicale sud,
6 — zone tempérée sud,
7 — zone tempérée sud-sud,
8 — région polaire nord,
9 — bande tempérée nord-nord-nord,
10 — bande tempérée nord-nord,
11 — bande tempérée nord,
12 — bande équatoriale nord,
13 — bande équatoriale,
14 — bande équatoriale sud,
15 — bande tempérée sud,
16 — bande tempérée sud-sud,
17 — région polaire sud,
GRS (*Great Red Spot*) — grande tache rouge.

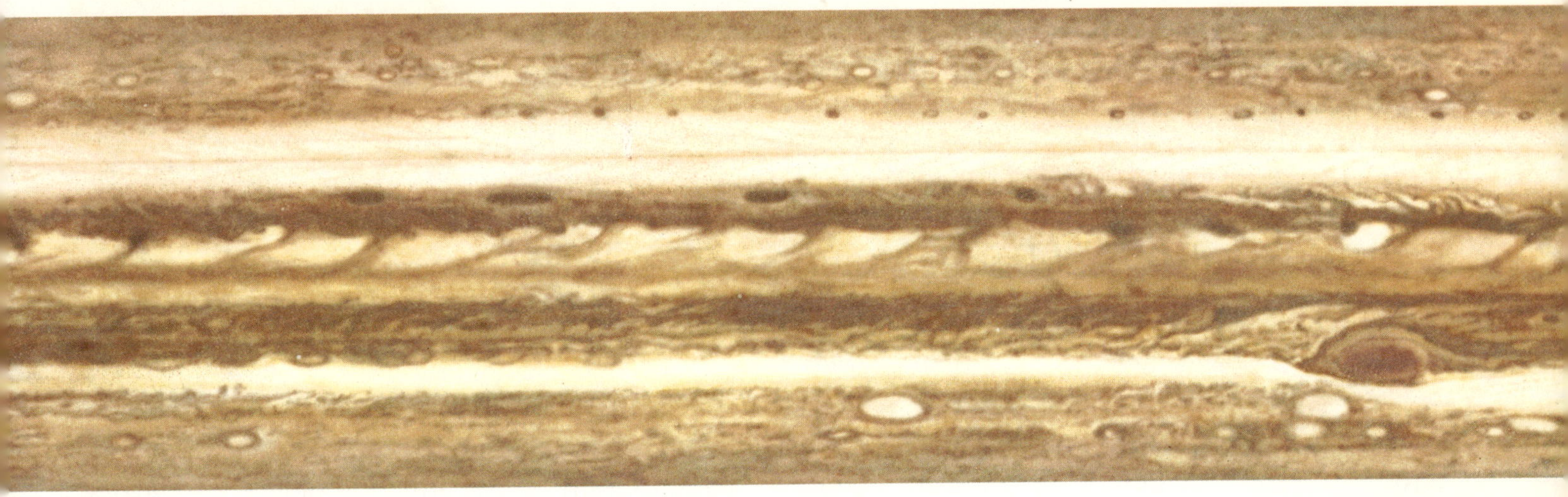

Le dessin représente l'ensemble de la surface de Jupiter sous son aspect début mars 1979. Les deux dessins ont été réalisés d'après des photographies de la sonde Voyager 1.

En bas: la grande tache rouge, formation nuageuse stable au diamètre deux fois plus grand que la Terre. Elle présente le caractère d'un gigantesque anticyclone, semblable à l'ovale blanc en bas à droite.

4 LE SYSTÈME JUPITÉRIEN

Satellites galiléens et anneau jupitérien

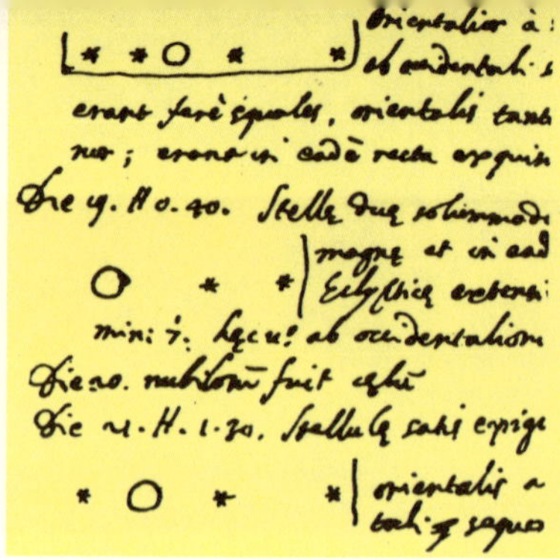

Notes de Galilée relatives aux premières observations des satellites de Jupiter en février 1610.

Jupiter est le seigneur des planètes, son pouvoir s'exerce jusque dans les profondeurs du système solaire. Il est doté d'un puissant champ gravitationnel et magnétique: sa magnétosphère atteindrait même l'orbite de Saturne.

Grâce à sa force de gravitation, Jupiter peut intervenir dans la trajectoire des comètes et des astéroïdes autour du Soleil. Il a happé tant de satellites que son système fait penser à un micro-système solaire. Jusqu'en 1988, seize satellites ont été identifiés, d'abord à partir de la Terre puis grâce aux sondes spatiales (voir leur présentation page 217). Douze d'entre eux sont des petits corps sans forme, semblables aux astéroïdes, avec des dimensions n'excédant pas quelques dizaines de kilomètres.

Galilée fut le premier à déterminer, en 1610, que les quatre petites étoiles qui apparaissaient successivement de chaque côté de la planète étaient des satellites de Jupiter. Il s'agissait des satellites galiléens: Io, Europe, Ganymède et Callisto, dans l'ordre croissant d'éloignement à la planète. Ils sont facilement observables avec un petit télescope ou même avec des jumelles, et nous pouvons tout comme Galilée suivre leur mouvement jour après jour.

Le dessin de la page ci-contre représente Jupiter et ses satellites; le diagramme indique les positions des satellites toutes les 6 heures pendant 10 jours consécutifs. On peut observer des phénomènes très intéressants liés à leur mouvement tels que par exemple la rencontre apparente (conjonction) des satellites, leur passage au devant du disque jovien, les éclipses et les occultations des satellites, etc. Les éphémérides astronomiques fournissent les dates de ces événements.

Depuis 1979, année où les satellites galiléens ont été photographiés de près par la sonde Voyager 1, quatre nouveaux mondes se sont ouverts à nous.

Voyager 1 et 2 ont identifié un autre compagnon de route de Jupiter, non observé jusqu'alors à partir de la Terre. Il s'agit d'un anneau de poussière très étroit. Cet anneau plat et étroit s'étend au-delà des couches supérieures de l'atmosphère, à une altitude de 53 000 km au-dessus des nuages de la planète. La partie interne de l'anneau est très peu dense, elle est vraisemblablement composée de particules de poussière qui retombent lentement sur Jupiter. L'anneau serait constamment alimenté par une source, peut-être par un satellite proche de la planète.

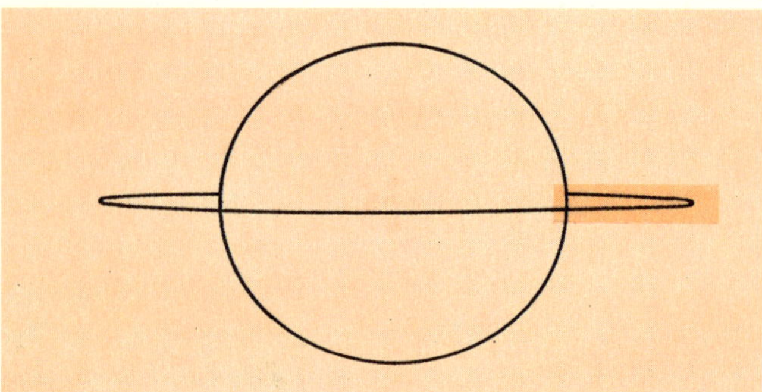

Les particules de poussière formant l'anneau fin de Jupiter tournent autour de la planète à une distance de 47 000 à 53 000 km au-dessus des nuages. Dans le détail, à droite, on peut distinguer la partie interne de l'anneau, large de 5000 km et une partie externe plus claire, large de 800 km.

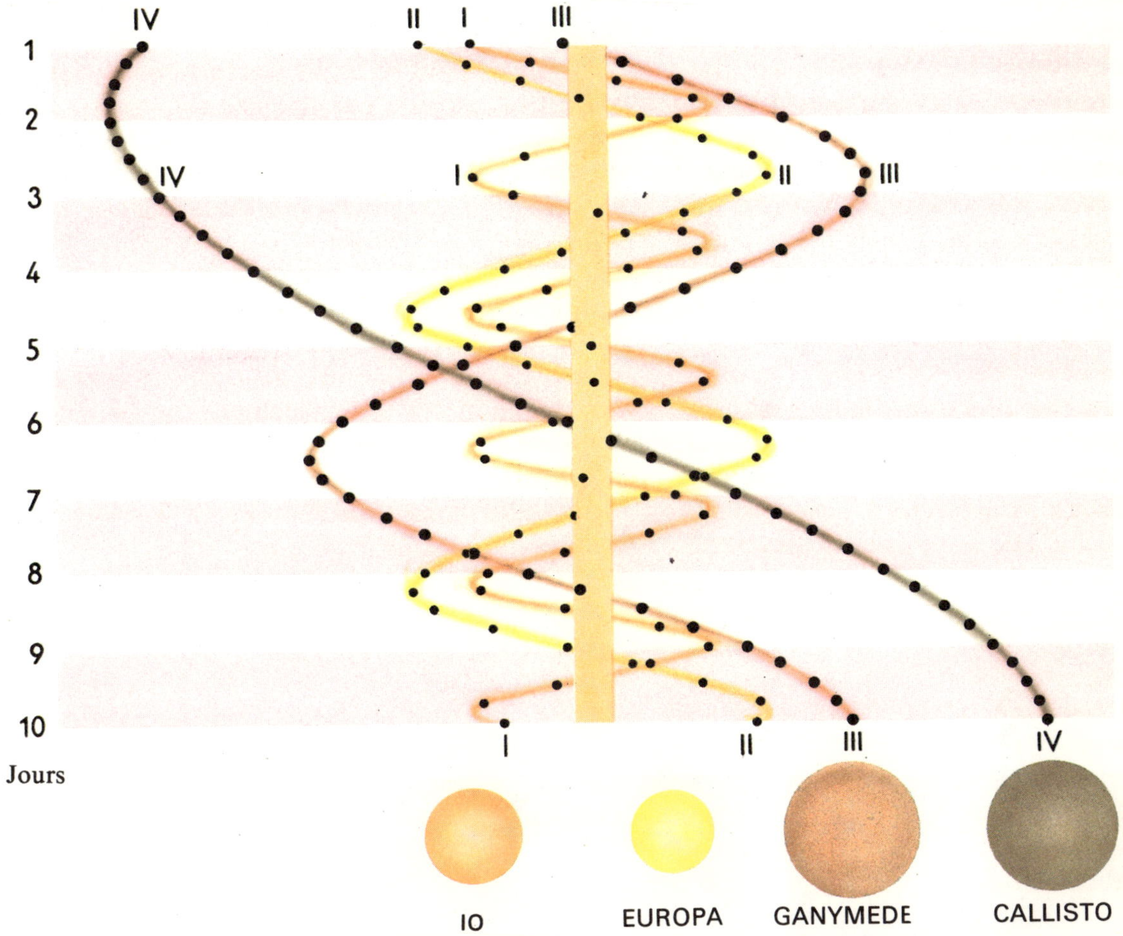

Comparaison de la taille des satellites galiléens.

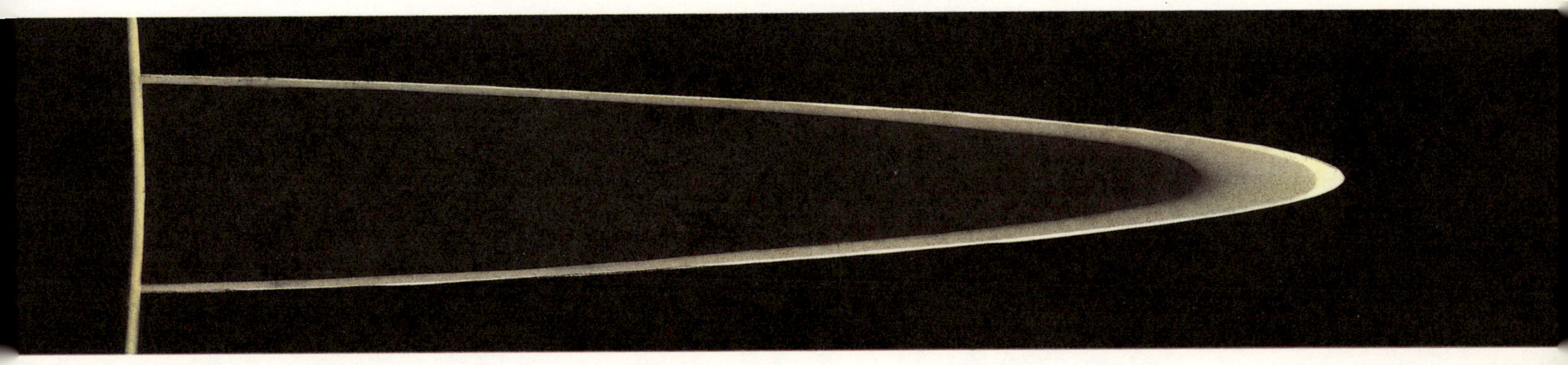

24 IO, AMALTHÉE

Satellites de Jupiter

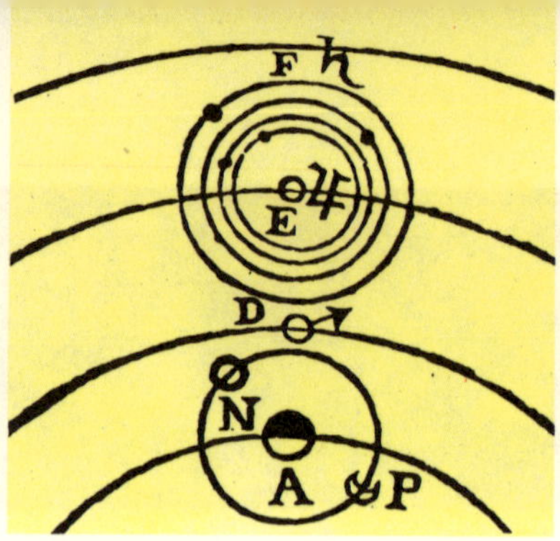

La Terre, Mars, Jupiter et leurs satellites.
Galilée, *Dialogus de systemate mundi,* 1635.

L'éclat d'Io, satellite de Jupiter, resplendit dans le vide noir de l'univers. Qui s'attendrait à découvrir sur ce petit corps remarquable une activité volcanique des plus sauvages et des plus surprenantes? La surface d'Io ressemble à une gigantesque pizza sur laguelle alternent les nuances marron, orange rougeâtre, jaune et blanche des composés soufrés avec les cratères noirs des *caldeiras* et les surfaces des lacs de lave. Il n'existe pas de cratères d'impact, ce qui impliquerait que la surface d'Io est très récente.

Io a un diamètre de 3630 km et une densité moyenne de 3,6 g/cm³, valeurs voisines de celles de la Lune. Si Io gravitait autour de la Terre à la place de la Lune, elle serait vraisemblablement elle aussi un corps mort. Or, l'orbite d'Io est relativement proche de Jupiter (à quelque 400 000 km), qui est doté d'un champ gravitationnel très puissant. De très grandes forces de marée y exercent leur action; elles allongent le satellite en direction de Jupiter. Si l'orbite d'Io était parfaitemet circulaire, elle présenterait constamment la même face à Jupiter, et, par conséquent, la force des marées s'exercerait toujours au même endroit. Or, la force de gravitation des satellites Europe et Ganymède rendent l'orbite d'Io excentrique, provoquant ainsi des mouvements oscillatoires du satellite par rapport à Jupiter, des différences de hauteur des forces de marée et des mouvements de matière au centre du corps. Ce «pétrissage» et cette dilatation réchauffent Io à un tel point que son noyau est en grande partie fondant, liquide. Jupiter joue un rôle important dans cet enfer volcanique.

(Suite page 62)

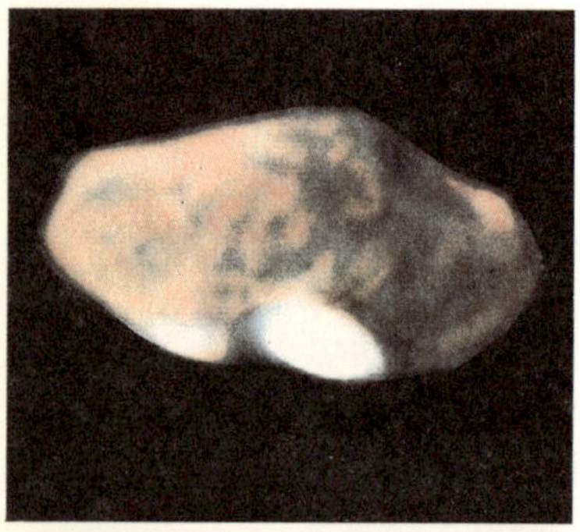

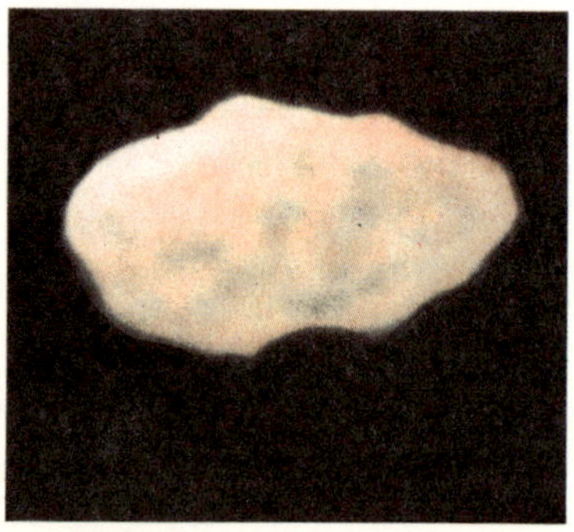

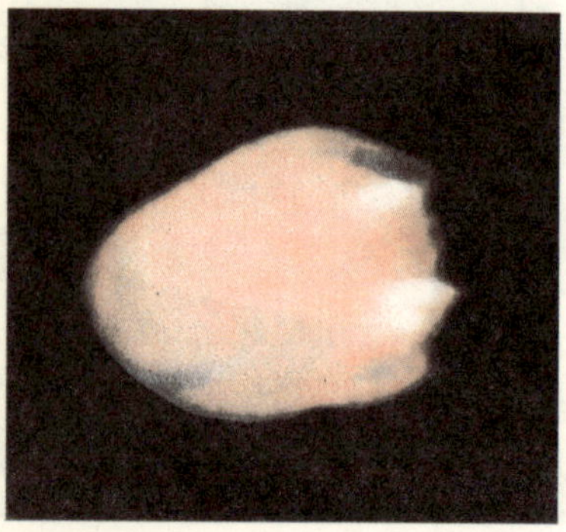

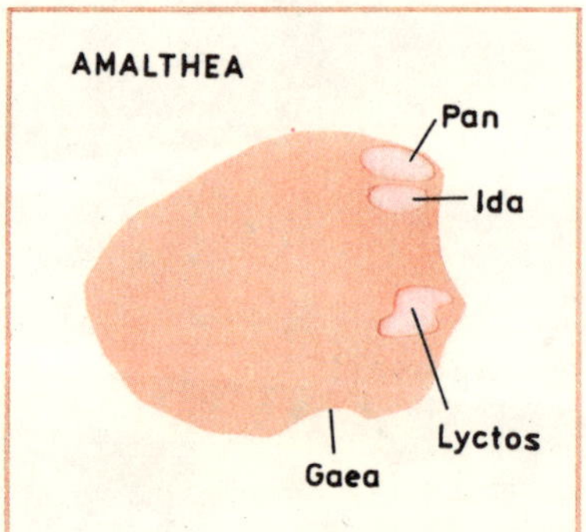

Amalthée: Trois prises de vue réalisées par Voyager 1 du plus gros parmi les petits satellites de Jupiter. C'est un petit corps de forme irrégulière mesurant 270 km × 170 km × 150 km. Sa surface abonde en cratères; quatre d'entre eux ont été baptisés. La coloration rouge d'Amalthée serait due aux particules des composés soufrés éjectés par les volcans d'un autre satellite de Jupiter: Io.

4 IO

Monde des volcans

Jupiter et ses quatre satellites.
Détail de l'atlas
Harmonia macrocosmica,
Cellarius, 1763.

(Suite de la page 60)

Io se présente comme un monde volcanique, recouvert par des composés soufrés, dont les formes et les compositions sont variables. La température moyenne de surface se situe entre —150 °C et —200 °C; cependant celle du matériau éjecté atteint +100 °C. La température de surface des lacs de lave contenant du soufre noir s'élève à +380 °C.

Pendant de longues éruptions très explosives, les volcans projettent des gaz et des particules fines de soufre et d'anhydride sulfureux à des altitudes comprises entre 100 et 300 km et à une vitesse d'éjection de 3000 km/h. Les particules se redéposent sur la surface, formant une couche qui croît d'un centimètre tous les 3000 ans. Certains volcans éjectent de grandes masses de lave qui constituent de vastes coulées. Toute cette activité modifie constamment la surface du satellite. On peut supposer qu'en 4,6 milliards d'années d'existence du système solaire, la totalité de la matière d'Io a été propulsée par les volcans; elle s'est refroidie pendant une période intermédiaire en remodelant la face du satellite, puis a réintégré le noyau liquide.

Les volcans d'Io ont reçu les noms des divinités du feu dans différentes mythologies. Pele est le volcan le plus actif (divinité du feu dans la mythologie hawaïenne). Prométhée était un dieu grec, de la race des Titans, qui avait volé le feu à Zeus pour le restituer à la terre. Le volcan Loki porte le nom du dieu scandinave de la ruse et de la malice, qui fait songer par bien des traits à Prométhée. Certains volcans ressemblent à des dépressions irrégulières; on les nomme *patera.*

En bas: volcan Ra Patera. Des courants de lave s'échappent de la cheminée noire de la *caldeira* (diamètre 40 km). Ce sont des composés soufrés qui s'écoulent sur une distance supérieure à 200 km. Ils sont de couleur orange foncé.

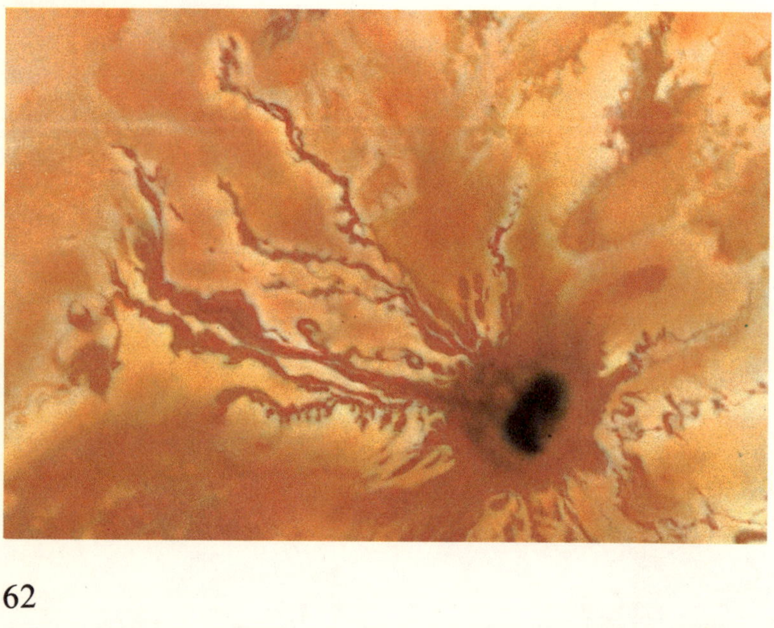

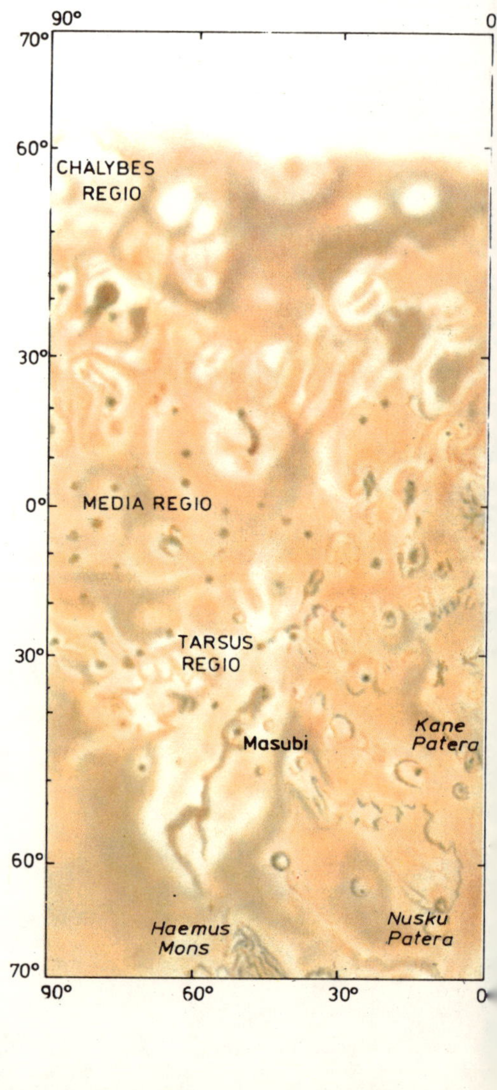

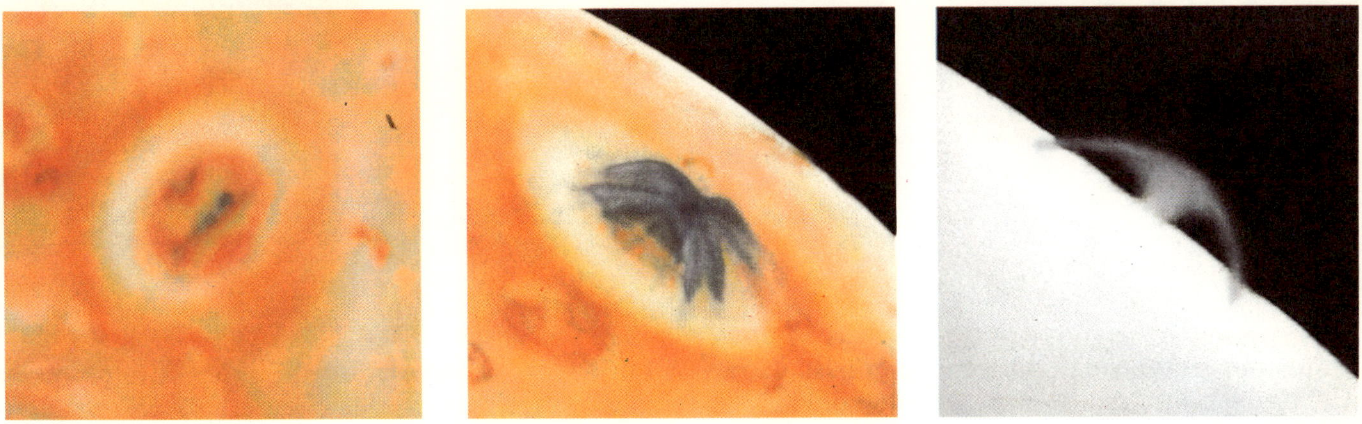

Trois vues du volcan en éruption Prométhée.
A gauche: l'anneau clair délimite la surface sur laquelle se redépose le matériau expulsé sur lo.
Au milieu: la couleur grise met en relief la fontaine de matériau éjecté.

A droite: des particules de composés soufrés et des gaz jaillissent à une hauteur de 100 km sur le bord; ils constituent un immense «parapluie» sous lequel se redéposera le matériau sur la surface. Les particules sont expulsées à une vitesse supérieure à 3000 km/h.

Carte générale d'Io. Projection de Mercator; échelle 1/50 000 000.
1 cm sur l'équateur correspond à 500 km.

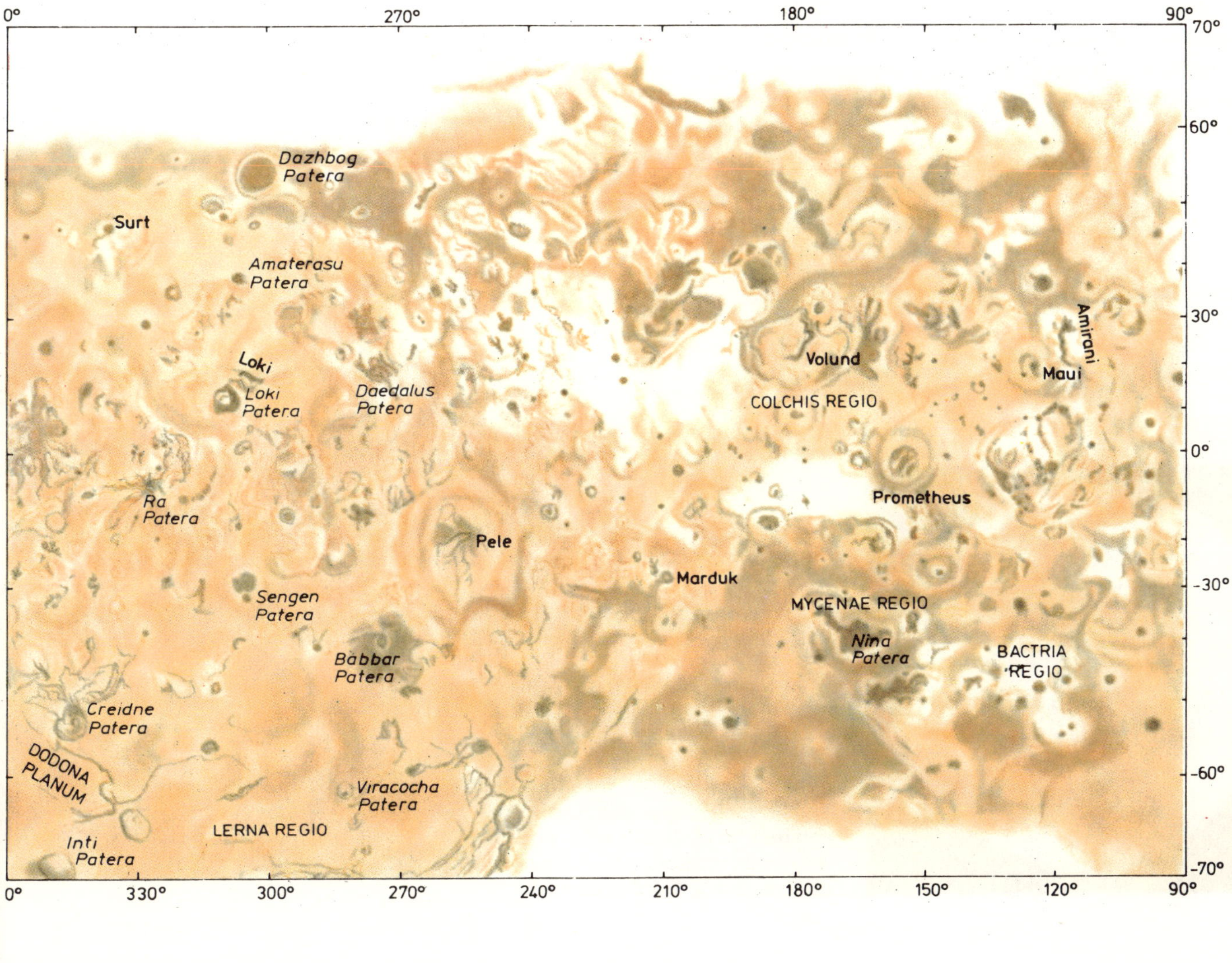

24

EUROPE

Satellite de Jupiter

Jupiter et deux de ses satellites.
J. Hevelius, moitié du XVIIIe siècle.

Si nous imaginons une boule ronde et lisse de la taille de la Lune, recouverte par une couche de glace, nous aurons une image fidèle d'Europe, un des satellites galiléens de Jupiter.

Le diamètre et la densité moyenne d'Europe (3138 km et 3,04 g/cm^3) sont pratiquement les mêmes que ceux de la Lune. Mais si Europe était le satellite de la Terre, elle brillerait presque dix fois plus que la Lune dans le ciel. La surface d'Europe est recouverte par une couche de glace atteignant 75 à 100 km d'épaisseur. Les cristaux de glace réfléchissent puissamment la lumière solaire, ce qui explique l'éclat d'Europe.

Sous la glace s'étend un sol dur, rocheux qui se manifeste par endroits par des taches sombres lorsque la couche de glace est plus fine. La présence d'eau à l'état liquide entre le sol dur et la cuirasse de glace n'est pas exclue.

Les lignes foncées qui strient la surface seraient des cassures remplies vraisemblablement jusqu'au bord par de l'eau. Cette eau serait remontée à la surface et aurait gelé. L'existence de ces cassures n'a pas encore été expliquée. Leur largeur varie entre quelques kilomètres et quelques dizaines de kilomètres; elles s'étendent parfois sur des milliers de kilomètres de long.

Les lignes sombres sont appelées *lineae* sur les cartes d'Europe. Les noms des lignes proviennent du mythe grec d'Europe: nous retrouvons Agenor, son père, Cadmus, son frère, et Minos et Sarpedin, les fils. Une tache sombre est désignée par *macula*.

Sur le visage lisse d'Europe nous remarquons des taches sombres irrégulières ainsi que de nombreuses lignes étroites qui ressemblent à des fissures.

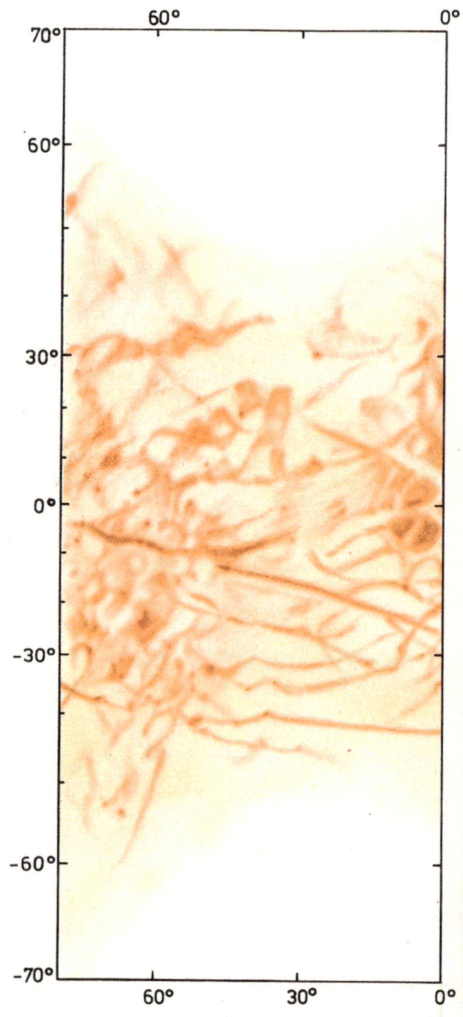

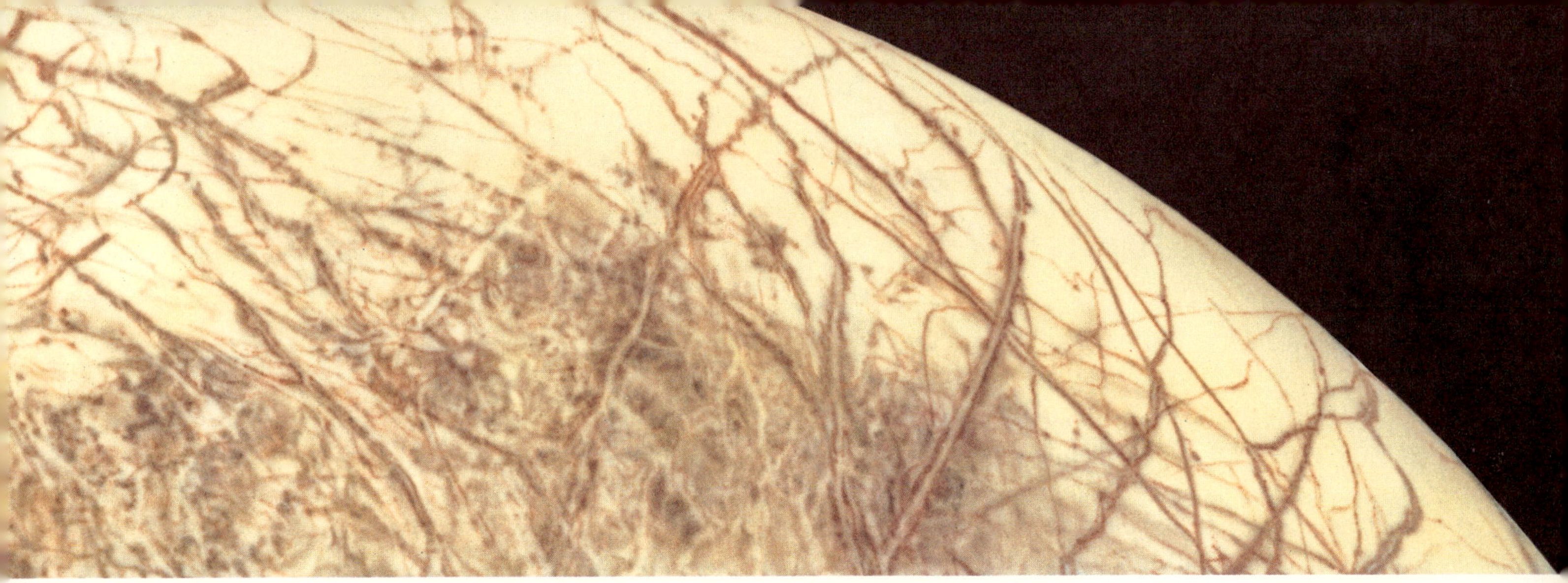

Nous ne trouvons pas de relief accidenté sur Europe même avec les photographies de Voyager 2 qui permettent de distinguer des détails de 5 km. Il n'existe que trois cratères d'impact de 20 km de diamètre environ chacun. Europe est le corps le plus lisse du système solaire.

Carte d'Europe. Projection de Mercator. Échelle 1/43 000 000.
1 cm sur l'équateur correspond à 430 km.

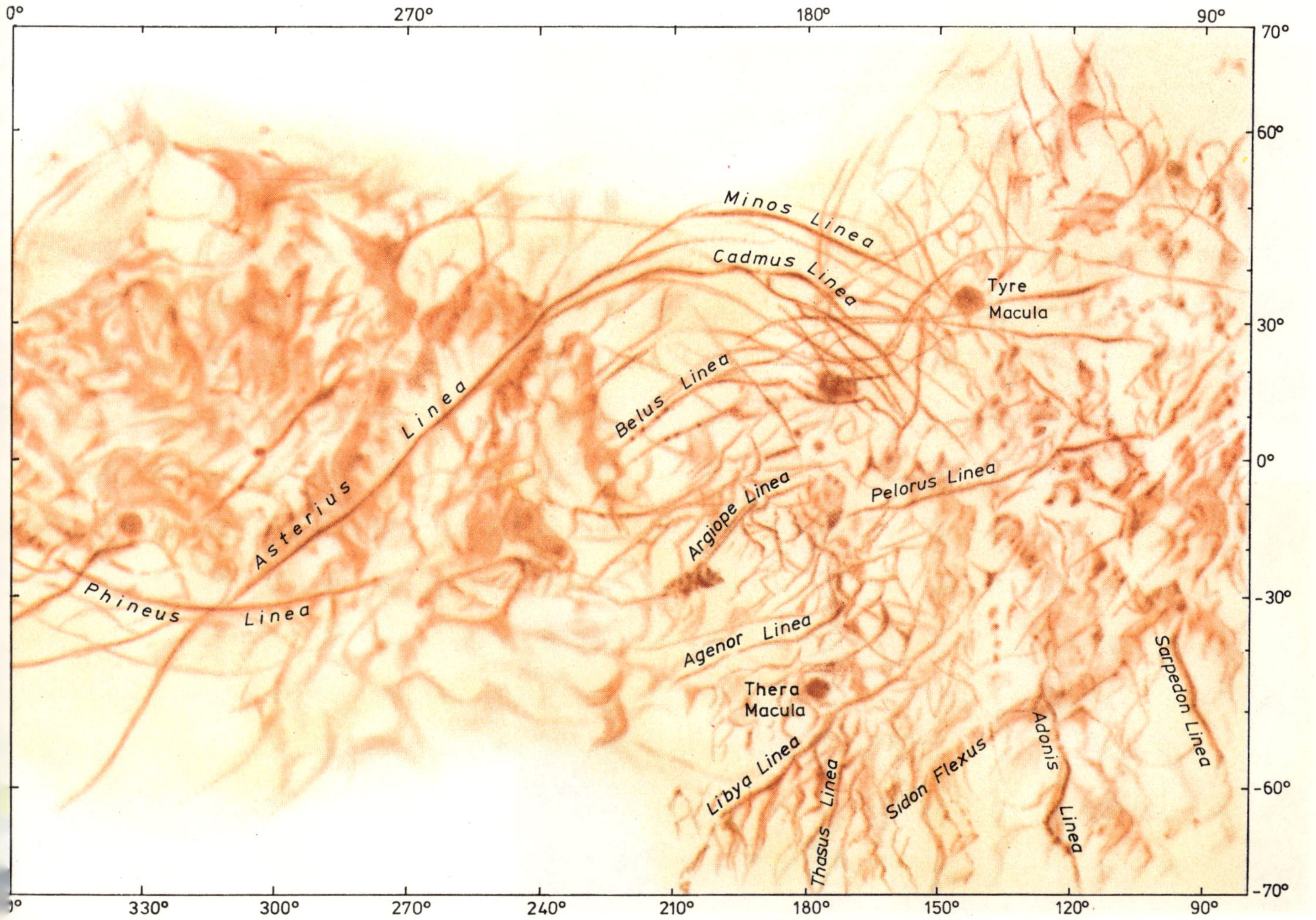

♃

GANYMÈDE

Satellite de Jupiter

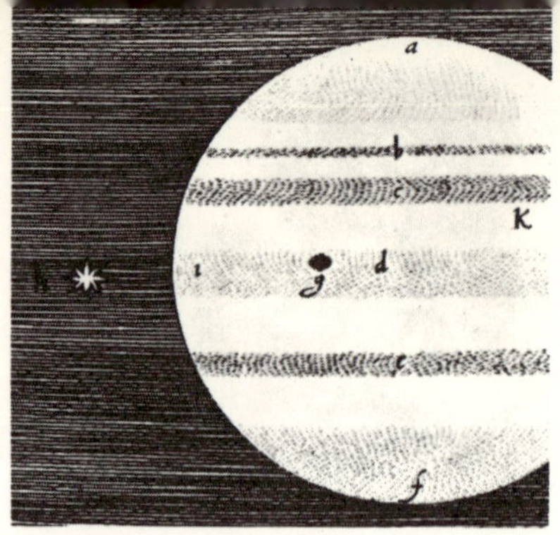

Jupiter d'après les observations de R. Hooke.
Deuxième moitié du XVIIe siècle.

Ganymède ressemble de loin à la Lune: c'est un disque criblé de taches claires et sombres. De près, cependant, cette ressemblance s'efface. En effet sa densité moyenne n'excéderait pas 1,9 g/cm³ et la majeure partie de son volume serait constituée par de la glace. Callisto, satellite de taille voisine, aurait la même composition. Or ces deux corps parents ne présentent pas le même type de surface; leur passé diffère également. Nous ne sommes pas en mesure d'expliquer cette différence de composition entre ces deux satellites.

Ganymède est le plus grand satellite du système solaire; son diamètre (5262 km) est supérieur de 100 km à celui de Titan, le satellite de Saturne. Les régions sombres correspondent aux terrains les plus anciens. Dans la plus vaste de ces régions, *Regio Galileo*, se situent les restes d'un bassin ressemblant à la formation Valhalla sur Callisto; on y remarque un système de crêtes concentriques et courbées, espacées de 50 km, larges de 10 km et hautes de 100 m. Le centre de ce bassin a été effacé par des mouvements tectoniques récents.

Les bandes claires nettement délimitées constituent un type de surface très isolé dans le système solaire, mais par contre abondamment représenté sur Ganymède. Elles strient la surface du satellite dans tous les sens et sur des centaines de kilomètres (voir en bas, à gauche). Une observation plus détaillée nous indique que ces bandes correspondent à un terrain sil-

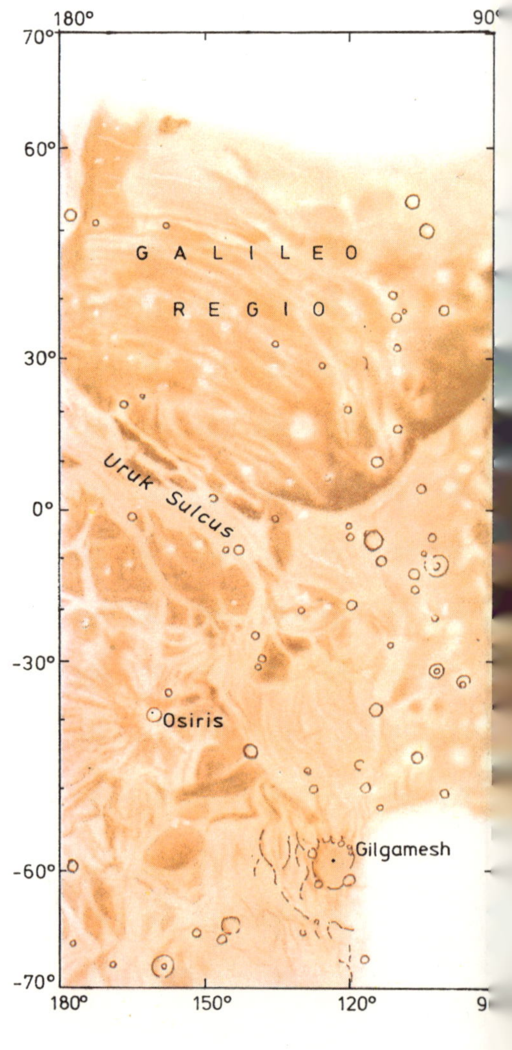

lonné, ressemblant à un champ labouré (voir en haut, à droite). Les sillons s'avèrent être de véritables fossés, remparts et crêtes atteignant 1000 m de hauteur. Les crêtes sont espacées de 10 à 15 km. Les formations de crêtes s'entrecoupent, s'entrecroisent; on peut y apercevoir des failles, des dépressions, des mouvements de l'écorce, y compris des mouvements horizontaux de la croûte, phénomène observé uniquement sur la Terre.

Ganymède est couvert de cratères d'impact avec des couronnes de rayons très lumineux, correspondant sans doute à la glace expulsée pendant l'impact.

Les régions sombres — *regio* — portent les noms des savants qui ont découvert les satellites de Jupiter: Galilée, Marius, Nicholson, etc. Les cratères portent des noms de civilisations antiques (Babylone, Égypte, Sumer). *Sulcus* désigne une région de sillons parallèles.

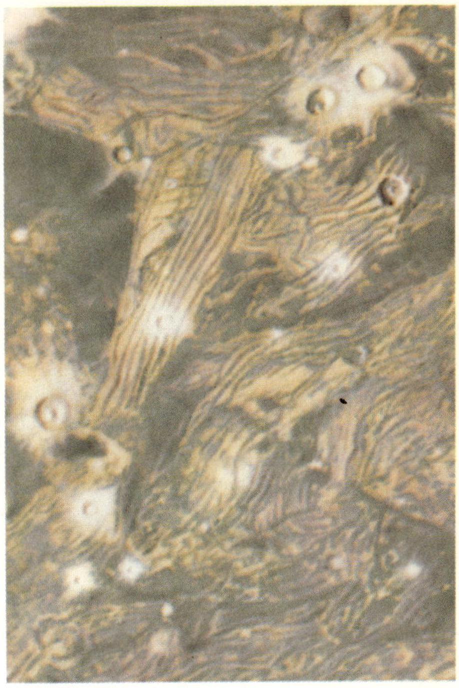

Carte générale de Ganymède. Projection de Mercator. Échelle 1/72 000 000. 1 cm sur l'équateur correspond à 720 km.

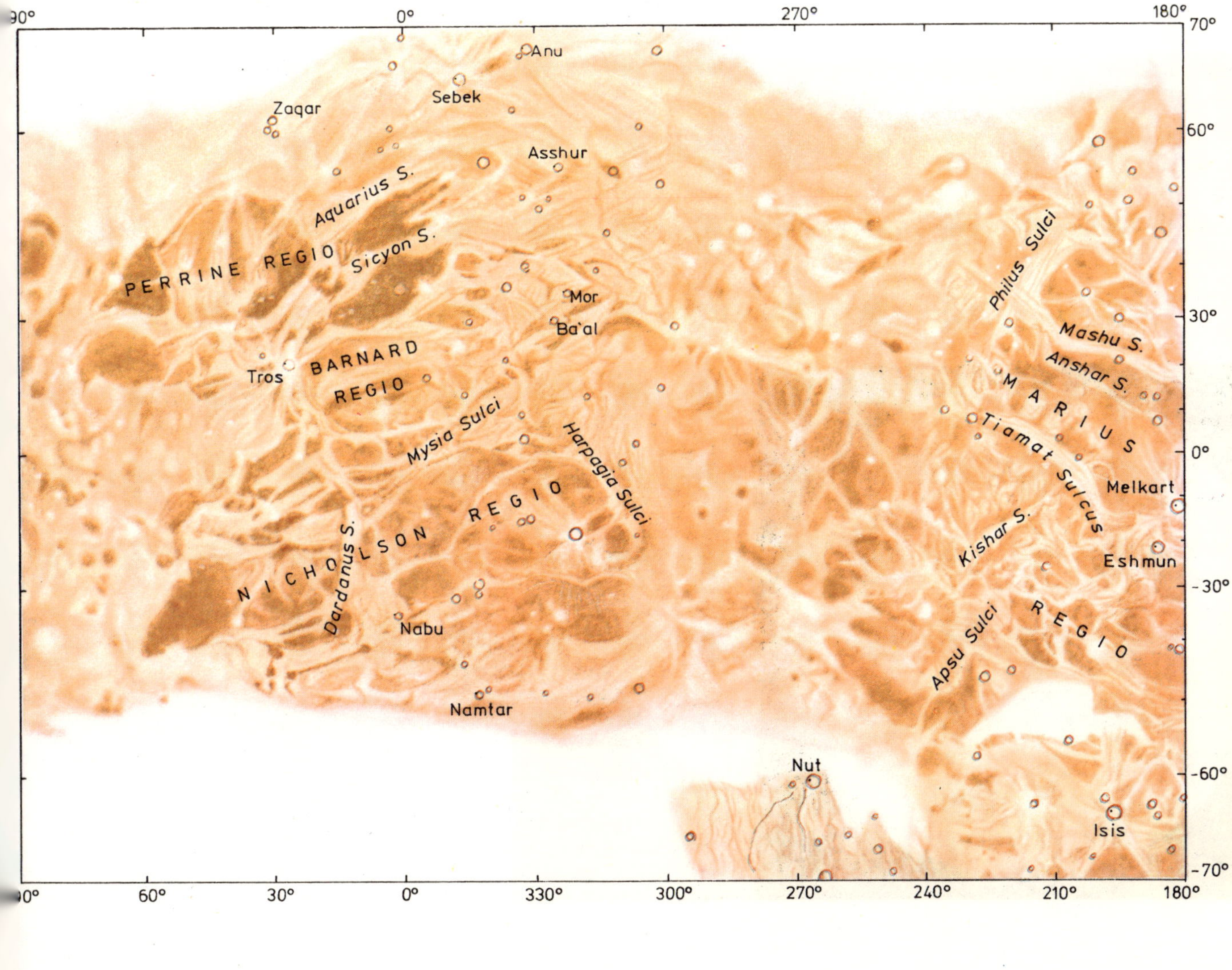

4

CALLISTO

Satellite de Jupiter

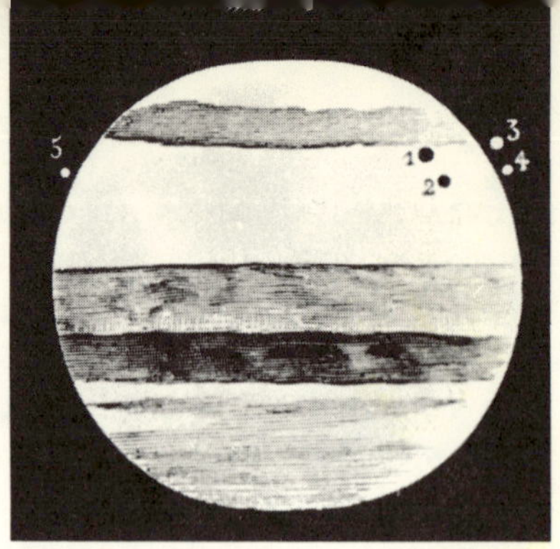

Jupiter, ses satellites et leurs ombres.
Observations de Flammarion, le 25 mars 1874.

Sur les trois satellites galiléens de Jupiter, on peut observer des manifestations des forces internes qui ont modelé leur surface et qui, dans le cas d'Io, poursuivent leur violente action. Callisto, le quatrième satellite galiléen, constitue une exception. C'est un monde mort, un monde de glace. Les innombrables chutes de météorites ont laissé des cicatrices sur pratiquement toute la surface du satellite: des cratères d'impact qui se sont conservés là où il se sont formés, il y a des milliards d'années. On ne note aucune trace d'activité interne importante qui aurait modifié le réseau des cratères.

Contrairement à la Lune et à Mercure, Callisto n'offre pas de cratère au diamètre supérieur à 150 km. Les grands cratères y sont peu profonds et il n'y a pas de massifs élevés. La surface du satellite est constituée de glace mélangée à des roches. Pendant la période de bombardement intense, elle devait ressembler à un glacier s'écoulant lentement dont les formations élevées et moyennement élevées se sont progressivement nivellées avec le terrain environnant. La densité moyenne de Callisto (1,8 g/cm^3) laisse supposer que le noyau serait essentiellement constitué par de la glace. La densité moyenne de cette sphère de 4800 km de diamètre est presque deux fois supérieure à celle de l'eau. De l'eau à l'état liquide pourrait exister sous la croûte. Sur la surface de Callisto règne un très grand froid, la température diurne est de —120 °C, la température nocturne de —190 °C.

Valhalla et Asgard, entourées par des rides concentriques d'anneaux clairs, sont des formations d'impact très remarquables. Ce sont les équivalents des grands bassins lunaires ou mercuriens, mais dans une forme spécifique pour un corps glacé.

Plus de 80 cratères ont été baptisés d'après la mythologie scandinave. Les héros tombés au cours des batailles se rassemblaient à Valhalla. Les dieux scandinaves siégeaient à Asgard.

De nombreuses taches claires brillent sur la surface relativement sombre de Callisto; ce sont des grands cratères de 100 km de diamètre. L'éclat apparent des cratères témoigne de la présence de glace dans l'écorce du satellite.

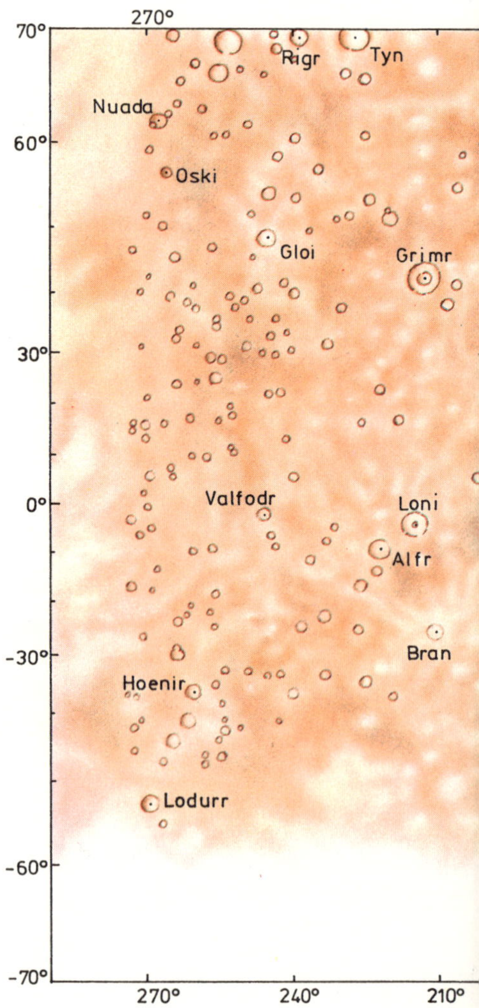

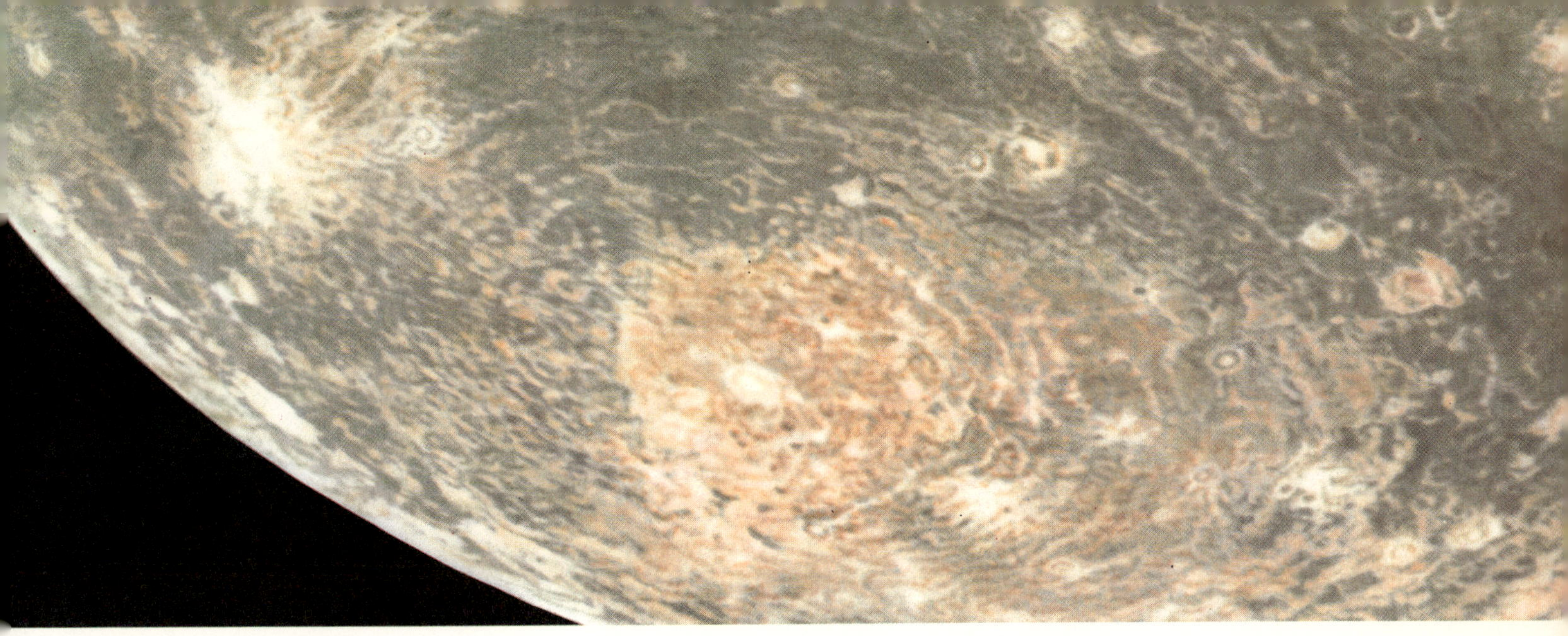

Valhalla, formation la plus apparente de Callisto, est constituée par un système d'anneaux concentriques clairs qui embrassent une région centrale plus claire. Cette formation de 2600 km de diamètre proviendrait de la chute d'un corps de la taille d'un astéroïde. On ne note ni cratère central, ni massif montagneux élevé comme dans des formations lunaires comparables *(Mare Orientale)* ou sur Mercure *(Caloris Planitia)*.

Carte de Callisto. Projection de Mercator. Échelle 1/66 000 000. 1 cm sur l'équateur correspond à 660 km en réalité.

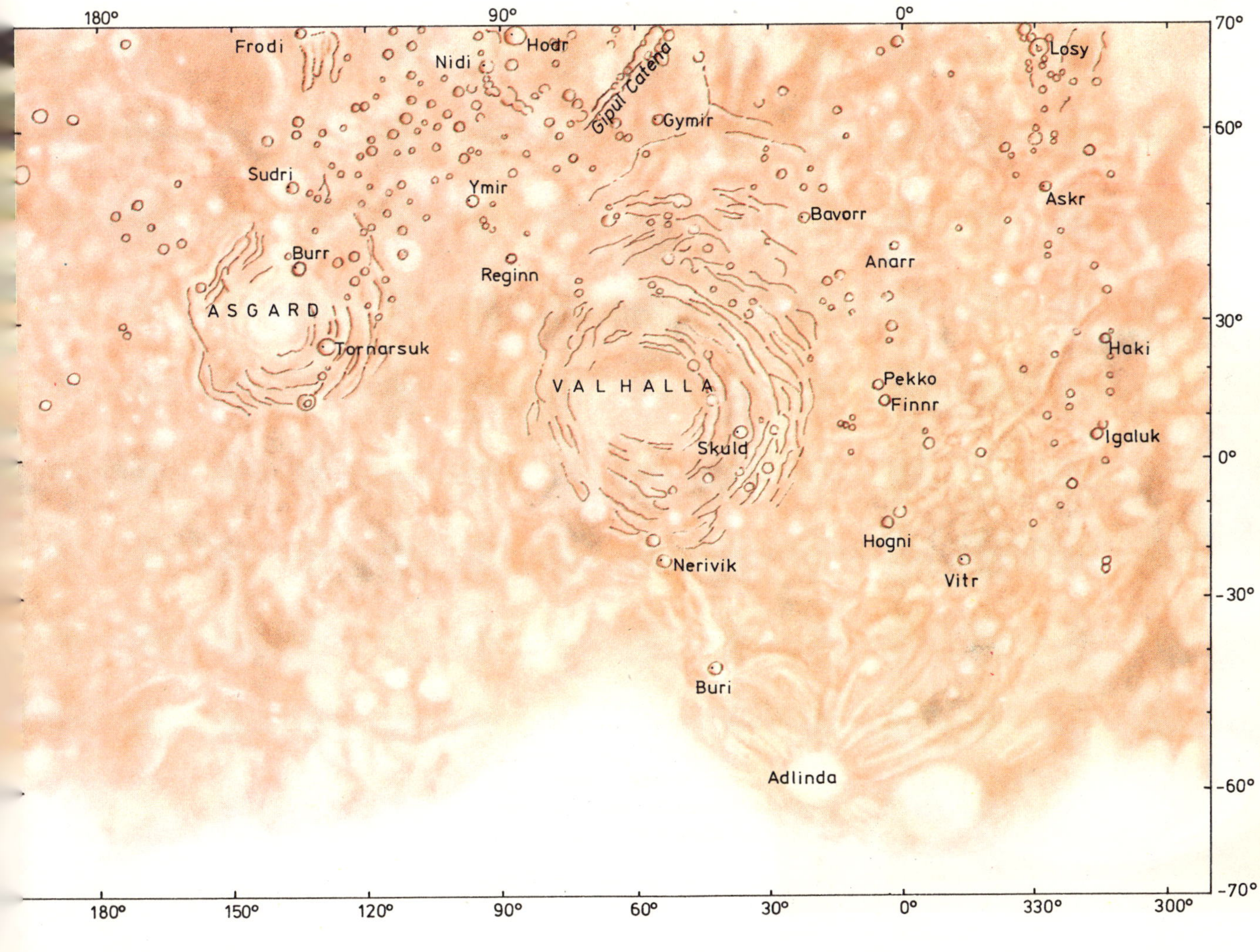

SATURNE

Saturne et ses anneaux A et B.
F. Arago, *Populäre Astronomie*, 1856.

Jusqu'au milieu des années 70, Saturne était considéré comme un objet unique en son genre. Mais en 1977, l'ensemble des anneaux d'Uranus a été découvert et, deux années plus tard, la sonde Voyager 1 réalisait les premières photographies de l'anneau de Jupiter. Saturne demeure malgré tout un des corps les plus splendides de l'espace, et il est tout à fait digne de notre admiration.

Saturne appartient aux planètes géantes et présente de nombreuses similitudes avec Jupiter. C'est en grande partie un corps gazeux, constitué essentiellement d'hydrogène, ce dont témoigne sa densité moyenne (0,69 g/cm^3), la plus basse de toutes les planètes. Comme celle de Jupiter, l'atmosphère saturnienne contient également des impuretés. Saturne présente un aplatissement très évident aux pôles dû à une rotation rapide (il effectue une rotation complète en 10 heures 40 minutes). Le diamètre équatorial atteint 120 660 km, le diamètre polaire n'est que de 98 000 km.

Sa structure en bandes est moins évidente que sur Jupiter. Les détails des formations nuageuses tels que les ovales de couleurs différentes, les taches marron et rouges, etc., n'apparaissent qu'après un traitement spécial des photographies. Ces différences pourraient être attribuées à un régime thermique différent qui régit la circulation atmosphérique, les phénomènes météorologiques et chimiques. La température est basse sur Saturne: —150° C à la surface des nuages. La planète produit deux fois plus d'énergie thermique qu'elle n'en reçoit du Soleil (Jupiter en produit 50%). Cette importante autoproduction d'énergie peut provoquer des courants forts descendants et un brassage très efficace de l'atmosphère. L'impressionnante vitesse du courant, observée dans la région équatoriale de Saturne, pourrait en dépendre.

Sur le dessin de la page ci-contre figurent Saturne et son système d'anneaux d'après les clichés de la sonde Voyager 2. Sur le bord externe du complexe d'anneaux, nous observons un anneau très étroit, F, suivi par un anneau brillant, A, qui s'achève sur la division étroite d'Encke. La division de Cassini sépare l'anneau A de l'anneau B, le plus large et le plus brillant de tous. La division de Cassini a 5000 km de largeur. A l'intérieur de B se situe le petit anneau C, très ténu, dit «anneau de crêpe». Les anneaux n'excèdent pas quelques centaines de mètre d'épaisseur. A gauche de la planète, nous remarquons les satellites Téthys (en haut) et Dioné; sur l'hémisphère Sud de Saturne apparaît un point noir qui correspond à l'ombre du satellite Téthys. Les anneaux projettent également sur la planète des ombres facilement distinguables; par contre, l'ombre de Saturne dissimule une partie des anneaux.

L'aspect des anneaux dépend de la position de Saturne sur son orbite autour du Soleil. Comme les anneaux sont situés dans un plan incliné sur le plan orbital de Saturne, nous voyons successivement de la Terre la face nord puis la face sud du complexe. Il s'écoule environ 7,5 années entre la «fermeture» apparente (puis l'éclipse) et l'ouverture maximale des anneaux.

LES ANNEAUX DE SATURNE

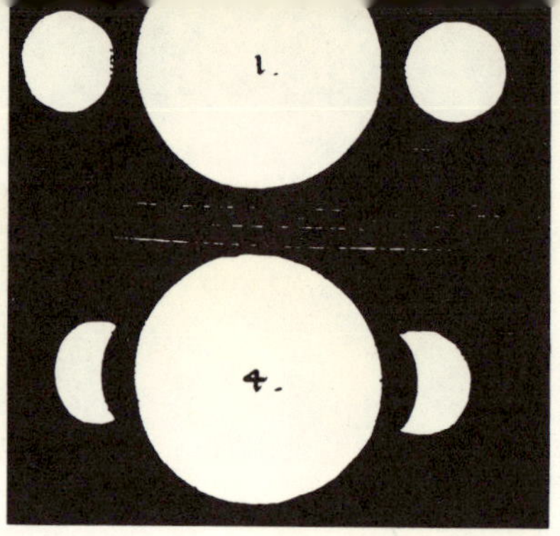

Premières observations de Saturne.
Début du XVIIe siècle.

Depuis leur découverte au milieu du XVIIe siècle, les anneaux de Saturne demeurent la plus grande énigme du système solaire. En 1980—1981, les sondes Voyager 1 et 2 ont pris des photographies très détaillées des anneaux, mais les interrogations n'ont fait que se multiplier. Depuis la fin du XIXe siècle, nous savons que les anneaux sont constitués de matière aérolithique, d'une infinité de particules dont la taille est très variable, allant du grain de poussière à des roches de dizaines de mètres. Nous ignorons la composition de ce matériau, mais nous pouvons affirmer qu'il contient beaucoup de glace. L'origine des anneaux demeure énigmatique. Ils ont pu apparaître tels qu'ils se présentent actuellement, mais pourraient également provenir des débris d'un ancien satellite.

Les deux anneaux les plus brillants (désignés par A et B et séparés par un espace apparemment vide: la division de Cassini) sont facilement observables à partir de la Terre. L'anneau C, appelé «anneau de crêpe» car il est translucide, ne peut être observé qu'avec un grand télescope. L'anneau D s'étend jusqu'à la planète, il est peu dense et transparent. L'anneau F, large de 150 km, ne peut être observé qu'à partir des sondes spatiales. Deux petits satellites (on les nomme satellites «bergers») préservent sa forme actuelle; l'un gravite autour du bord interne, le second autour du bord externe de l'anneau. Grâce à leur action gravitationnelle, ils renvoient les particules qui auraient tendance à s'échapper de F. L'anneau très ténu G appartient également au complexe d'anneaux saturniens, il se situe à environ 30 000 km de l'anneau F. L'anneau E ressemble à un vaste nuage fluide qui enveloppe l'orbite des satellites Encelade et Téthys.

Les principaux anneaux A, B et C renferment une multitude de petits anneaux étroits et concentriques dont le nombre peut même excéder 100 000. C'est l'une des découvertes les plus capitales et intéressantes des sondes Voyager. Ces petits anneaux rappellent par leur aspect la surface d'un disque microsillon. Il est très difficile de fournir une explication théorique de l'existence d'une structure aussi fine et complexe.

Les sondes ont fourni de nouveaux clichés de la face non éclairée des anneaux, en contre-jour. L'anneau B est le plus sombre, le plus épais; il ne laisse pénétrer que très peu de lumière solaire. La division de Cassini est très brillante ainsi que l'anneau C, dont la concentration en particules est moins importante, mais qui par contre diffuse intensément la lumière solaire, comme tous les corps de glace.

Chaque anneau principal est formé par une infinité d'anneaux fins et étroits. Les couleurs différencient les anneaux A, B, C.

Dénomination des principaux anneaux de Saturne. Comparez avec les dessins du haut et du bas.

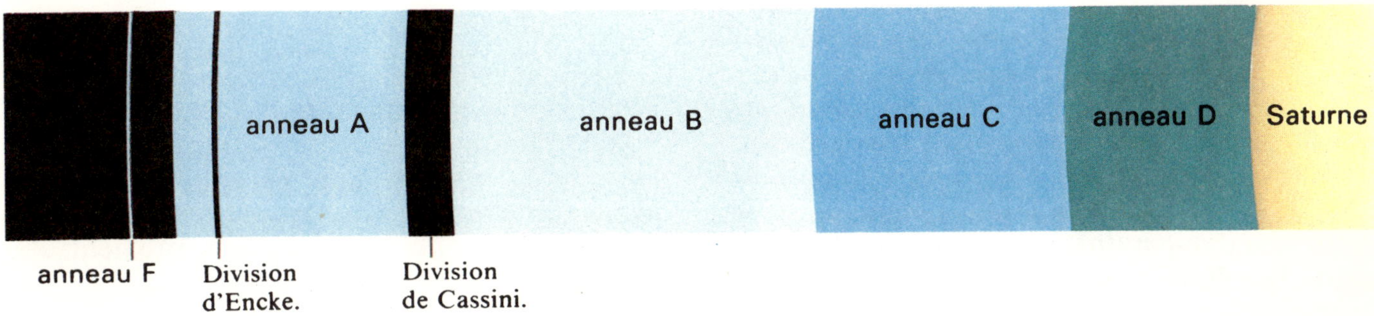

Les anneaux de Saturne subissent une modification dans leur aspect si on les observe sous leur face éclairée par le Soleil (dessin du bas) ou sous leur face non éclairée (dessin du haut). Voir le texte pour les explications.

MIMAS, ENCELADE

Satellites de Saturne

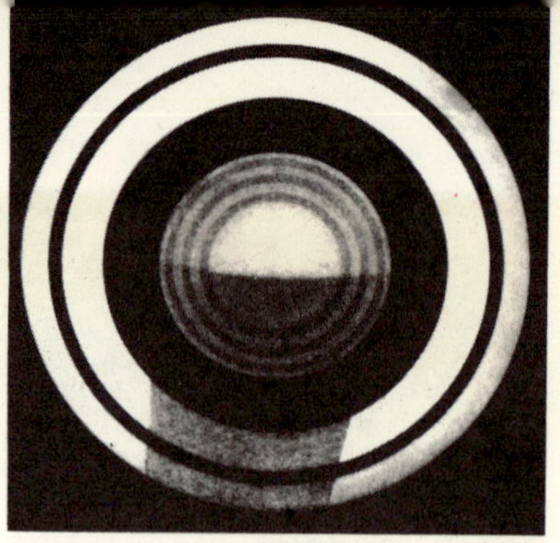

Forme réelle des anneaux de Saturne.
F. Arago, *Populäre Astronomie,* 1856.

Saturne est la planète dotée du plus important système de satellites et d'anneaux. Vous trouverez une présentation générale page 217 et, de la page 74 à la page 81, des cartes, des illustrations et les caractéristiques essentielles des neuf principaux satellites dans l'ordre croissant des distances à Saturne.

Mimas est le plus petit des satellites sphériques. Son diamètre est de 392 km, sa densité de 1,4 g/cm³. Mimas ressemble aux grands satellites de Saturne, c'est «une grande boule de glace sale», criblée de cratères d'impact. La formation la plus remarquable est le cratère Herschel (130 km de diamètre, un tiers du diamètre de Mimas!). Sa profondeur est supérieure à 10 km, ses remparts s'élèvent à 5 km au-dessus du terrain environnant. L'existence d'une telle formation confirme qu'à une température de −200 °C (température effective) la glace acquiert la solidité des roches.

Encelade est le satellite le plus brillant. Vu de loin, il semble blanc. Il a un diamètre de 500 km, une densité de 1,2 g/cm³. Sa surface est surprenante: des régions fortement cratérisées voisinent avec des régions ridées et ondulées, dépourvues de cratères, qui font penser à des zones où l'écorce de glace aurait subi des tremblements et aurait fondu. Il s'agirait en fait des traces d'une activité interne relativement récente, provoquée par la force des marées des corps voisins (ce mécanisme fonctionne à une échelle plus importante sur Io, le satellite jupitérien).

La nomenclature des cartes de Mimas s'inspire de la légende anglaise des Chevaliers de la Table Ronde et du roi Arthur. Le cratère Herschel constitue une exception: Herschel avait découvert en 1789 les satellites Mimas et Encelade. Le nom d'Encelade provient des Contes des Mille et Une Nuits.

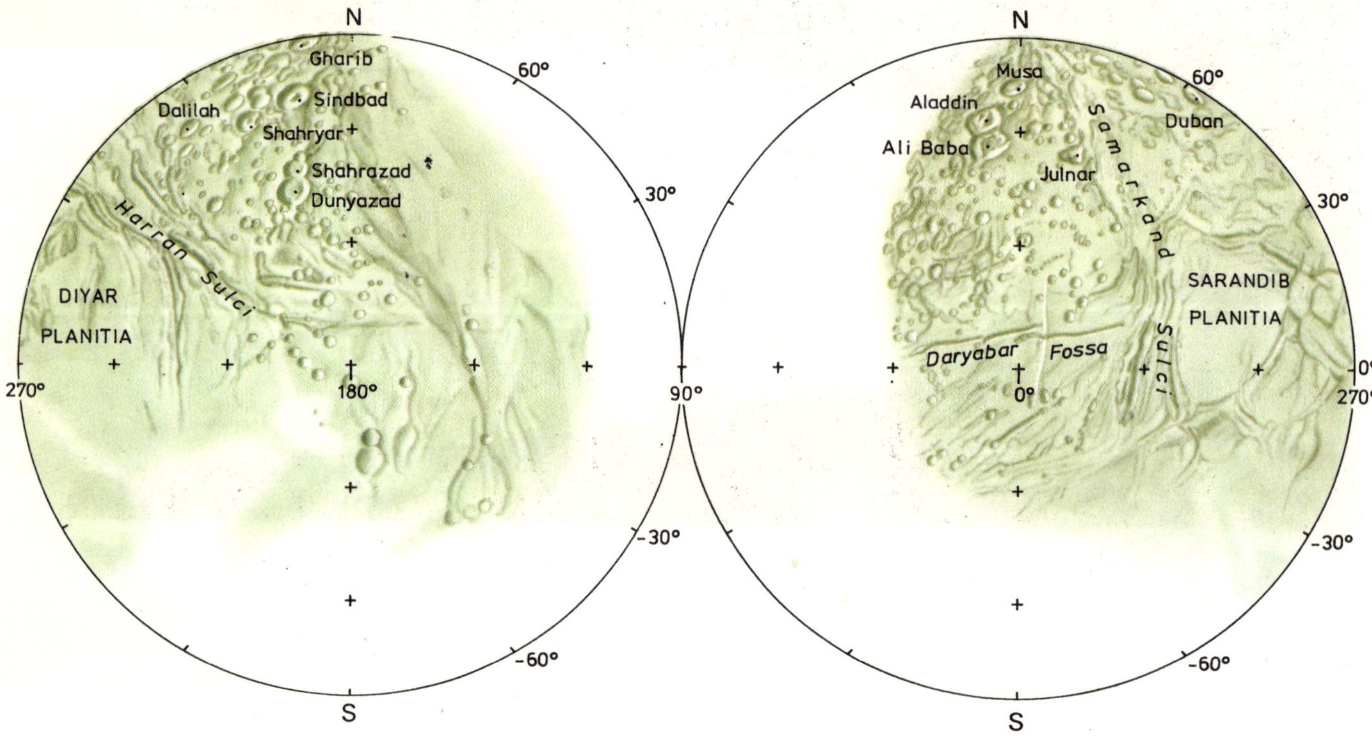

Carte générale d'Encelade. Représentation en projection Lambert. Échelle 1/8 000 000.

En haut: les satellites Encelade (à gauche)
et Mimas (à droite), représentés à la même échelle.

Mimas et le cratère Herschel
dans le terminateur.

Carte générale du satellite Mimas. Représentation en projection Lambert. Échelle 1/8 000 000.

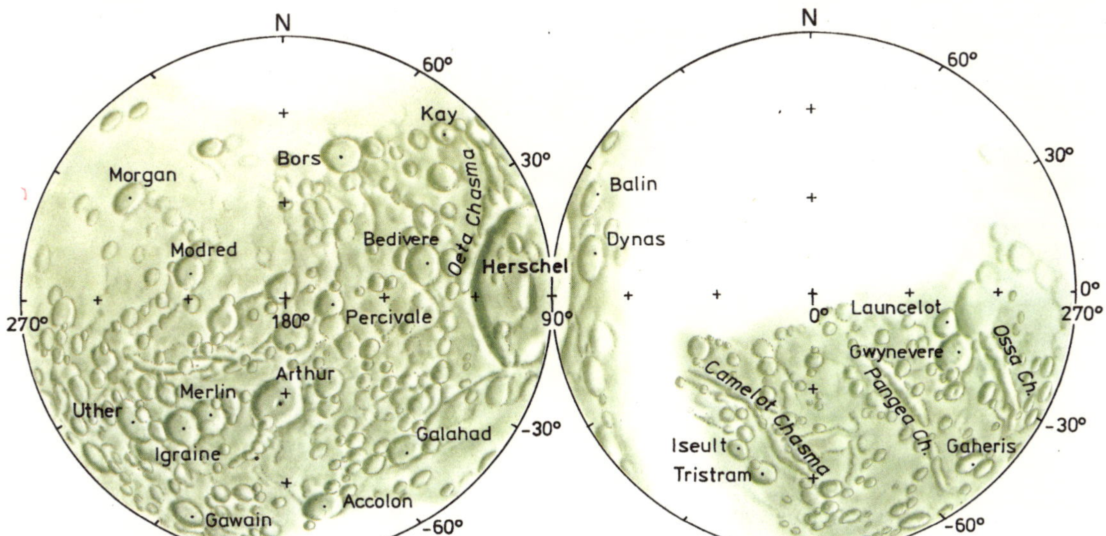

TÉTHYS, DIONÉ

Satellites de Saturne

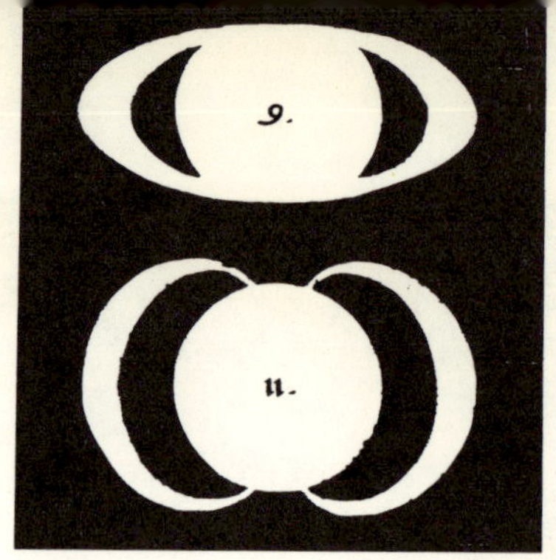

Premières observations de Saturne.
Moitié du XVIIe siècle.

Téthys: Avec une densité moyenne de 1,2 g/cm³, Téthys est un prototype de satellite glacé. C'est une «goutte d'eau glacée» de 1060 km de diamètre, contenant très peu d'impuretés. Sa formation la plus importante est la gigantesque vallée d'Ithaca Chasma, de 50 à 100 km de large, et de 3 à 5 km de profondeur; elle s'étend sur plus des deux tiers de la circonférence du satellite. Dans la région nord de la vallée culmine le cratère Télémaque de 100 km de diamètre (voir page ci-contre, en haut, à gauche). La vallée proviendrait d'une fissure intervenue pendant la dilatation de l'écorce de Téthys lorsque le noyau de la planète se solidifiait en gelant. Le gigantesque cratère Odyssée (450 km de diamètre) constitue la deuxième curiosité de Téthys; c'est le plus important cratère d'impact avec un piton central connu jusqu'à présent dans le système solaire.

Dioné présente la plus forte densité (1,4 g/cm³) parmi les satellites saturniens. Son noyau qui correspond à un tiers de son volume contient davantage de roches que les autres corps. Sa surface couverte de cratères rappelerait celle de Mercure. Le cratère le plus important (voir page ci-contre, en haut, à droite) est Aeneas, 160 km de diamètre; à proximité de cette formation s'étend un complexe de sillons. L'hémisphère sombre de Dioné porte une grande étoile de bandes claires (voir page ci-contre, en bas). Cet hémisphère est constamment orienté en sens inverse du mouvement du satellite autour de Saturne. Cette formation claire pourrait contenir de la neige ou du givre qui proviendrait de gaz échappés du noyau du satellite.

Les lecteurs de la célèbre Odyssée d'Homère reconnaîtront les noms des formations sur Téthys. Les noms des formations sur Dioné proviennent d'une seconde grande épopée: l'Énéide de Virgile.

Carte générale du satellite Téthys.
Représentation en projection Lambert.
Échelle 1/17 500 000.

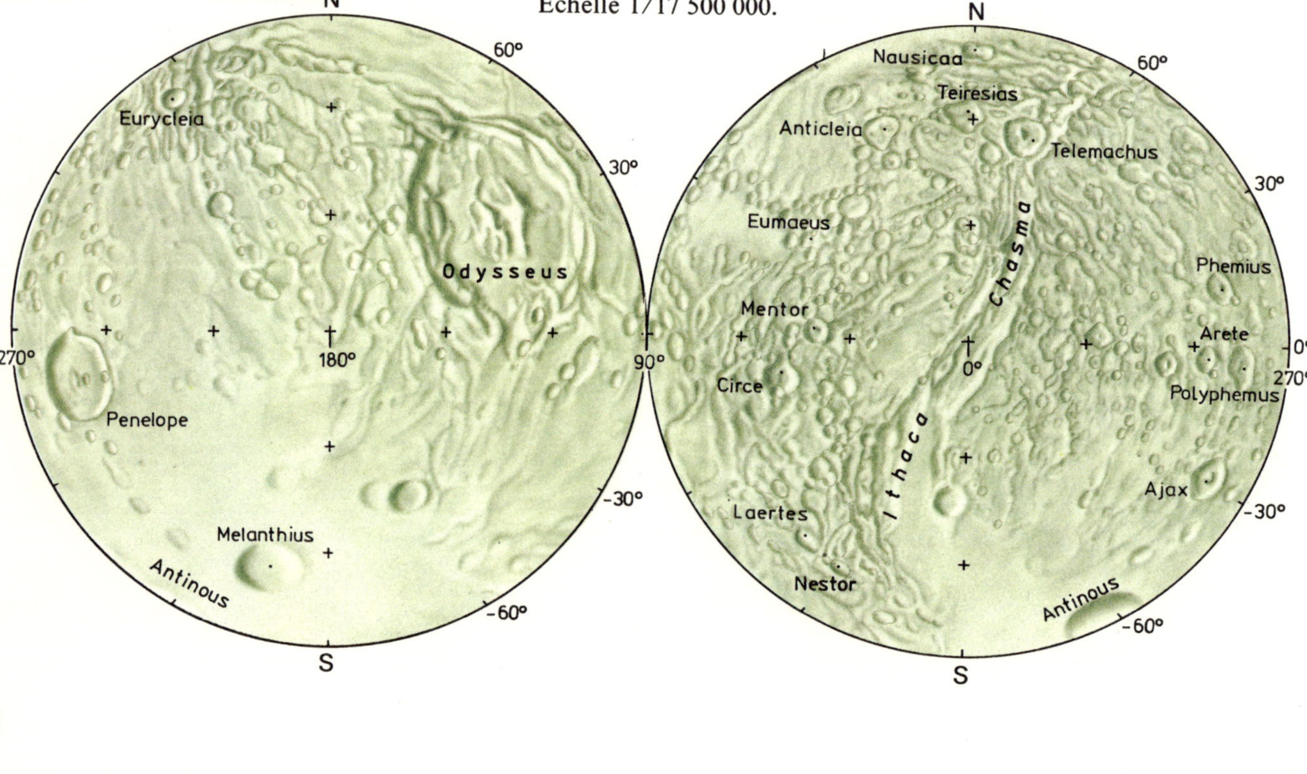

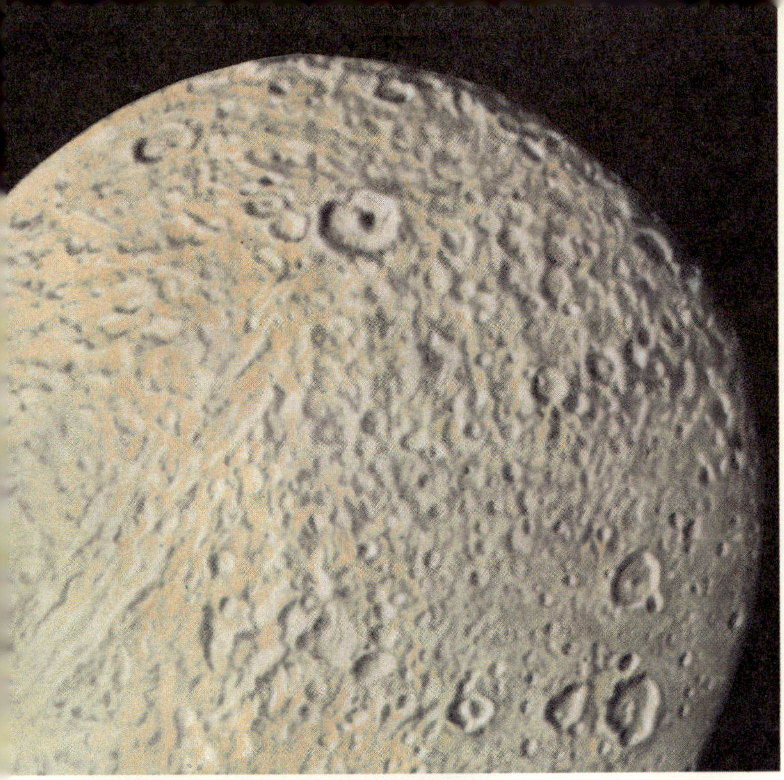

En haut et à gauche: Téthys.

En haut et à droite Dioné.

Carte générale de Dioné.
Représentation en projection Lambert.
Échelle 1/17 500 000.

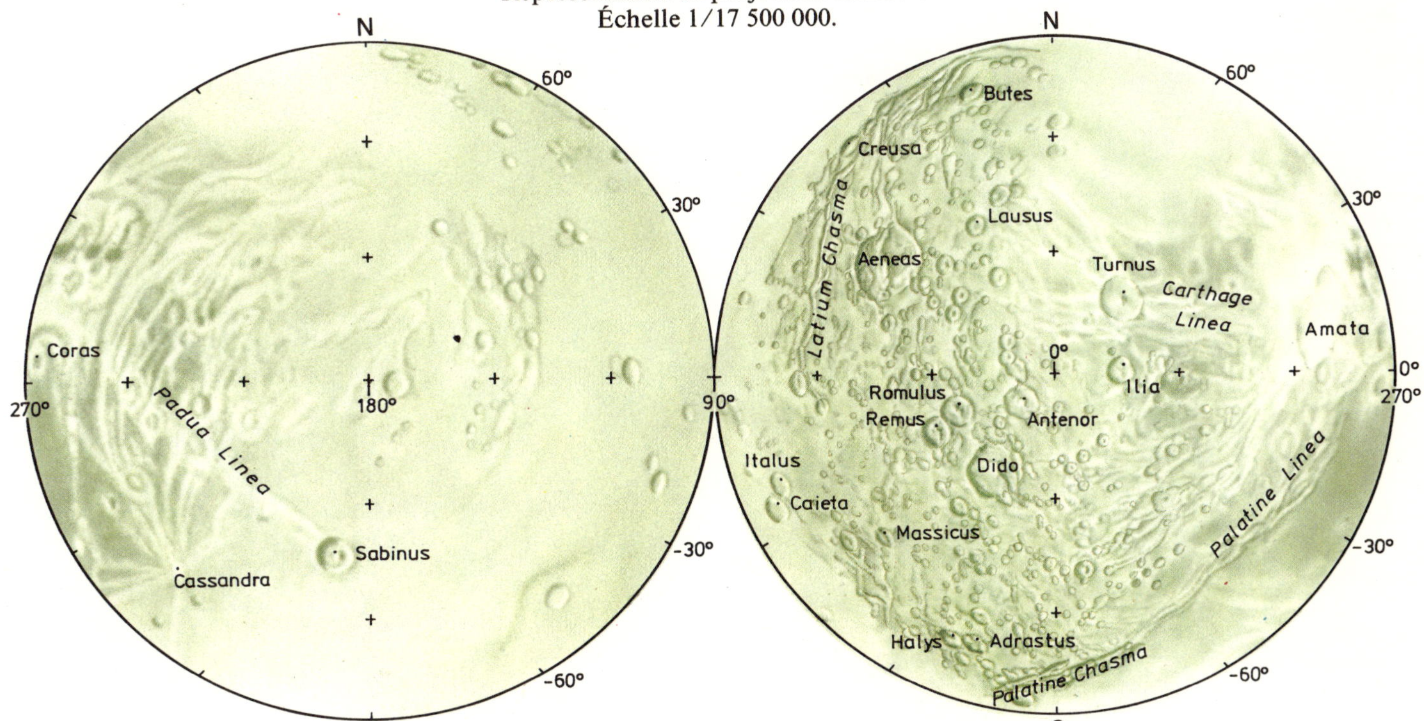

ħ

RHÉA, TITAN

Satellites de Saturne

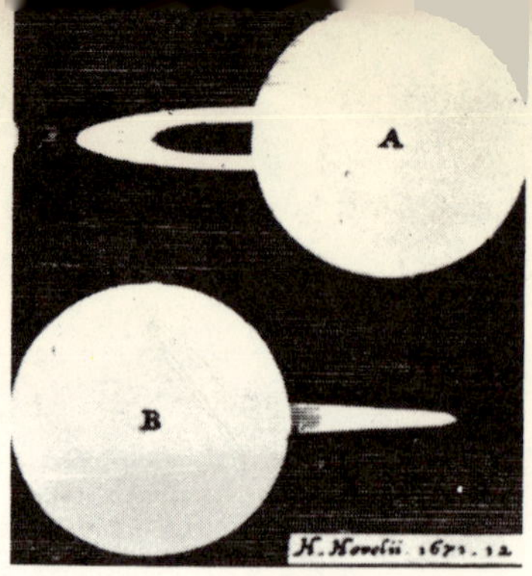

Dessin de Saturne
par J. Hevelius, 1671.

Rhéa, le plus grand des satellites de glace saturniens, a un diamètre de 1530 km, une densité moyenne de 1,3 g/cm³. Sa composition interne est très semblable à celle de Téthys et de Dioné. Cependant, il offre une surface beaucoup plus cratérisée. Le plus important cratère d'impact est Izanagi (diamètre 300 km). Sur la face cachée du satellite s'étend un complexe de rayons clairs (voir page ci-contre, en haut); ce pourrait être du givre de vapeur d'eau qui proviendrait de fissures comme sur Dioné.

La nomenclature des cartes de Rhéa s'inspire de mythes sur la genèse du monde.

Titan: c'est le plus grand des satellites saturniens (diamètre: 5150 km). Il est l'unique satellite au sein du système solaire à posséder une atmosphère dense, saturée de nuages non transparents atteignant 200 km d'altitude qui masquent la surface du corps. Titan est un corps entièrement refroidi, contenant en grande partie de l'eau (glace); sa densité moyenne ne s'élève pas au-dessus de 1,9 g/cm³. Son atmosphère est composée essentiellement d'azote et contient environ 1 % de méthane. La coloration orange des nuages proviendrait des hydrocarbures complexes. La température de surface serait de —180 °C; le méthane peut donc exister à l'état gazeux, liquide (pluie, lacs) et solide (point triple analogue au point triple de l'eau sur Terre où vapeur d'eau, eau liquide et glace existent simultanément). La pression atmosphérique est une fois et demie plus importante que sur la Terre.

Carte générale du satellite Rhéa.
Représentation en projection Lambert. Échelle 1/24 000 000.

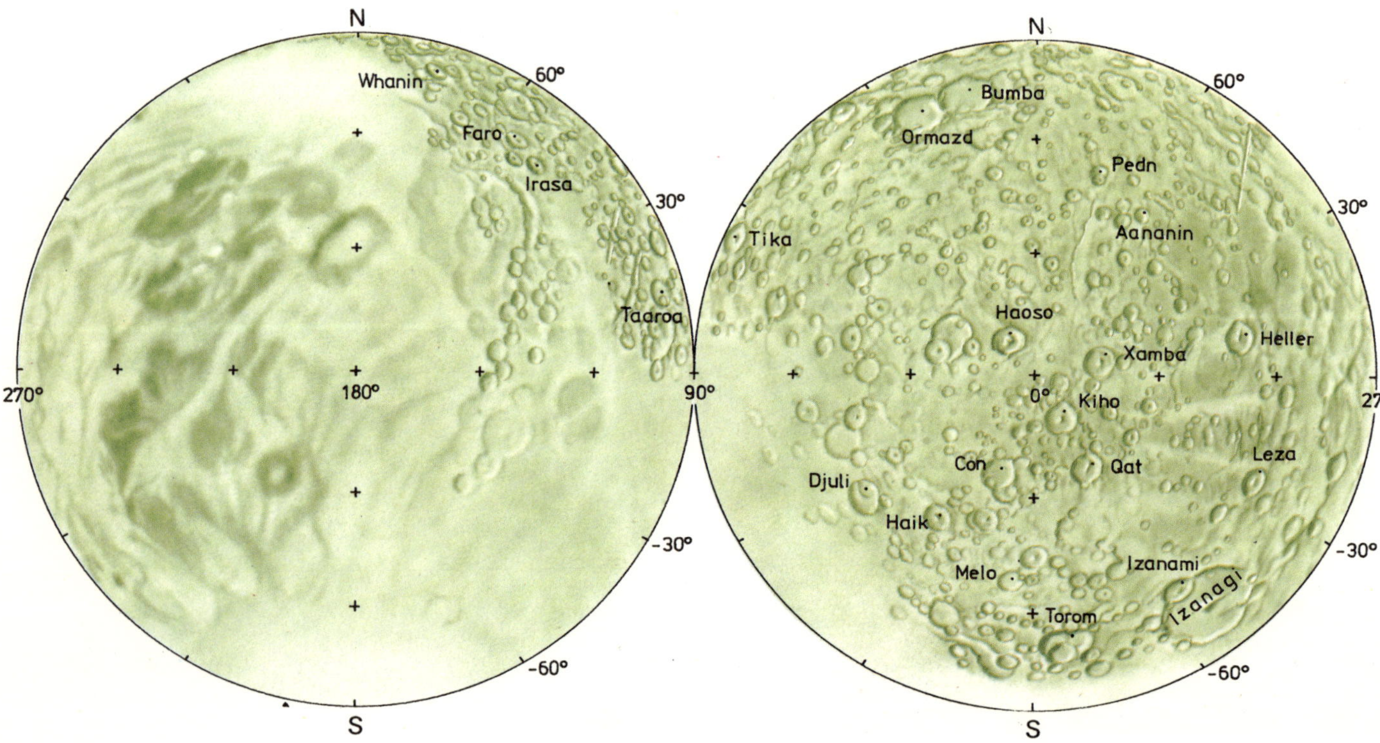

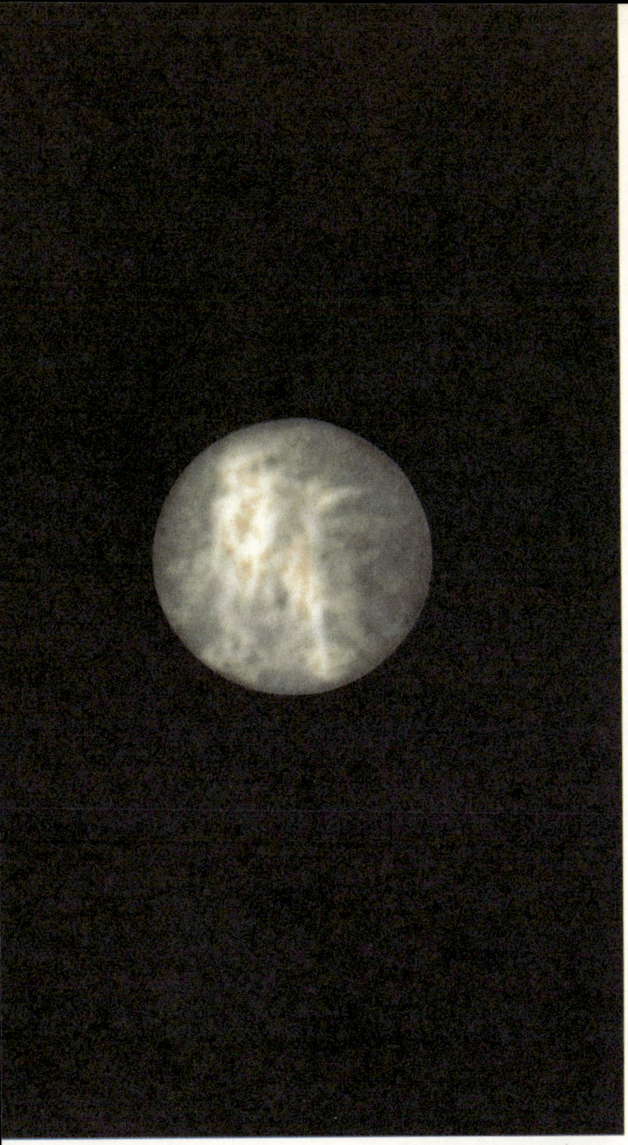

Les satellites Rhéa (à gauche) et Titan (à droite), représentés à la même échelle. Nous ne voyons que la surface des nuages sur Titan. L'hémisphère Sud est plus clair. Dans l'hémisphère Nord s'étend une bande sombre près du pôle. Les couches de brume bleuâtre dans l'atmosphère atteignent jusqu'à 500 km d'altitude au-dessus de la surface de Titan.

Surface du satellite Rhéa.

HYPÉRION, JAPET, PHOEBÉ

Satellites de Saturne

Dessin de Saturne par J. Hevelius aux alentours de 1655—1656.

Hypérion: c'est un satellite aux formes irrégulières qui ressemble à une croquette mal modelée. Ses dimensions sont 350 km × 234 km × 200 km. Sa surface porte de nombreux cratères, des dénivellations et un massif montagneux très apparent. Hypérion serait un débris d'un corps plus massif. Il semble que sa rotation soit irrégulière, chaotique.

Hypérion était le père d'Hélios, dieu du Soleil dans la mythologie grecque. Les cratères d'Hypérion portent les noms des divinités du Soleil et de la Lune.

Japet représente une énigme dans le système saturnien. Les observations réalisées à partir de la Terre avaient permis de constater qu'un hémisphère était excessivement foncé. Les observations de Voyager 2 ont confirmé ce fait: l'hémisphère orienté dans le sens du mouvement du satellite autour de Saturne est aussi noir que du charbon, il ne reflète que 5 % de la lumière. L'autre hémisphère est par contre clair; comme la neige sale il réfléchit 50 % de la lumière. La composition du matériau noir et son origine ne sont pas déterminées. Ce pourrait être un matériau «récupéré» dans l'espace cosmique ou bien un matériau provenant du noyau. La densité moyenne (1,2 g/cm³) indique que Japet appartient aux satellites de glace saturniens. Son diamètre est de 1460 km.

La mystérieuse région sombre sur la carte de Japet s'appelle *Cassini Regio*, d'après G. D. Cassini qui a découvert ce satellite en 1671. Les autres noms proviennent de La Chanson de Rolland.

Carte générale du satellite Japet.
Représentation en projection Lambert. Échelle 1/24 000 000.

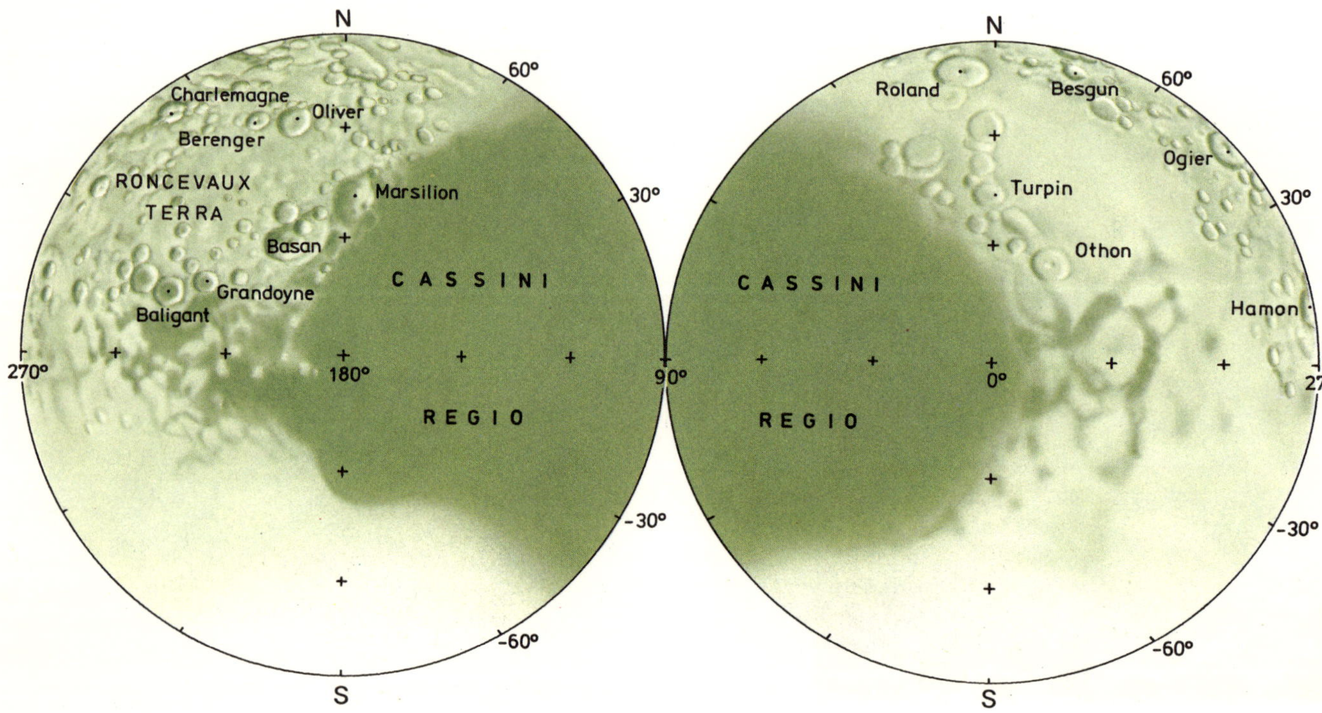

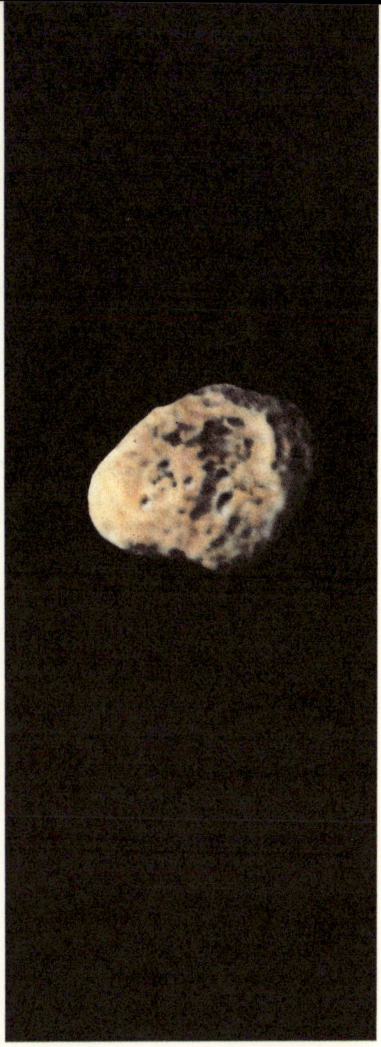

Les satellites saturniens Japet (à gauche) et Hypérion (à droite), représentés à la même échelle. Nous pouvons voir sur Japet une partie de sa région sombre *Cassini Regio.*

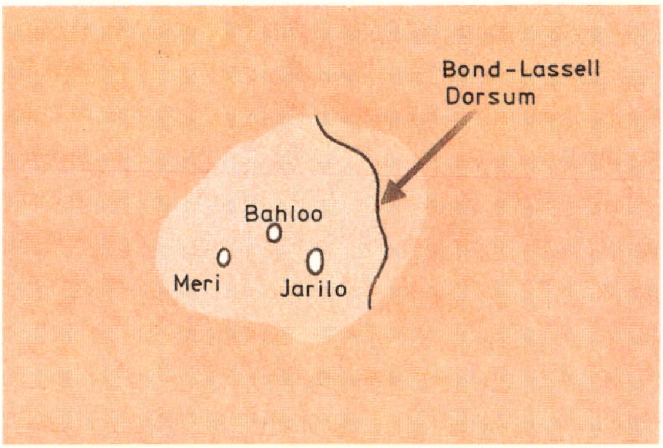

La crête (*dorsum*) Bond-Lassell qui porte le nom de celui qui découvrit Hypérion en 1848.

Le satellite saturnien le plus éloigné, **Phoebé**, a un diamètre de 220 km. Il a été photographié par Voyager 2 à une distance importante; on ne peut pas identifier les formations de surface. Le satellite est pratiquement aussi sombre que la face foncée de Japet.

URANUS, NEPTUNE ET PLUTON

Le Verrier découvre par calcul une huitième planète (Flammarion, *Astronomie populaire,* 1890).

La planète **Uranus** a été découverte en 1781 par W. Herschel. Elle a été observée de près pour la première fois par la sonde Voyager 2 en 1986. C'est une géante gazeuse d'un diamètre quatre fois supérieur à celui de la Terre. Elle possède également une atmosphère très épaisse (environ 11 000 km) composée d'hydrogène (88 %), de 12 % d'hélium avec des traces de méthane et d'autres hydrocarbures. La température à la surface des nuages serait de —210 °C. La rotation de cette planète est tout à fait exceptionnelle: son axe de rotation se situe presque sur le plan de son orbite. Sa période de rotation est de 17 heures environ. La position de l'axe magnétique d'Uranus est encore plus étrange; il est incliné à 58° de l'axe de rotation. Cette planète est dotée d'un champ magnétique très puissant.

Quinze satellites gravitent autour d'elle, parmi lesquels cinq peuvent être observés par les grands télescopes terrestres. (Pour les satellites d'Uranus voir pages 84 à 87 et 217.) La planète est entourée d'un système d'anneaux étroits.

Le chercheur anglais Adams et le Français Le Verrier ont calculé indépendamment l'un de l'autre la position d'une huitième planète dont on avait remarqué l'action gravitationnelle sur Uranus. C'est le 23 septembre 1846 que deux astronomes berlinois, Galle et D'Arrest, ont découvert la planète **Neptune** avec moins d'un degré d'erreur par raport à la position calculée par Le Verrier. Une exploration plus détaillée n'a été réalisée qu'en 1989 par la sonde Voyager 2. La planète Neptune ressemble à Uranus par ses dimensions, son champ magnétique incliné sur l'axe de rotation, la composition de son atmosphère, sa période de rotation, etc. Avec une densité de 1 640 kg . m^{-3}, Neptune est la planète géante la plus dense. Elle possède sa propre source d'énergie, car elle émet trois fois plus de chaleur qu'elle n'en reçoit du Soleil. Huit satellites et un système d'anneaux étroits gravitent autour de Neptune. Le plus grand des satellites, Triton, est composé de glace et de roches ; sa densité moyenne est de 2 030 kg . m^{-3} (soit le double de la densité de l'eau). Grâce à Voyager 2, on a pu observer, à la surface de Triton, où la température est inférieure à —200 °C, les manifestations exotiques du volcanisme produit par le gel et des émissions d'azote gazeux. L'atmosphère de Triton est composée d'azote et de méthane.

La planète **Pluton** a été découverte par l'observateur américain C. Tombaugh, le 21 janvier 1930. Pluton (diamètre : 2 280 km) crée une planète double avec le satellite de Charon (diamètre : 1 190 km). La surface de Pluton est glacée, l'intérieur est composé de roches. L'atmosphère, qui contient avant tout du méthane, s'élève jusqu'à 3 000 km au-dessus de la surface. Le satellite Charon a été découvert en 1978. Sa période de révolution autour de Pluton est de 6,387 jours. Le système double Pluton-Charon n'a pas encore été observé par une sonde spatiale et il n'y a pas de visite prévue dans les années qui viennent.

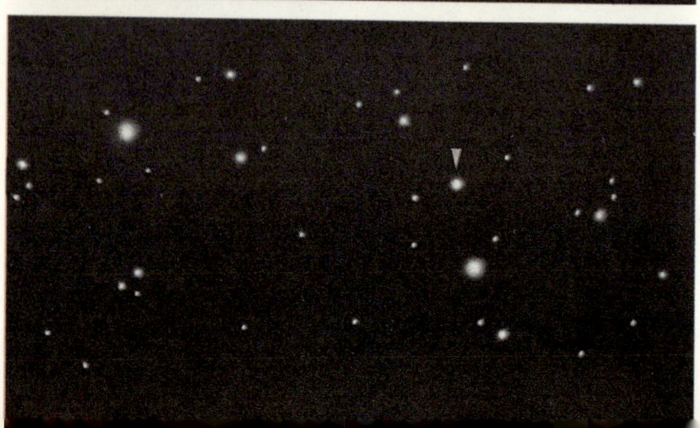

Même observée avec un télescope géant, la planète Pluton ne ressemble qu'à une petite étoile. Elle ne s'en distingue que par son mouvement par rapport à l'arrière-plan des véritables étoiles. Elle est à peu près de 14e magnitude et elle n'est pas observable dans les petits instruments.

La planète Uranus (à droite) ressemble à un disque bleu-vert sans détails frappants (ils sont cachés par le smog atmosphérique opaque). Les anneaux d'Uranus en bas sont foncés et trés étroits, allant de quelques centaines de mètres à quelques dizaines de kilomètres. Ils sont composés de débris ne dépassant pas en général un mètre. Dans l'espace situé entre les anneaux, il n'y a qu'une quantité minime de poussière.

La planète Neptune selon l'observation de la sonde Voyager 2 le 25 août 1989. À la surface de la couche nuageuse bleutée encerclant la planète, on peut voir des bandes plus sombres, des nuages blancs et des taches ovales sombres qui changent rapidement. La grande tache grise (dimensions : 12 000 × 8 000 km), appelée GDS (Great Dark Spot), qui se trouve au milieu de la planète, rappelle la fameuse grande tache rouge (GRS) sur Jupiter. Il s'agit d'un tourbillon de l'atmosphère circulant dans le sens inverse des aiguilles d'une montre dans une période de 10 jours environ. Il se forme alors un trou dans la couche nuageuse bleue de méthane qui permet d'observer une nébulosité plus profonde et plus sombre. À la périphérie de la grande tache grise, la vitesse du vent à la surface des nuages atteint plus de 1 100 km/h.

Les deux anneaux principaux de Neptune sont situés entre 53 000 et 63 000 km du centre de la planète et sont très étroits. Leur largeur ne dépasse pas quelques kilomètres. Il existe un anneau intérieur faible, large d'environ 2 500 km. Les anneaux sont composés avant tout de particules de poussière cosmique.

MIRANDA

Satellites d'Uranus

Uranus avec ses satellites (d'après une photo de G. Kuiper, en 1948). Les plus grands télescopes terrestres ne montrent Miranda que comme un point luminescent (marqué par une flèche).

Jusqu'au vol de Voyager 2 en 1986, on ne connaissait que cinq satellites d'Uranus: Miranda, Ariel, Umbriel, Titania et Obéron. Les caméras de la sonde cosmique ont découvert dix autres satellites dont le diamètre n'excède pas 100 km (voir tableau page 217).

Avec un diamètre de 480 km, Miranda est le plus petit des cinq grands satellites d'Uranus. On était loin de penser que ce petit corps pouvait cacher tant de surprises. Les clichés de Voyager 2 nous ont révélé un des corps les plus bizarres du système solaire qui présente de nombreux phénomènes d'activité géologique. Le vieux terrain qui renferme un nombre considérable de cratères aux remparts émoussés est, par endroits, coupé par des failles aux bords tranchants qui témoignent de l'action de puissantes forces internes, intervenues après la période de formation des cratères d'impact, lors du «bombardement cosmique». Près du terminateur (en bas à droite du dessin ci-contre) apparaissent de hauts escarpements clairs (20 km d'altitude environ), ce sont ceux d'un énorme canyon.

On a désigné par *circus maximus* le type le plus étrange de surface sur Miranda qui rappelle les régions foncées *(regio)* sur Ganymède. On a pu observer trois *circi maximi*; sur le dessin ci-contre, ils figurent comme des régions arrondies et foncées (en haut à droite et en bas à gauche) et également comme une région trapézoïdale (au milieu). Ils abondent en crêtes, escarpements et rainures parallèles aux bords externes du *circus*, qui résulteraient d'un processus allant progressivement du centre vers les bords. En même temps, le matériau clair et foncé aurait pu être entraîné par des failles à la surface du satellite. Les satellites d'Uranus sont constitués en proportion égale de glace et de roches. La chaleur radioactive et le comportement de la glace dans des conditions physiques inhabituelles auraient pu jouer un rôle important dans les processus géologiques.

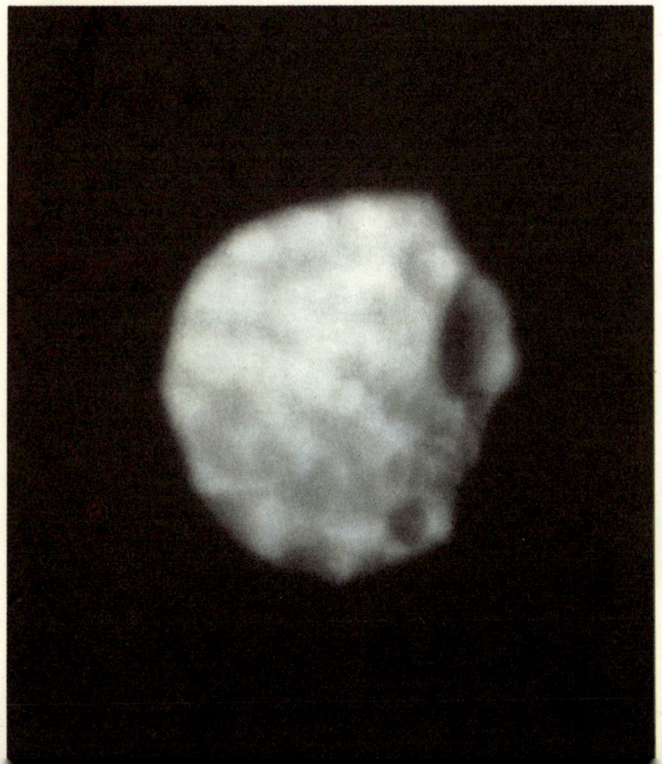

Le satellite d'Uranus Puck désigné par 1985 U1 est le plus grand des satellites découverts par Voyager 2. Dimensions: 160×170 km. Il est noir comme du charbon et serait vraisemblablement recouvert de nombreux cratères.

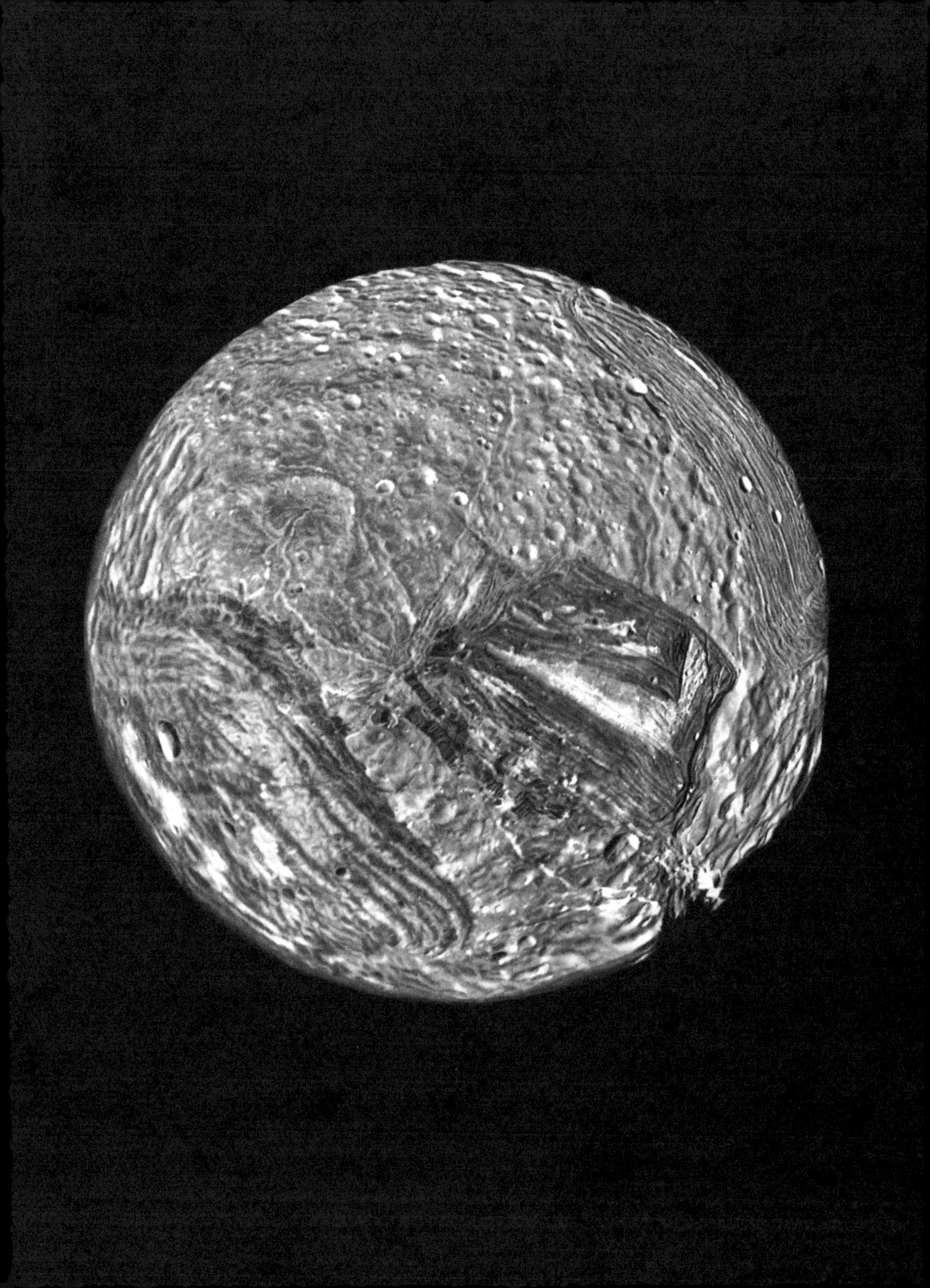

ARIEL, UMBRIEL, TITANIA, OBÉRON

Satellites d'Uranus

William Herschel découvre Uranus (Flammarion, *Astronomie populaire,* 1890).

Les recherches effectuées par la sonde Voyager 2 sur les grands satellites d'Uranus en 1986 ont montré que tous ces satellites, à l'exception d'Umbriel, avaient été autrefois géologiquement actifs. Leur densité serait de 1,6 g/cm³ environ, ce qui correspondrait à une composition de 50 % de glace et 50 % de roches. Seul l'hémisphère Sud des satellites qui se trouvaient alors sous l'éclairage constant du Soleil ont pu être observés.

Ariel (diamètre: 1170 km, dessin du haut à gauche). C'est le plus brillant des satellites d'Uranus. Il porte les traces d'une importante activité géologique: vallées profondes qui s'entrecroisent, au fond large, rempli autrefois par du matériau liquide (provenant sans doute de courants de glace). On remarque également une vieille surface cratérisée et des cratères à rayons plus récents.

Umbriel (diamètre: 1190 km, dessin du haut à droite). C'est le plus foncé des satellites d'Uranus, il ne reflète que 16 % de la lumière solaire. Les cratères qui recouvrent de manière très dense sa surface ont un diamètre pouvant atteindre 200 km. On n'a pas observé de cratères brillants à rayons, ni de traces d'activité interne. On a par contre découvert un anneau fort inhabituel de 150 km de diamètre sur le bord supérieur du satellite; il remplirait vraisemblablement le fond d'un cratère d'impact.

Titania (1590 km de diamètre, dessin du bas à gauche). C'est le plus grand des satellites d'Uranus. Sa surface très fortement cratérisée et ancienne est striée par de longues vallées à failles. Les versants des vallées illuminés par le Soleil sont très clairs, ils seraient apparemment recouverts de givre. La surface de Titania est couverte de roches pulvérisées.

Obéron (diamètre: 1550 km, dessin du bas à droite). Plusieurs grands cratères d'impact sont entourés par des couronnes de rayons clairs. Au bord du disque du satellite s'élève une haute montagne (environ 6 km d'altitude). On observe près du centre du disque un grand cratère avec une montagne centrale claire et un fond foncé. L'éloignement considérable de la sonde cosmique n'a pas permis d'obtenir une image plus détaillée d'Obéron.

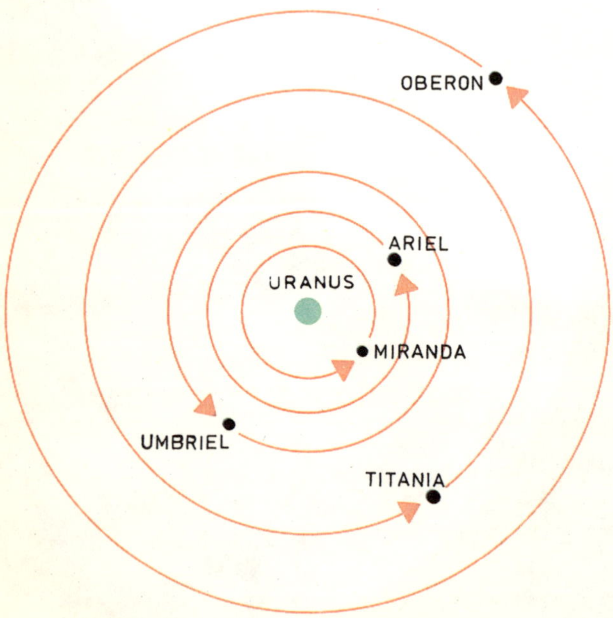

Parmi les 15 satellites d'Uranus, seuls les cinq plus grands sont observables depuis la Terre. Mais, même en utilisant de très grands télescopes, ils ne ressemblent qu'à de petites étoiles (voir page 217 la présentation des satellites d'Uranus). L'orbite de tous les nouveaux satellites récemment découverts est plus proche d'Uranus que ne l'est celle de Miranda.

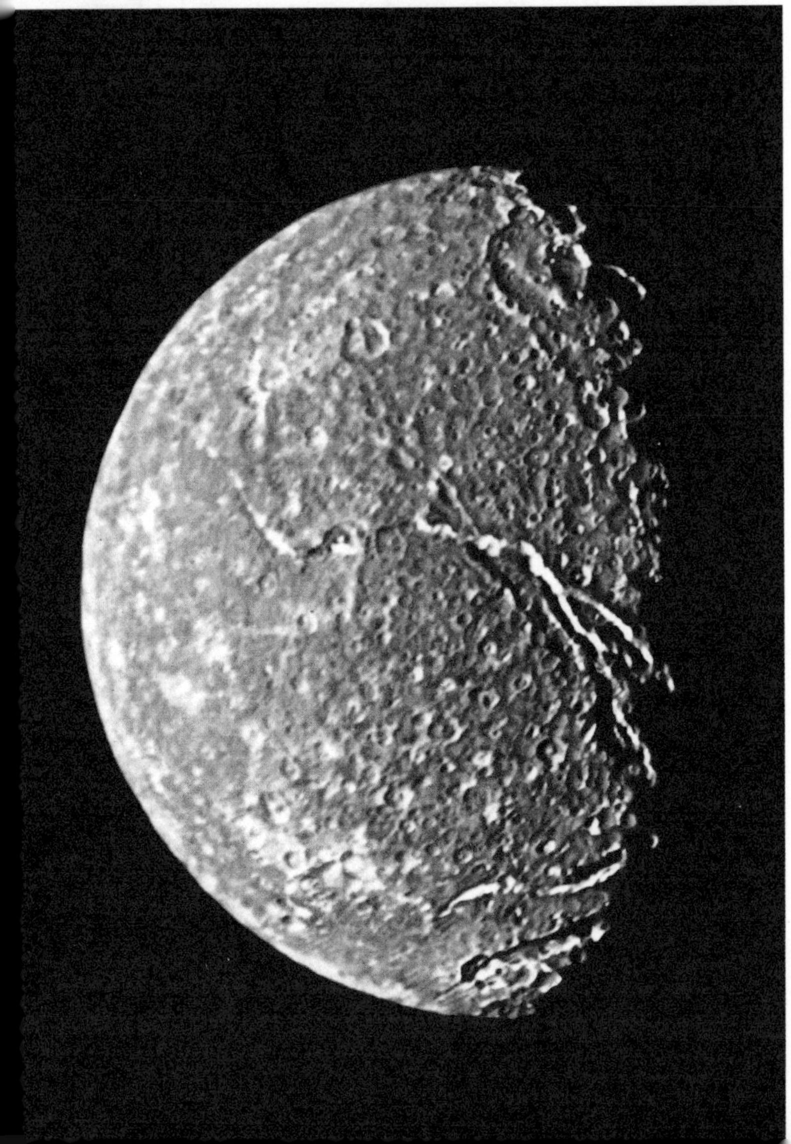
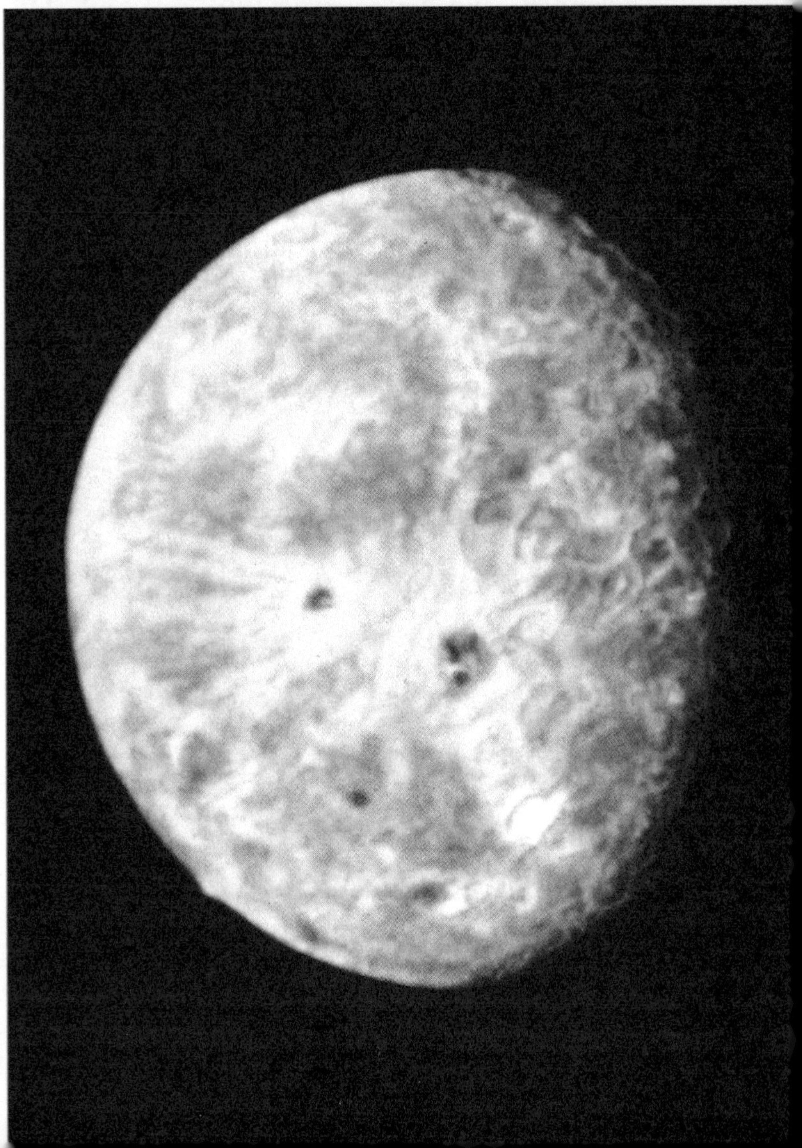

LES CORPS MINEURS DU SYSTÈME SOLAIRE

Les astéroïdes, les comètes, les météores

Pluie de météores
le 27 novembre 1872
(Flammarion,
Astronomie populaire, 1890).

Nous ne prêtons que rarement attention aux petits corps du système solaire. Cependant, leur brève apparition éclipse parfois dans la voûte céleste tous les autres corps.

Les petites planètes, les astéroïdes, sont les corps les moins discernables du système solaire; ils ressemblent à de faibles petites étoiles, observables uniquement au télescope. Des milliers d'astéroïdes gravitent autour du Soleil, surtout entre Jupiter et Mars (dessin du bas). Une petite planète typique a un diamètre d'environ un kilomètre et une forme irrégulière. Phobos et Deimos, les petits satellites de Mars, nous offrent une image précise de l'aspect des petites planètes (pages 50 à 53). Cérès, le plus grand des astéroïdes, a un diamètre de 1006 km; seuls 110 astéroïdes présentent un diamètre supérieur à 100 km. Certaines petites planètes peuvent se rapprocher considérablement de l'orbite de la Terre.

Les comètes représentent les corps les plus saisissants du système solaire, et plus particulièrement lorsqu'elles développent leur longue queue à proximité du Soleil. La majorité des comètes — il y en aurait des billions — est située très loin du Soleil et n'est pas observable. (Nous parlerons plus en détail des comètes aux pages 90 à 93).

Les plus petits corps du système solaire sont les météoroïdes. Leur taille est tellement infime qu'ils ne sont pas observables dans l'espace. Lorsqu'un météoroïde pénètre dans l'atmosphère terrestre (à une vitesse de 11 à 72 km/s), il s'échauffe, fond et se volatilise en illuminant un court instant la voûte comme un météore. Lorsqu'un météore est plus brillant que Vénus il s'agit d'un bolide. On aperçoit sur sa trajectoire lumineuse de brefs éclats (explosions); on peut même parfois entendre une faible détonation. Les débris du corps qui retombent sur la Terre s'appellent météorites.

On suppose que la matière interplanétaire serait constituée par des résidus datant de la formation des planètes. Elle contiendrait le matériau d'origine qui pourrait nous éclairer sur la genèse du système solaire. C'est la raison pour laquelle les savants accordent une attention toute particulière à ces corps mineurs.

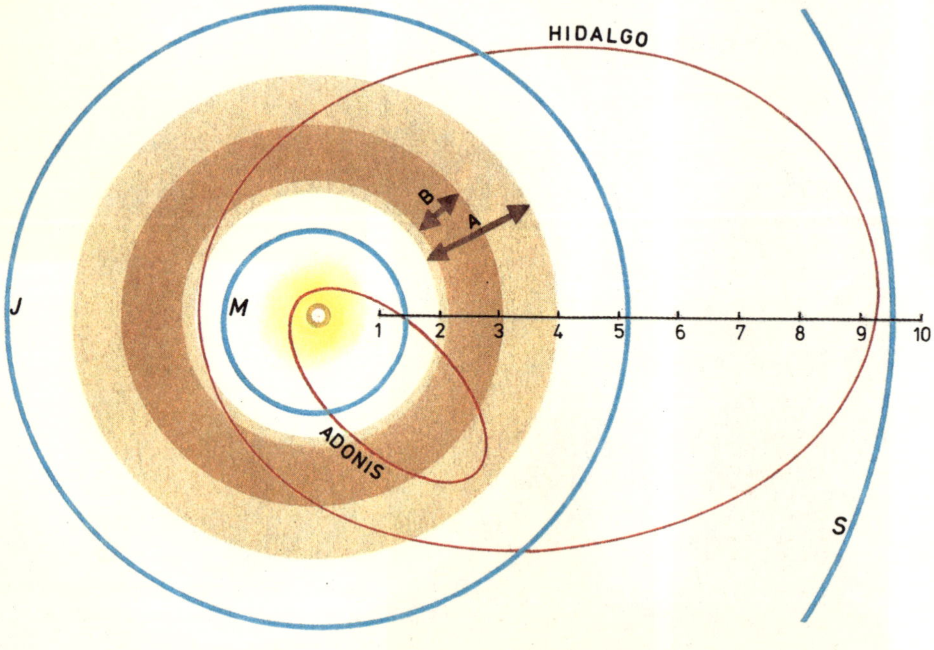

Les astéroïdes gravitent autour du Soleil, surtout dans la ceinture A (entre 2 et 4 unités astronomiques). La majorité des orbites est concentrée dans la ceinture B, entre les unités astronomiques 2,2 et 3,2. Néanmoins certains astéroïdes sont dotés d'orbites excessivement excentriques (par exemple Adonis, Hidalgo).

Ci-dessous :
aspect de la comète de Halley après son passage près du Soleil en 1986.

Ci-dessus :
l'astéroïde est identifié par son mouvement dans le fond des étoiles.

Ci-dessus :
traces d'un météore brillant avec trois explosions.

LES COMÈTES

Queue d'une comète
située à l'opposé du Soleil.
Gemma Frisius, *De Astrolabo*, 1583.

Dans le passé, les comètes inspirèrent la terreur, car elles étaient censées présager des catastrophes. Aucun objet cosmique n'avait aussi mauvaise renommée. Aujourd'hui, nous admirons ces splendides phénomènes et nous ne pouvons que regretter d'assister si peu fréquemment à l'apparition de ces comètes extraordinairement lumineuses. Les astronomes observent chaque année une dizaine de comètes «faibles», visibles uniquement au télescope. Sept cents comètes ont été jusqu'à présent inventoriées et seul un dixième d'entre elles ont effectué deux retours ou plus vers le Soleil.

Qu'est-ce qu'une comète? C'est avant tout un *noyau* de quelques kilomètres de diamètre, de forme irrégulière, un grand glacier sale, contenant en plus de la glace et de divers gaz gelés, une grande quantité de particules de poussière solides constituées de silicates, de composés de carbone et de métaux. Lorsque la comète se rapproche du Soleil, la température à la surface du noyau croît et la glace se met à s'évaporer. La comète se réveille. Les gaz qui s'échappent du noyau entraînent à leur suite des particules de poussière; il se forme alors autour du noyau un nuage brumeux appelé *chevelure* qui peut atteindre plusieurs dizaines de milliers de kilomètres de diamètre. Lorsque la comète se situe à moins de 3 ua du Soleil, elle est alors bien visible. La chevelure et le noyau constituent la tête de la comète. Lorsque la comète n'est plus qu'à 1 ua du Soleil, il se forme en général à partir de la tête une queue constituée de gaz et de poussière qui peut atteindre plusieurs dizaines de millions de kilomètres. C'est à ce merveilleux ornement que les comètes doivent leur beauté si spécifique. A proximité du Soleil, l'évaporation est très intense. Chaque seconde s'échappent du noyau des tonnes et des dizaines de tonnes de gaz et de poussière sous forme de jets qui jaillissent sur la face du noyau tournée vers le Soleil. Sous la pression de radiation du Soleil les particules solides sont séparées de la chevelure et parviennent dans la queue de poussière qui est généralement large, incurvée et sans structure interne. Les molécules de gaz ionisées par la radiation solaire forment la queue de plasma qui a, en général, la forme de rayons étroits et droits, orientés à l'opposé du Soleil.

Les queues des comètes sont très peu denses; on peut voir à travers elles les étoiles sans affaiblissement apparent. La vaste couronne d'hydrogène est encore moins dense et inobservable par les moyens optiques; ses dimensions peuvent être supérieures à celles du Soleil.

Sur la page ci-contre figurent quatre exemples de comètes brillantes: en haut, à gauche la comète de West (1976), en haut à droite la comète de Mrkos (1957), en bas à gauche la comète de Kohoutek (1973) et en bas à droite la comète de Humason (1962). Les comètes portent les noms de leurs découvreurs.

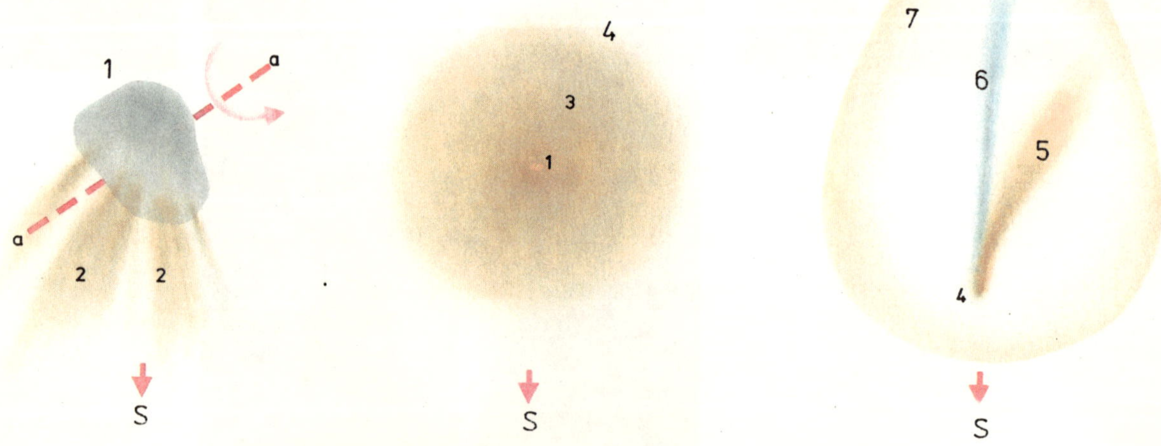

Les différentes parties d'une comète:
1 — noyau (a-a axe de rotation), 2 — jets de gaz et de poussière, 3 — chevelure, 4 — tête de la comète, 5 — queue de poussière, 6 — queue de plasma, 7 — halo d'hydrogène, 8 — direction vers le Soleil.

LA COMÈTE DE HALLEY

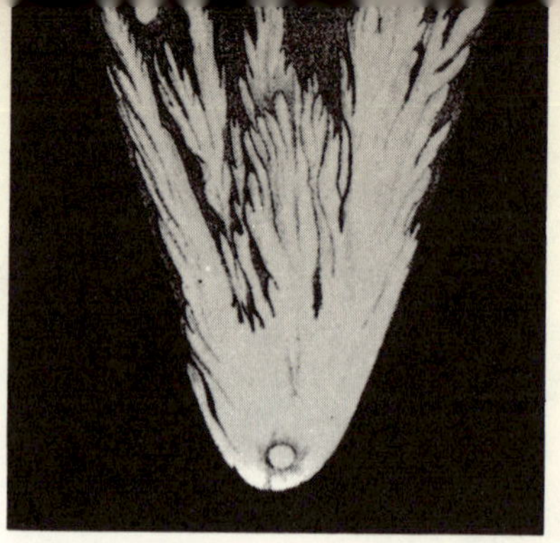

Dessin d'une comète d'octobre 1811.

Cette comète porte le nom d'Edmund Halley, un célèbre astronome anglais qui, en 1705, découvrit qu'il s'agissait d'un corps doté d'une orbite elliptique allongée qui se rapprochait du Soleil une fois tous les 76 ans. Il calcula le prochain retour de la comète pour 1758. La comète a été observée pour la première fois 240 ans avant notre ère; depuis elle a accompli 29 retours vers le Soleil. En 1910 elle a offert aux Terriens un spectacle extraordinaire. En 1986, par contre, les conditions d'observation de la comète à partir de la Terre étaient excessivement défavorables.

Cette comète légendaire appartient aux comètes les plus brillantes, les plus actives et les plus jeunes. On connaît parfaitement son orbite autour du Soleil. Au cours de son dernier retour vers le Soleil, des astronomes du monde entier l'ont suivie avec beaucoup d'attention. En mars 1986, elle a été étudiée en détail par de très nombreuses sondes cosmiques. Pour la première fois, les sondes soviétiques Vega 1 et Vega 2 ainsi que la sonde européenne Giotto ont pu observer de près la région du noyau de la comète.

Le noyau de la comète de Halley est un corps compact de forme très irrégulière avec des dimensions de 16 km × 8 à 8,5 km. Par sa forme, il ressemble à une pomme de terre; sa surface est extrêmement sombre. Le noyau tourne autour de son axe. Son activité est tout à fait digne d'intérêt: sur la face éclairée par le Soleil jaillissent à plusieurs endroits des jets de gaz à une vitesse de plusieurs km/s. Ils entraînent à leur suite des particules de poussière. Les particules de poussière, dont la masse est supérieure à 0,1 g, retombent et constituent à la surface du noyau une couche très sombre. Les particules de poussière les plus légères rejoignent la chevelure et la queue. A proximité du Soleil, la comète perd plus de 60 tonnes de vapeur d'eau, de gaz et de poussière à chaque seconde, c'est-à-dire plus de cinq millions de tonnes de matériau par jour. La production de matériau varie considérablement, en raison de la forme irrégulière du noyau et de sa rotation. Pendant le survol des sondes, le noyau produisait environ 5 tonnes de matériau par seconde. De très épais nuages de poussière ont rendu la photographie du noyau très difficile. La masse totale du noyau approcherait 10^{11} de tonnes. D'après la perte de matériau observée, on peut supposer que la durée de vie de la comète serait de 1000 cycles. A chaque passage près du Soleil, la comète perdrait de sa surface une couche atteignant un mètre de hauteur. La surface de la comète est couverte d'une matière qui rappelle le goudron.

Orbite de la comète de Halley et son mouvement entre 1910 et 1986. On observe des variations considérables de vitesse sur l'orbite (de 1,2 à 55 km/s). Les orbites des planètes Terre, Mars, Jupiter, Saturne, Uranus et Neptune sont représentées en bleu. Le prochain retour de la comète vers le Soleil est fixé pour l'année 2061.

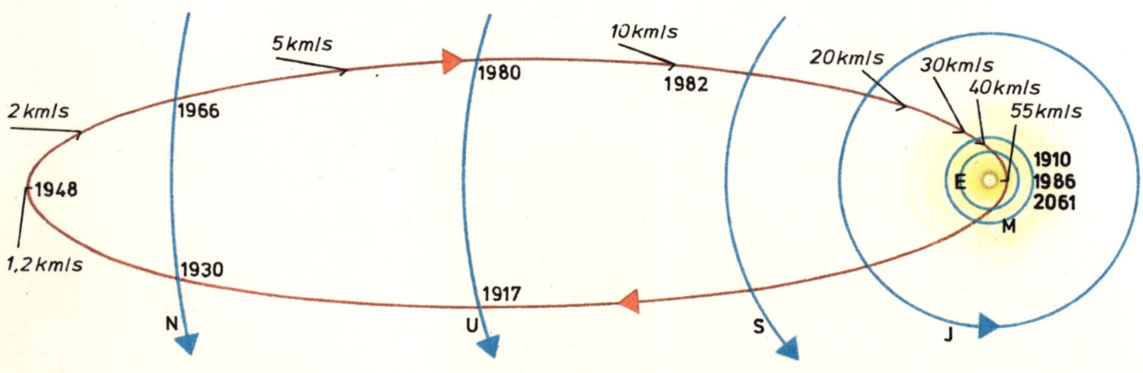

En haut: la tête et une partie de la queue de la comète de Halley en 1910. Le Soleil est à gauche.
En bas: la région du noyau de la comète de Halley d'après les observations de la sonde Giotto en mars 1986. Le contour foncé du noyau (1) est visible à l'arrière-plan de la lumière faible dispersée par la poussière. Au bord du noyau (2), on peut apercevoir une dénivellation de plusieurs centaines de mètres de haut. Des jets de gaz sortent du noyau, ils entraînent de la poussière fine (3). Le contour supposé des parties du noyau cachées par les jets est indiqué par la couleur gris clair sur le schéma (4). S: direction vers le Soleil.

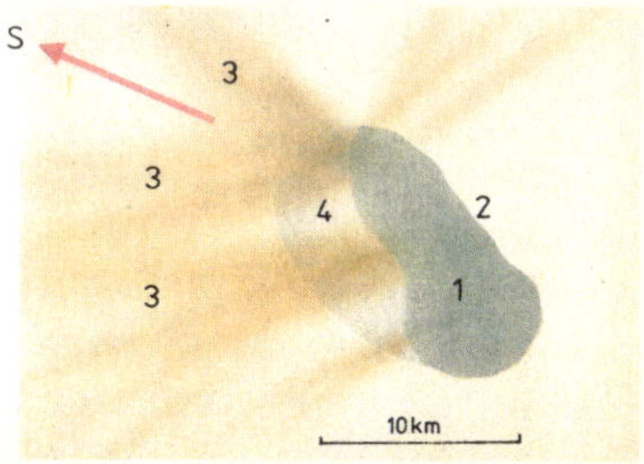

LE SOLEIL

La photosphère

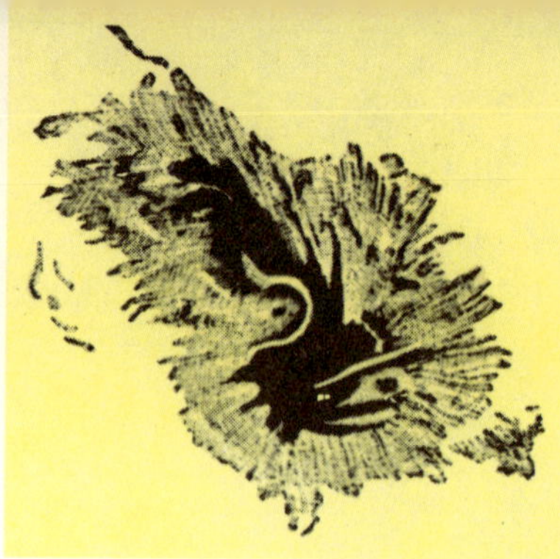

Grande tache solaire.
Howlett, 16 octobre 1865.

Parmi les milliards d'étoiles que renferme notre Galaxie, l'étoile appelée Soleil n'est pas un objet exceptionnel. Le Soleil est pourtant une étoile capitale pour nous, habitants de la planète Terre. Elle est notre principale source d'énergie, de lumière, de chaleur, et permet la manifestation de la vie sur la Terre. C'est également l'unique étoile que nous pouvons observer de près et en détail.

Le disque solaire est si brillant, si aveuglant, qu'un observateur imprudent risquerait de s'abîmer les yeux, voire de perdre la vue. On peut rarement observer directement le Soleil: cela n'est possible que lorsque le Soleil est «affaibli» par la nébulosité, le brouillard, un trouble atmosphérique près de l'horizon, etc. Mais il est toujours possible d'observer le Soleil sans danger et à n'importe quel moment par projection à travers l'oculaire d'un télescope (voir page 214), ou bien encore avec des filtres foncés ou d'autres instruments d'optique.

Que voit-on sur le Soleil? A l'œil nu ou bien au télescope, on aperçoit la couche la plus basse de l'atmosphère solaire: la *photosphère*, dont l'épaisseur est de 300 km et la température de 6000 K. Sous la photosphère se niche l'inaccessible noyau solaire. Des nuages de gaz chauds provenant du noyau s'élèvent à la surface pour constituer une structure granuleuse dans la photosphère: la *granulation* (dessin du bas). Elle fait un peu penser à un potage au riz; cependant chaque «grain de riz» ou granule atteint 1000 à 2000 km de diamètre.

On observe toute une série de changements intervenant dans des régions actives de l'atmosphère solaire; il s'agit de l'activité solaire. Elle se manifeste essentiellement sous forme de *taches solaires* dans la photosphère. Ce sont des régions dans lesquelles règne une température plus basse (de 1500 K inférieure à celle de la photosphère environnante). Les taches se présentent habituellement en groupes et leur nombre varie: l'activité solaire connaît des périodes de onze ans. Le dessin de la page ci-contre représente le Soleil lorsque son activité est maximale. On parle de «Soleil calme» lorsque son activité est minimale; parfois il ne porte pas de taches.

Nous remarquons sur le bord du disque solaire de nombreuses zones plus claires dans la photosphère appelées *facules*. Elles sont souvent regroupées en vaste champs de facules, surtout à proximité des taches solaires.

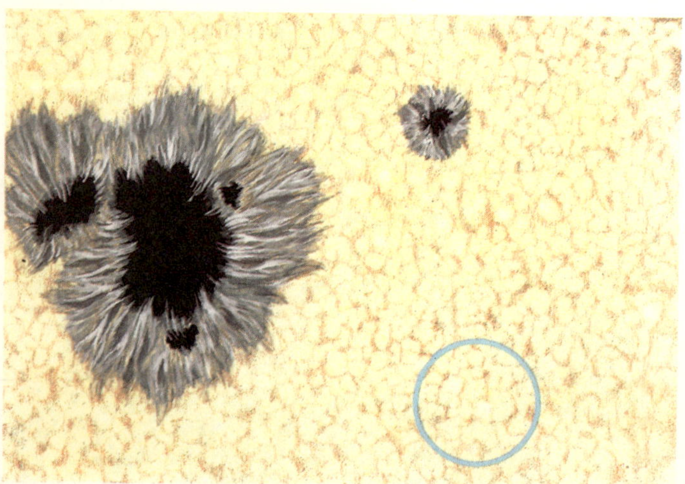

Une tache solaire développée est constituée par une ombre foncée centrale entourée par une pénombre plus claire à structure filamenteuse. Les grandes taches solaires ont des diamètres supérieurs à celui de la Terre (petit cercle bleu).

LE SOLEIL

La chromosphère et les protubérances solaires

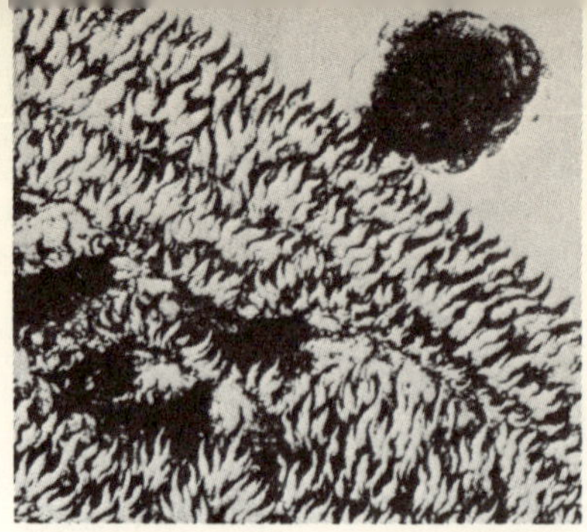

Le Soleil avec des taches et des protubérances. Kircher et Scheiner, 1635.

L'atmosphère solaire se compose de trois couches: à proximité du noyau se trouve la *photosphère* («boule lumineuse»), au-dessus d'elle jusqu'à une altitude de 10 000 km s'étend la *chromosphère* («boule de couleur») à laquelle succède la *couronne*, couche la plus éloignée qui s'étale loin dans l'espace interplanétaire.

La chromosphère est constituée par des gaz si peu denses qu'en observant normalement le Soleil à la lumière visible on ne l'aperçoit pas. Nous pouvons la remarquer très brièvement à l'œil nu au cours d'une éclipse totale du Soleil, lorsque la photosphère très rayonnante est dissimulée par le disque lunaire. La chromosphère ressemble alors à une étroite bordure qui ceint le disque solaire noir; la chromosphère ne rayonne que dans certaines raies spectrales (ces notions sont explicitées page 222), surtout dans la lumière rouge de l'hydrogène, dans la raie spectrale Hα. On peut utiliser cette spécificité pour observer la chromosphère en dehors d'une éclipse. En utilisant un filtre spécial on choisit dans le spectre solaire la raie Hα en éliminant ainsi toutes les autres longueurs d'ondes perturbantes. Il est ensuite possible d'observer la chromosphère non seulement au bord du disque mais aussi sur le disque lui-même comme l'indique le dessin de droite de la page ci-contre.

Des régions actives dans lesquelles se manifeste l'activité solaire se situent là où le champ magnétique est puissant et variable. Dans la chromosphère se forment des *facules* claires, surtout à proximité des taches solaires. Il se produit parfois de brusques «sursauts» dans le champ des facules: ce sont des *éruptions chromosphériques* accompagnées de puissantes émissions d'énergie qui peuvent fortement influencer les phénomènes se produisant sur la Terre. L'observation des éruptions et de l'activité solaire a des implications très pratiques.

Des nuages brillants et des courants de plasma s'élèvent au-dessus de la chromosphère dans la couronne: ce sont des *protubérances*, phénomènes merveilleux et passionnants de l'univers. Avec leurs formes variables à l'infini, leur «danse» étonnante et gracieuse, leur puissance qui laisse supposer l'existence d'une formidable énergie dissimulée dans le Soleil, elles nous offrent un spectacle grandiose.

Détail de la chromosphère telle qu'elle apparaît au-dessus du bord caché du disque solaire. De nombreuses colonnes de gaz jaillissent de la chromosphère, formant des proéminences pointues: les *spicules*. Cela ressemble à une mer de feu au-dessus d'une prairie.

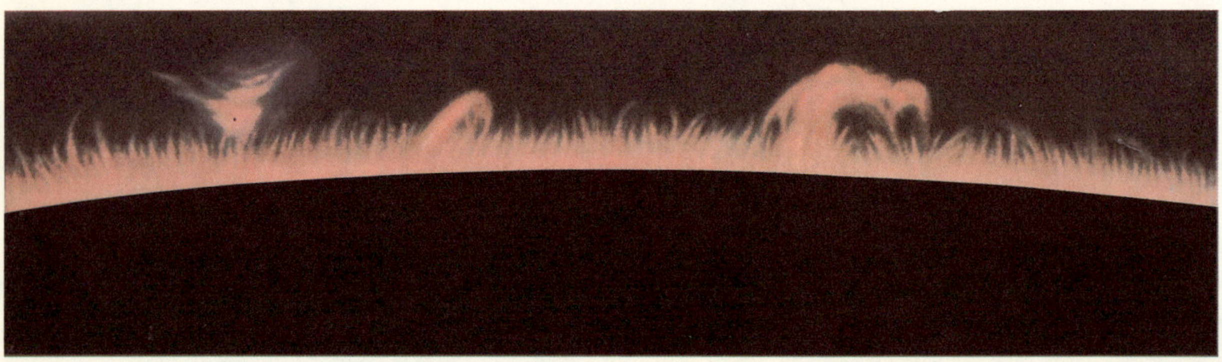

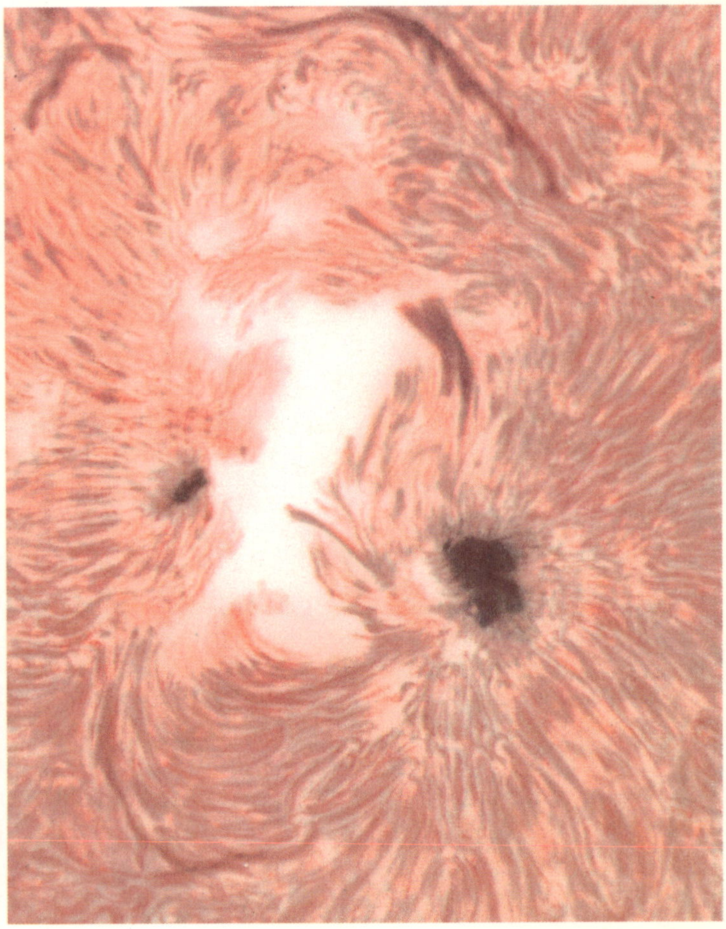

Ci-dessus: la chromosphère solaire dans une région active à proximité d'un groupe de taches; le champ magnétique est puissant. Des fibres fines de plasma — *fibrilles* — se forment le long des lignes de force magnétiques. Les longues fibres sombres sont des *filaments*, silhouettes des protubérances sur le disque solaire. Les petites taches blanches sont des *facules*. Le grande surface blanche au milieu est une *éruption chromosphérique*.

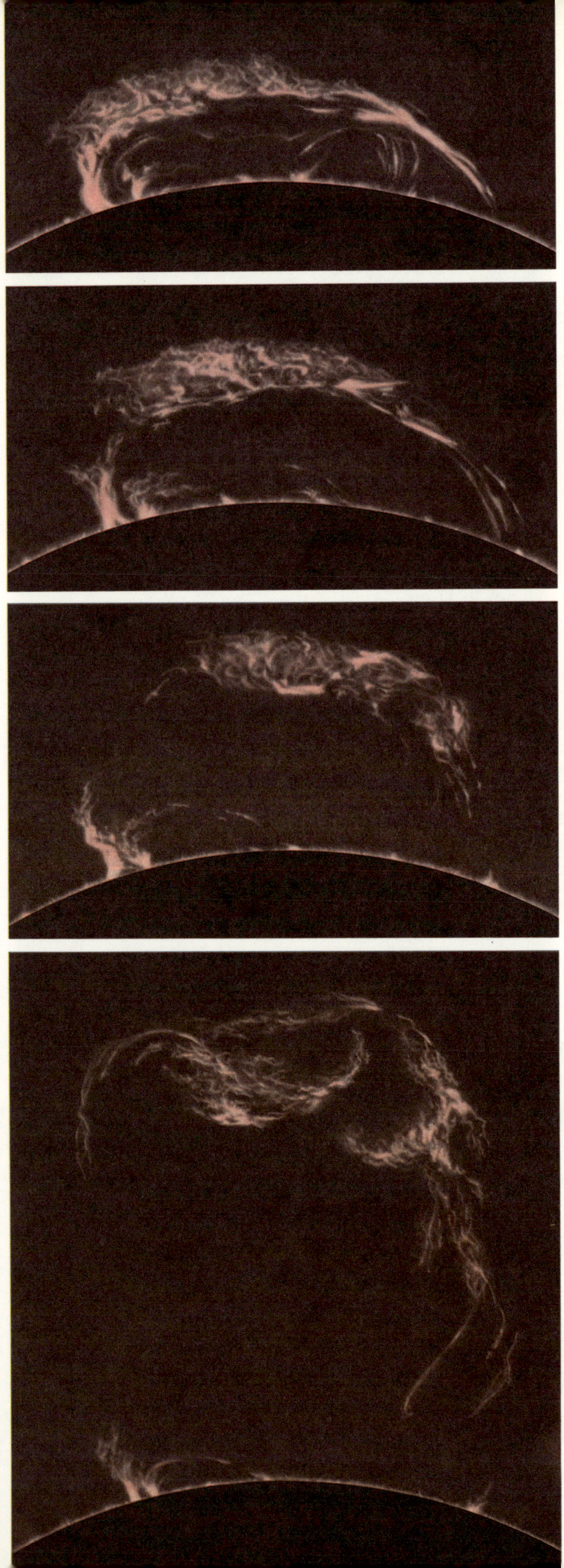

A gauche, de haut en bas: développement d'une gigantesque protubérance qui, en 6 heures, a atteint une hauteur de 600 000 km.

LE SOLEIL

La couronne

La couronne pendant l'éclipse totale du Soleil en 1858.

Très peu d'élus ont la chance d'assister ne serait-ce qu'une fois dans leur vie à une éclipse totale du Soleil. Pendant les quelques brèves minutes que dure ce phénomène, on peut regarder admirativement ce précieux tableau qui a ému plus d'une génération de Terriens. Par une heureuse coïncidence, la Lune est assez grande et assez éloignée de la Terre pour paraître aussi grosse que le Soleil dans le ciel. C'est pour cette raison qu'elle peut dissimuler le Soleil au regard de l'observateur terrien dans des conditions très particulières; en fait elle dissimule la photosphère solaire. Nous pouvons alors observer à l'œil nu la couche supérieure de l'atmosphère appelée couronne; elle ressemble à une lueur argentée dont la luminosité diminue en s'éloignant de la surface solaire. La luminosité de la couronne est 100 000 fois plus faible que celle de la photosphère. Les gaz y sont un billion de fois moins denses que dans l'air que nous respirons. La couronne a une température étonnamment élevée, elle dépasse le million de degrés.

La couronne solaire s'étend très loin dans l'espace interplanétaire, jusque derrière l'orbite de la Terre. C'est le champ magnétique du Soleil qui forme à l'intérieur de la couronne des cercles de rayons «coronaires» complexes qui suivent les lignes de force magnétiques (dessin de droite). L'activité solaire dépend étroitement des variations du champ magnétique (voir pages 94 et 96). Les formes caractéristiques de la couronne dans les périodes d'activité maximale et minimale sont également des manifestations de l'activité solaire.

La couronne peut être observée à n'importe quel moment, indépendamment des éclipses, avec les méthodes modernes d'investigation. L'observation de la couronne à partir du cosmos est tout à fait satisfaisante; en effet, l'atmosphère n'est plus un obstacle pour observer les rayons X du Soleil. On a pu découvrir ainsi dans la couronne des régions foncées, relativement plus froides: ce sont les trous de la couronne (dessin du bas) qui seraient source de courants de particules, pénétrant très profondément dans l'espace et influençant certains phénomènes sur la Terre.

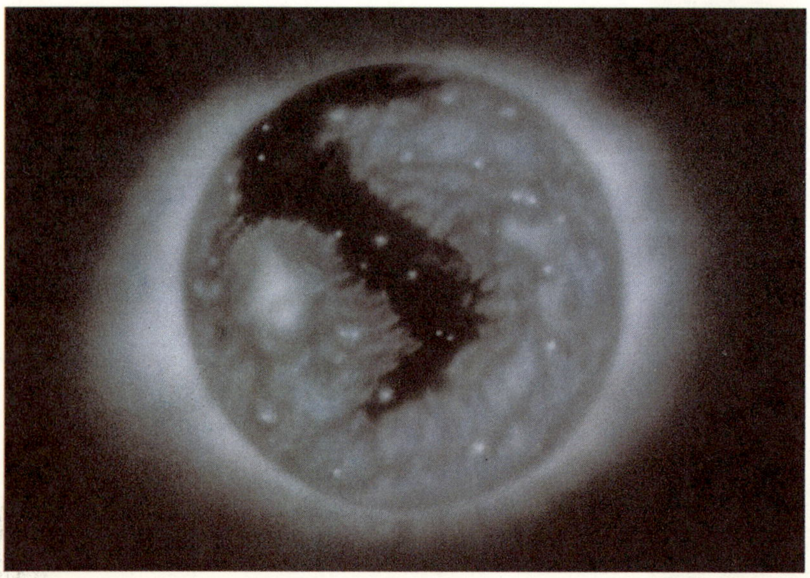

Sur un cliché radio du Soleil, la photosphère n'est pas visible; on ne remarque que les parties les plus chaudes de la couronne qui se projettent aussi sur le disque solaire (il est beaucoup plus froid et donc plus sombre). La grande tache sombre en forme de «S» est un trou de couronne.

Formes caractéristiques de la couronne en période maximum (à gauche) et minimum (à droite) de l'activité solaire.

LES ÉTOILES

Le diagramme température—luminosité

Le savant et le profane.
Gravure sur bois médiévale.

Le diagramme température—luminosité, appelé également diagramme de Hertzsprung-Russell ou encore diagramme H-R, illustre bien la variété du monde stellaire. Il est présenté sous une forme simplifiée à la page ci-contre. Les étoiles sont placées dans le diagramme selon leur température (classes spectrales) et selon leur luminosité L (ou bien magnitude stellaire absolue M). La fraction $L : L_{\odot}$ donne le rapport de la luminosité d'une étoile à la luminosité du Soleil.

Nous avons indiqué à la page 10 que les étoiles se regroupent dans le diagramme H-R autour de certaines lignes, qu'elles n'occupent pas toute la surface du diagramme. La majeure partie des étoiles y compris le Soleil ($\odot$) se situe sur «la séquence principale» (ligne a). Un fort pourcentage d'étoiles se regroupe sur la branche géante (g), un nombre plus restreint sur la branche des supergéantes (c); ce sont des étoiles dont la luminosité est exceptionnelle: elle dépasse 10 000 soleils. Les naines blanches (d) et les naines rouges (b) présentent une luminosité plus faible, elles sont 10 000 fois moins lumineuses que le Soleil; c'est pourquoi elles ne sont observables qu'à de petites distances.

A de grandes différences de luminosité correspondent de grandes différences de taille des étoiles. En haut du tableau figurent quelques géantes et supergéantes comparées au petit disque insignifiant du Soleil qui ne mesure là qu'un millimètre de diamètre. Par contre, dans le bas du tableau, le Soleil est gigantesque en comparaison de certaines naines blanches et rouges dont la taille minuscule est mise en relief par le disque marron représentant la Terre.

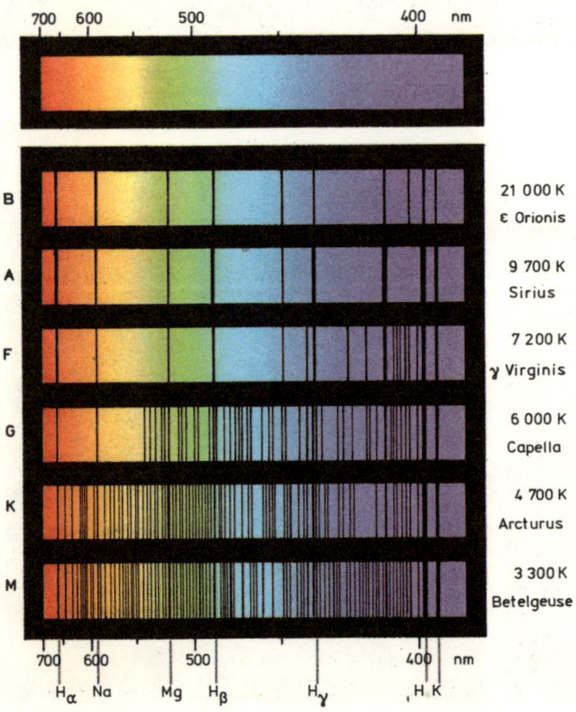

Sur le croquis de gauche figurent des exemples de spectres d'étoiles brillantes avec leur température de surface exprimée en Kelvin (K). Les longueurs d'onde sont exprimées en nanomètres (nm). En haut est représenté un spectre continu. Les spectres des étoiles contiennent de nombreuses raies sombres d'absorption qui témoignent des éléments chimiques contenus dans les étoiles. Des indices signalent la position des bandes de certains éléments. Les étoiles sont réparties en classes spectrales d'après l'existence et l'intensité de certaines raies dans le spectre. Les principales classes spectrales sont désignées par les majuscules: O, B, A, F, G, K, M. Les étoiles se différencient avant tout par leur température de surface et non pas par leur composition chimique.

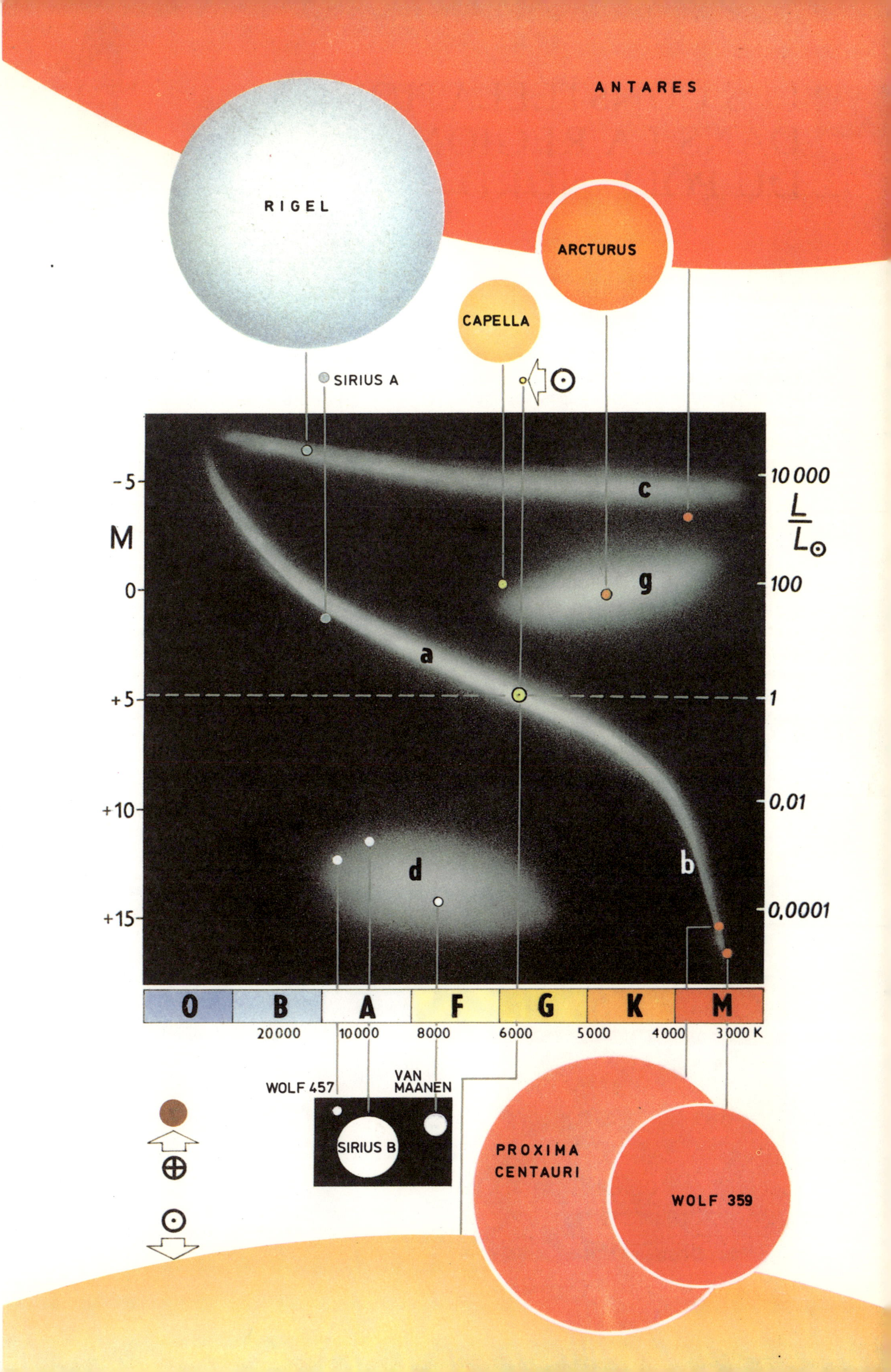
ANTARES
RIGEL
ARCTURUS
CAPELLA
SIRIUS A
M
-5
0
+5
+10
+15
10 000
L / L⊙
100
1
0,01
0,0001
c
g
a
b
d
O
B
A
F
G
K
M
20000
10000
8000
6000
5000
4000
3000 K
WOLF 457
VAN MAANEN
SIRIUS B
PROXIMA CENTAURI
WOLF 359

A LES CONSTELLATIONS DANS LA RÉGION DU PÔLE NORD

Céphée (détail).
Code astronomique
du XIVe siècle.

Sur la page ci-contre figure la première des six cartes illustrant le ciel du nord et du sud. Les cartes portent les lettres A à F; tout comme la carte générale de la page 210 elles indiquent la position et les limites de 88 constellations. Sur les cartes détaillées des pages suivantes, les limites des constellations et des groupes de constellations sont représentées par des traits épais, certains objets célestes y figurent également. Les coordonnées astronomiques de cet atlas (ascension droite α et déclinaison δ) sont valables pour l'époque 2000, 0.

La constellation la plus notable dans le ciel du nord est *Ursa Major* (la Grande Ourse). Elle comprend un groupe de sept étoiles très caractéristiques appelé le Grand Chariot. Les habitants de l'hémisphère Nord connaissent bien cette constellation. Toute personne souhaitant s'orienter dans le ciel devrait débuter avec cette configuration très apparente dans l'hémisphère boréal. La droite reliant les étoiles Dubhe et Merak pointe en direction de l'étoile Polaire *(Polaris)* dans la constellation *Ursa Minor* (la Petite Ourse) connue également sous le nom de «Petit Chariot». L'étoile Polaire se situe à moins d'un degré du pôle Nord (milieu de la carte). Entre la Grande Ourse et la Petite Ourse se déploie la constellation du Dragon *(Draco)* dont la tête est quadrangulaire.

Si l'on parcourt la distance qui sépare le Grand Chariot de la Polaire, puis la même distance de l'autre côté du pôle, on trouve dans la Voie lactée les cinq étoiles très brillantes de la constellation de Cassiopée qui dessinent un «M» ou un «W». Elle représente également une des constellations les mieux connues par les observateurs du ciel boréal. Nous trouvons à proximité l'amas double ouvert Khi et «h» dans Persée qui ressemble à l'œil nu à un petit nuage brumeux. Entre Cassiopée et le Dragon s'étend la constellation peu apparente *Cepheus*. Les astronomes amateurs prétendent au sujet des constellations *Camelopardalis* (la Girafe) et *Lynx* (le Lynx) qu'elles se situent «là où il n'y a plus rien». Elles contiennent des petites étoiles faibles, visibles uniquement dans d'excellentes conditions d'observation.

Symboles utilisés dans les cartes stellaires

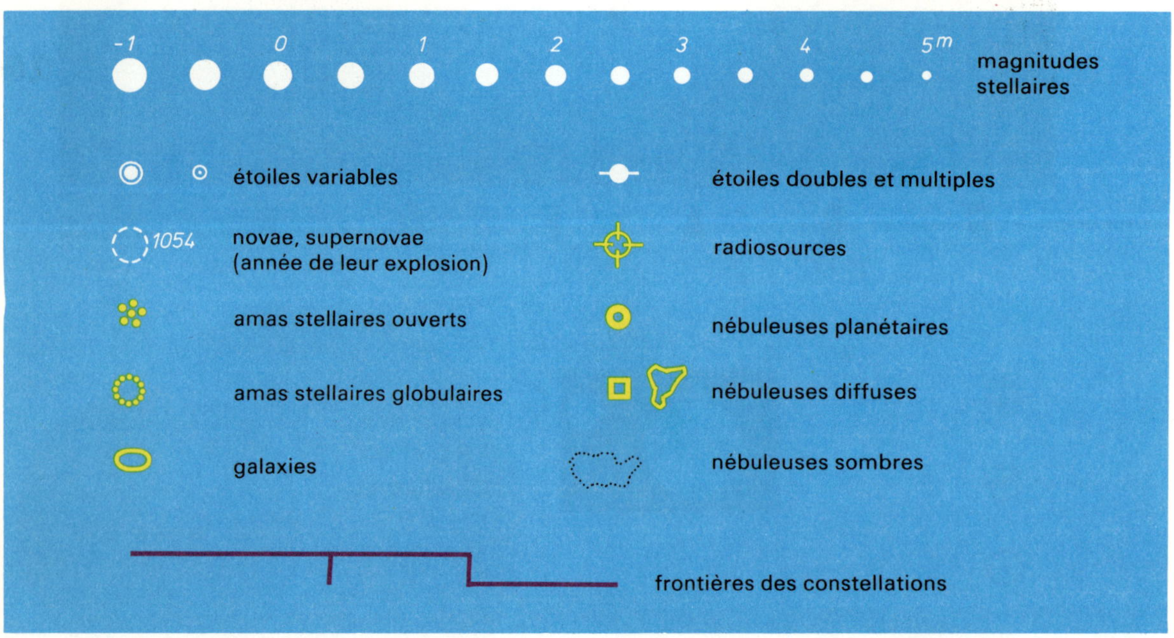

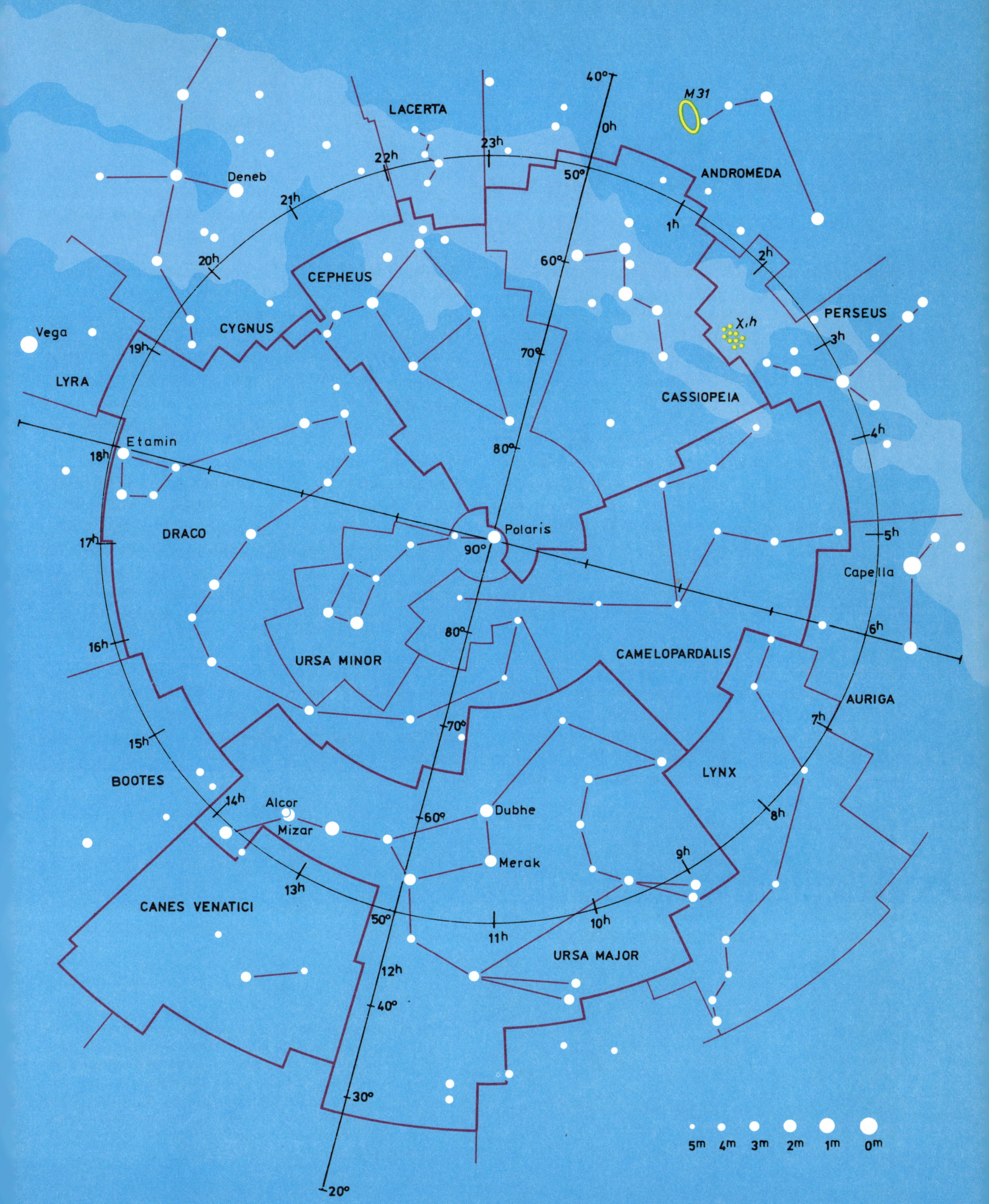
M 31
LACERTA
ANDROMEDA
Deneb
CEPHEUS
PERSEUS
χ, h
CYGNUS
Vega
LYRA
CASSIOPEIA
Etamin
DRACO
Polaris
Capella
URSA MINOR
CAMELOPARDALIS
AURIGA
LYNX
BOOTES
Alcor
Mizar
Dubhe
Merak
CANES VENATICI
URSA MAJOR
0h
1h
2h
3h
4h
5h
6h
7h
8h
9h
10h
11h
12h
13h
14h
15h
16h
17h
18h
19h
20h
21h
22h
23h
90°
80°
70°
60°
50°
40°
30°
20°
5m
4m
3m
2m
1m
0m

CAMELOPARDALIS

Camelopardalis · Cam · la Girafe

DRACO

Draconis · Dra · le Dragon

URSA MINOR

Ursae Minoris · UMi · la Petite Ourse, le Petit Chariot

Le Dragon (détail). Code astronomique du XIVe siècle.

Alpha du Dragon ou Thuban: $\alpha = 14$ h 04,4 mn $\beta = +64°22'$; 3,6^m, classe spectrale A0, distance de la Terre: 215 années-lumière. A joué le rôle d'étoile Polaire pour les Égyptiens dans l'Antiquité; en 2830 avant notre ère Thuban se situait à 10′ du pôle céleste.

Alpha de la Petite Ourse ou étoile Polaire: $\alpha = 2$ h 31,2 mn $\delta = +89°15'$; 2,0^m, classe spectrale F8, distance de la Terre supérieure à 300 années-lumière, supergéante 1600 fois plus brillante que le Soleil. Variable céphéide: variation d'éclat de 0,1^m, dans une période de 3,9696 jours. L'étoile Polaire est une binaire serrée dont les composants sont très rapprochés: un compagnon invisible gravite autour d'elle en 30,5 années. Distance du pôle céleste: moins de 1°; étoile capitale pour l'orientation et la navigation.

Nu du Dragon: $\alpha = 17$ h 32,2 mn $\delta = +55°\ 10'$; étoile double pour petit télescope. 4,95^m et 4,98^m, distance angulaire entre les deux composants: 62″, même spectre A5; luminosité: 11 soleils. Distance de la Terre: 120 années-lumière.

NGC 6543 (en haut, à droite): $\alpha = 17$ h 58,6 mn $\delta = +66°\ 36'$; une des plus brillantes nébuleuses planétaires. Petites dimensions angulaires (22″ × 16″). Sa structure en spirale apparaît sur des photographies. Diamètre réel: un tiers d'année-lumière. Distance de la Terre: environ 3200 années-lumière. Étoile centrale très chaude: 9,5^m, température: 35 000 K, luminosité: presque 100 soleils.

NGC 2403 (en bas, à droite): $\alpha = 7$ h 36,8 mn $\delta = +65°37'$: galaxie située près des frontières du groupe local de galaxies. Observée avec de simples jumelles, elle ressemble à une grande tache brumeuse. 8,8^m, dimensions angulaires 10′ × 16′. Distance de la Terre: 8 millions d'années-lumière. Diamètre réel: 37 000 années-lumière.

NGC 2523 (troisième figure à partir du haut): $\alpha = 8$ h 15,0 mn $\delta = +73°\ 36{,}1'$; galaxie spirale barrée inhabituelle. 12,7^m, dimensions angulaires 1,8′ × 1,4′.

NGC 5866 (deuxième figure à partir du haut); $\alpha = 15$ h 06,5 mn $\delta = +55°45'$; galaxie observée de côté, présentant une ceinture étroite et sombre le long de l'équateur. 11,1^m, dimensions angulaires 2,9′ × 1,0′.

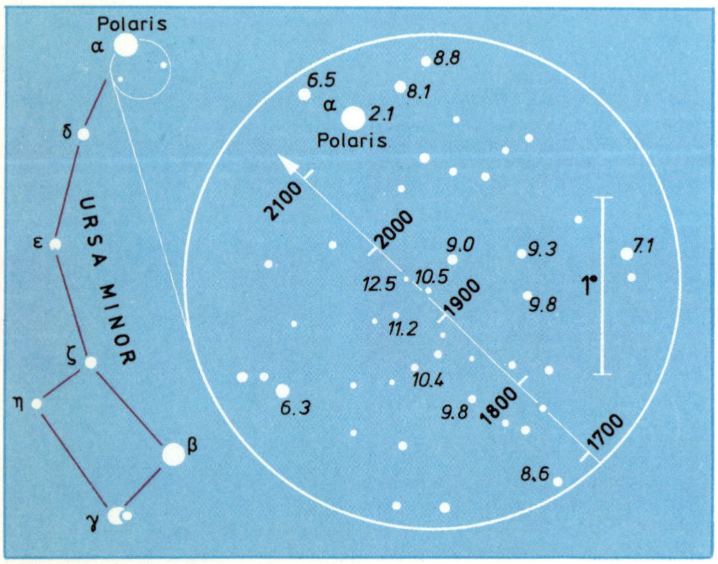

En raison du mouvement de précession de l'axe terrestre, la position du pôle Nord céleste n'est pas fixe parmi les étoiles. En 2102 l'étoile Polaire sera très proche du pôle (27′31″). Si l'on désire déterminer la taille de petites étoiles visibles uniquement avec un certain type de télescope, on peut utiliser les étoiles faibles dont nous connaissons les magnitudes et qui sont situées près du pôle (séquence polaire Nord).

Vue au télescope avec un faible grossissement, la nébuleuse planétaire NGC 6543 ressemble à une étoile diffuse. Avec un grossissement plus important, on aperçoit un disque brumeux, de couleur bleu-vert, rappelant l'image floue d'une étoile. Il est difficile de distinguer l'étoile centrale (9,5^m) dans l'arrière-plan clair de la nébuleuse.

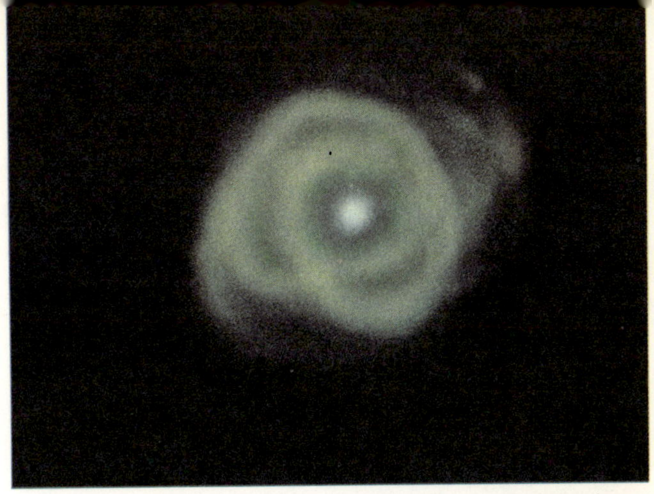

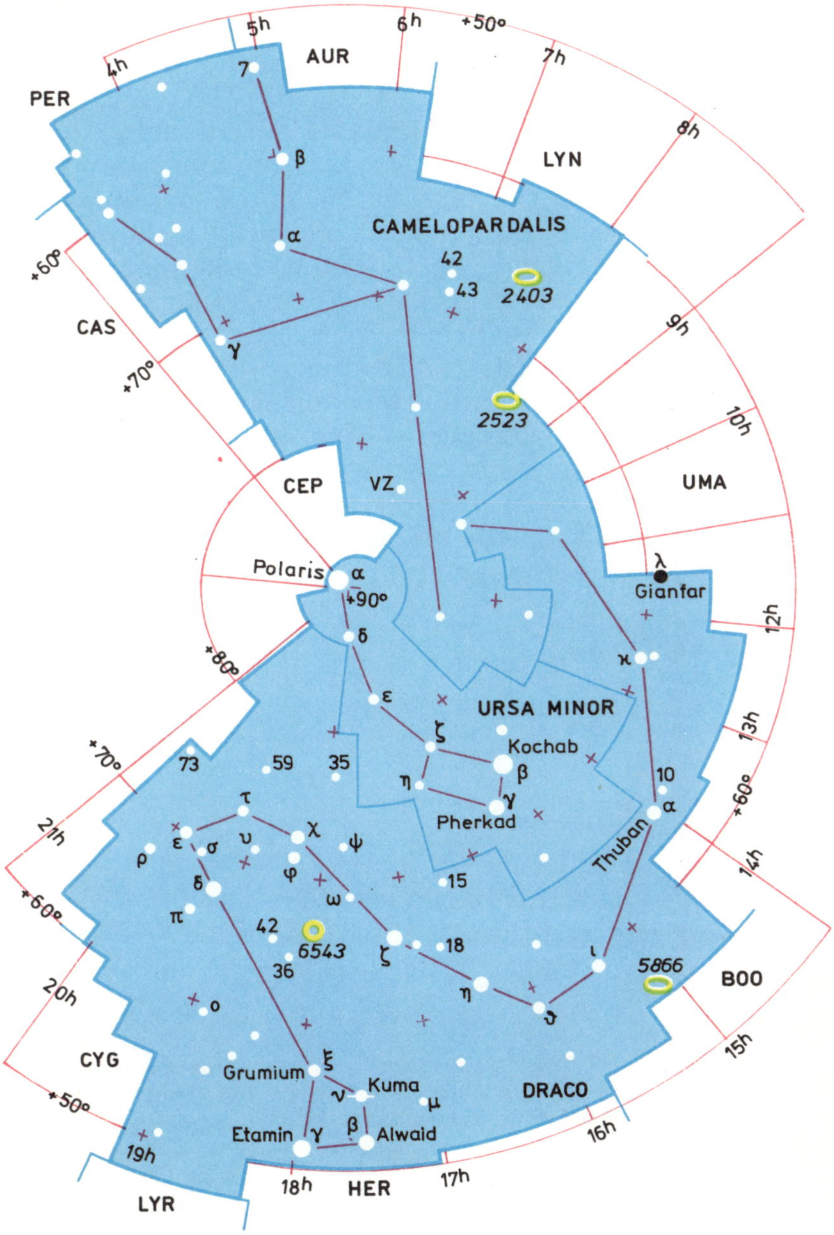

CAS CASSIOPEIA

Cassiopeiae · Cas · Cassiopée

CEP CEPHEUS

Cephei · Cep · Céphée

Cassiopée (détail).
Code astronomique
du XIVe siècle.

Gamma de Cassiopée ou Cih: α = 0 h 56,7 mn δ = +60° 43′; variable irrégulière, sous-géante, spectre B0. En 1937 magnitude maximum 1,6 (puis l'enveloppe gazeuse s'est dégagée de l'étoile); en 1940 : 3,0^{m}; elle a ensuite atteint 2,2^{m}. Distance de la Terre évaluée à 100 années-lumière.

Rhô de Cassiopée: α = 23 h 54,4 mn δ = 57° 30′; variable irrégulière; 4,4^{m} maximum, 5,1 à 6,0^{m} minimum. Spectre variable entre F8 et M5. Distance de la Terre évaluée à 200 années-lumière.

Mu de Céphée ou Astre Grenat: α = 21 h 43,5mn δ = +58° 47′; couleur rouge orange évidente. Variable irrégulière, variations de 3,7 à 5,0^{m}; distance de la Terre estimée entre 800 et 1200 années-lumière. Supergéante rouge, plusieurs centaines de soleils de diamètre.

VV de Céphée: α = 21 h 56,6 mn δ = +63° 37′; binaire à éclipses, variation d'éclat de 6,7 à 7,4^{m}. Spectre M2 (supergéante rouge) et B9. La supergéante rouge passait pour la plus grande étoile connue autrefois (1600 soleils); des mesures récentes lui attribuent un diamètre moindre (400 soleils).

SN 1572 ou étoile de Tycho: α = 0 h 25 mn δ = +64° 09′; éclat maximum comparable à celui de Vénus (luminosité 300 millions de soleils), visible à l'œil nu pendant 16 mois. Distance de la Terre supérieure à 10 000 années-lumière. Les signaux radio provenant de cette région montrent qu'il existe une nébuleuse gazeuse en expansion résultant de l'explosion d'une supernova non identifiée.

M 52 — NGC 7654: α = 23 h 24,2 mn δ = +61° 35′; amas d'étoiles ouvert, riche, qui contiendrait 200 étoiles dans un cercle de 12′. Concentration: plus de 50 étoiles par parsec cube au centre de l'amas stellaire. Distance de la Terre estimée entre 3000 et 5400 années-lumière. Diamètre réel 10 à 15 années-lumière.

NGC 7635 ou nébuleuse Bulle (voir page ci-contre, en bas à droite): α = 23 h 20,7 mn δ = +61° 10′. Elle doit son nom à une enveloppe gazeuse inhabituelle qui ressemble à une grosse bulle. Ce pourrait être une nébuleuse planétaire atypique ou bien les résidus d'une ex-nova.

NGC 147 et **NGC 185:** galaxies elliptiques, liées à M 31 (voir page 118).

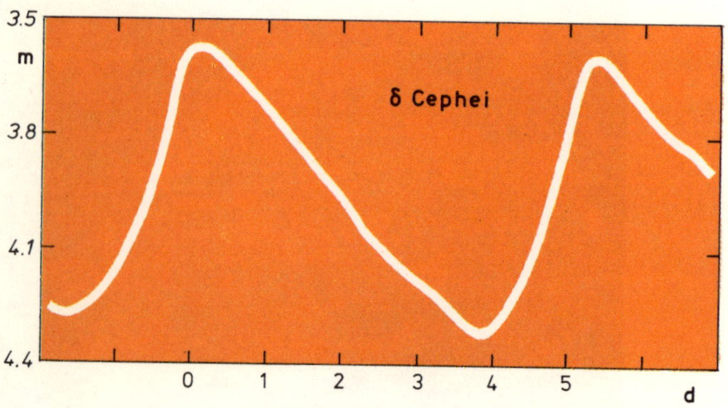

Courbe de lumière de l'étoile pulsante **Delta de Céphée.** Archétype des variables à courte période appelées céphéides (voir la définition des céphéides page 219). Delta de Céphée est une supergéante de 30 soleils de diamètre, sa luminosité maximum équivaut à 3300 soleils, la distance de l'étoile à la Terre est supérieure à 1000 années-lumière. Elle subit des variations d'éclat de 3,6^{m} à 4,3^{m} dans une période de 5 jours 8 h 48 mn.

Galaxie **NGC 6946:** α = 20 h 34,8 mn δ = +60° 09′; objet très difficilement discernable, 11^{m}. Dimensions angulaires 9,0′ × 7,5′. Sa distance de la Terre est estimée entre 10 et 20 millions d'années-lumière. C'est l'une des galaxies les plus proches au-delà du groupe local.

Amas d'étoiles ouvert M 52.

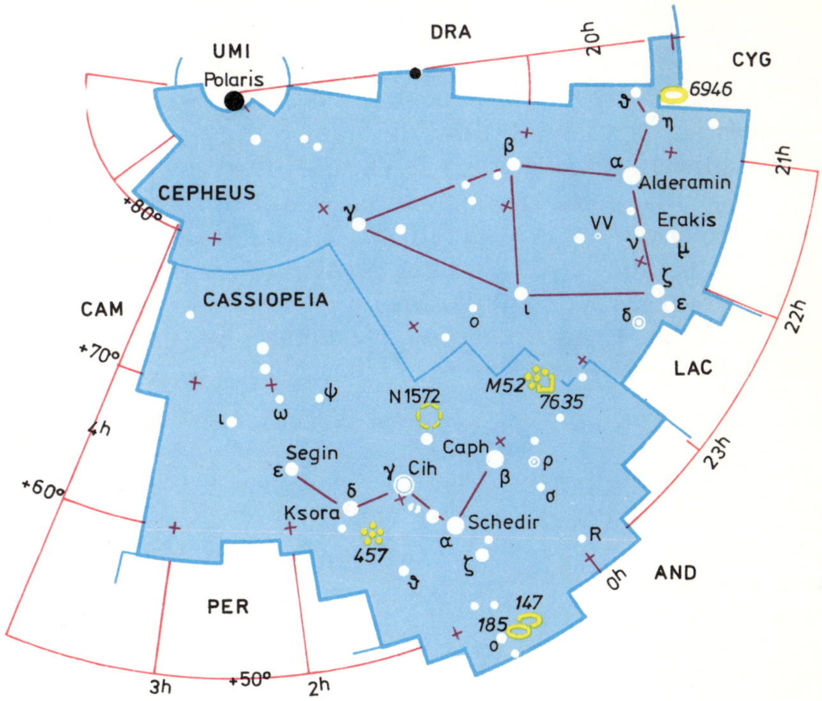

Cassiopée A. Restes d'une supernova qui daterait de 1680; puissante radiosource, diamètre angulaire 4′, distance de la Terre 11000 années-lumière environ. Les filaments d'une petite nébuleuse sont représentés en rouge, et les points de départ des radiations radio en bleu.

NGC 7635.

UMA

URSA MAJOR

Ursae Majoris · UMa · la Grande Ourse, le Grand Chariot

Le Grand Chariot.
P. Apianus, *Quadrans,* 1532.

La constellation la plus célèbre de la voûte céleste est sans conteste le Grand Chariot, dont les étoiles nous aident à localiser l'étoile Polaire et à nous orienter dans le ciel du Nord. Ce système contenant sept étoiles attire immédiatement notre regard. En fait, il appartient lui-même à une constellation plus vaste: celle de la Grande Ourse, qui contient des étoiles moins brillantes. Nous nous familiariserons avec sa configuration grâce à la carte. Il faut se souvenir du «museau» (Omicron UMa) des «pattes antérieures» (le triangle des étoiles Thêta, Iota et Kappa) et des «pattes postérieures» (avec le triangle Psi, Lambda, Mu).

Le Grand Chariot n'est pas un groupe d'étoiles dû au hasard. A part Dubhe (α UMa) et Benetnash (η UMa), les cinq autres étoiles se meuvent dans l'espace et constituent avec douze étoiles situées à divers endroits de la voûte céleste un amas d'étoiles mobile, le plus proche de nous. Le centre de l'amas stellaire *Ursa Major* se situe à quelque 75 années-lumière de la Terre et ses dimensions réelles atteindraient 30 années-lumière. L'amas se déplacerait à une vitesse de 14 km/s en direction de la constellation du Sagittaire. Les étoiles membres de cet amas présentent des propriétés physiques similaires, ce qui témoigne d'une origine commune. Une formation de type comparable existe dans la constellation du Taureau: les Hyades (voir page 138).

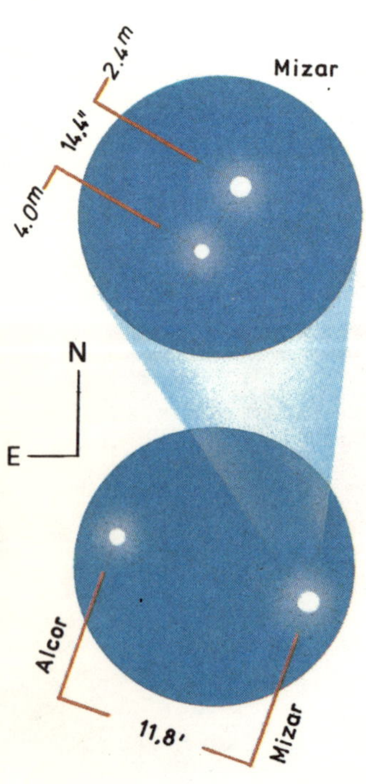

Mizar et **Alcor:** $\alpha = 13$ h 23,9 mn $\delta = +54° 56'$; la plus célèbre étoile multiple. A l'œil nu, nous ne distinguons que deux étoiles; la brillante Mizar (Zeta UMa, $2{,}4^m$) et à 11,8′ à l'est Alcor (80 UMa, $4{,}0^m$). Même avec un petit télescope nous apercevons deux composants pour Mizar $2{,}4^m$ et $4{,}0^m$. distants de 14,4″. Ce fut la première étoile double découverte (par Riccioli en 1650), ainsi que la première binaire spectroscopique résolue par Pickering en 1889. Le plus petit composant de Mizar est lui-même formé par un système de trois petites étoiles rapprochées. Mizar est distant de la Terre de 88 années-lumière.

Alcor est également une binaire spectroscopique située à un quart d'année-lumière de Mizar. Alcor et Mizar se déplacent avec les étoiles membres de l'amas stellaire *Ursa Major*.

La galaxie **M 101 — NGC 5457:** α = 14 h 03,3 mn δ = +54°22′; un des plus beaux échantillons de galaxie de type Sc (spirale) avec de gigantesques bras spiralés. Distance de la Terre: 15 millions d'années-lumière. Diamètre angulaire 20′, diamètre réel se situant dans les 90 000 années-lumière.

La «nébuleuse du Hibou», nébuleuse planétaire **M 97 — NGC 3587.** α=11 h 14,8 mn δ=+55°00′. Diamètre angulaire 3′, faible éclat de surface. Distance de la Terre non définie, entre 16 000 et 10 000 années-lumière. La température de surface de l'étoile centrale serait de 85 000 K.

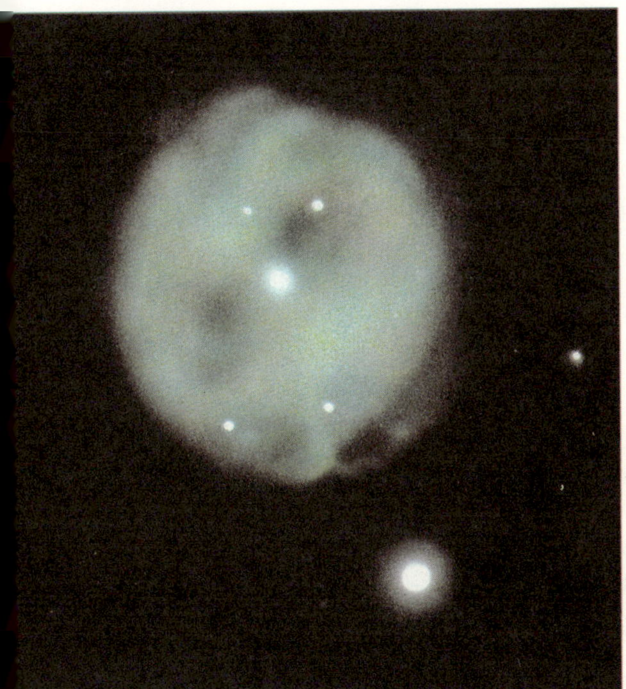

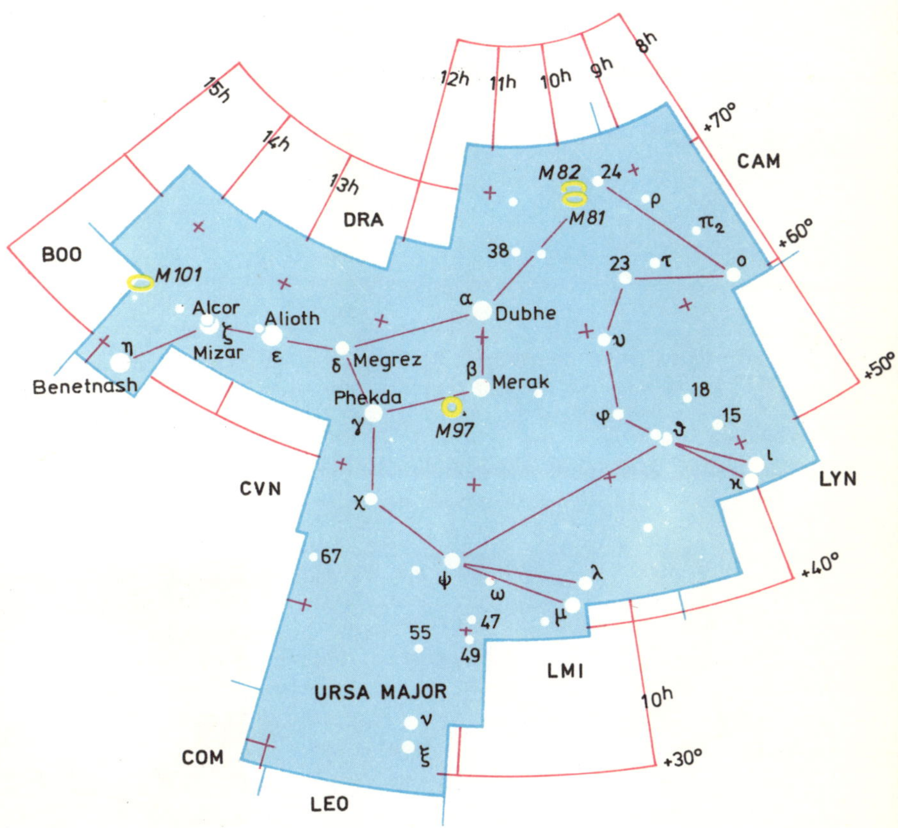

UMA

GROUPE DE GALAXIES DANS LA CONSTELLATION URSA MAJOR

La Grande Ourse. Cellarius, *Harmonia macrocosmica*, 1763.

Dans la constellation du Grand Chariot se situerait le groupe de galaxies le plus proche au-delà du groupe local. Le noyau de ce groupe est constitué par le couple très apparent de galaxies M 81 et M 82 (page ci-contre, à gauche), distantes l'une de l'autre de 38′. Elles sont facilement observables au petit télescope. Le groupe se composerait de douze membres et serait distant de la Terre de 9 millions d'années-lumière.

M 81 — NGC 3031 (en bas, à droite): $\alpha = 9$ h 55,6 mn $\delta = +69° 04'$, vu avec un petit télescope le noyau massif de la galaxie ressemble à un petit nuage brumeux ovale. Ses bras en spirale apparaissent sur les photographies, ils sont remarquablement symétriques et se résolvent sur des nuages d'étoiles. Des courants de matière interstellaire foncée soulignent la structure en spirale même dans les parties centrales de la galaxie. Dimensions angulaire de M 81: $18' \times 10'$, diamètre réel : 36 000 années-lumière environ, luminosité : 20 milliards de soleils, masse totale : environ 250 milliards de soleils.

M 82 — NGC 3034 (en haut, à droite): $\alpha = 9$ h 55,9 mn $\delta = +69° 41'$; galaxie claire, irrégulière, fuselée, présentant une structure très inhabituelle. Les courants de matière interstellaire la fractionnent en d'innombrables petites taches brumeuses. M 82 est une puissante radiosource et possède également un puissant champ magnétique. Sur les photographies réalisées avec des télescopes géants, on remarque des filaments provenant du centre de la galaxie. La matière qui compose les filaments (son volume équivaudrait à 5 millions de matière solaire) est éjectée du centre de M 82 à une vitesse atteignant 1000 km/s. Dimensions angulaires de M 82: $7' \times 1{,}5'$, diamètre réel 16 000 années-lumière, masse totale 50 milliards de soleils.

La distance entre M 81 et M 82 serait de 100 000 années-lumière. Des observations radioastronomiques ont montré qu'un vaste nuage de gaz interstellaire relie les deux galaxies. Il se peut qu'il y a 100 millions d'années M 82 ait été plus proche de M 81, qui est plus massive. Par son action gravitationnelle elle aurait pu provoquer les phénomènes exceptionnels que nous pouvons observer sur M 82.

Carte de la partie centrale de M 81 avec deux membres de ce groupe. **NGC 3077** (au milieu) est une galaxie elliptique inhabituelle. Sa magnitude stellaire est 11^m, son diamètre angulaire est de 2,6′, elle possède des dimensions de «naine»: son diamètre n'excède pas 6000 années-lumière. **NGC 2976** (à droite) est également une galaxie très particulière; elle a la même taille que NGC 3077, mais n'aurait pas de structure en spirale.

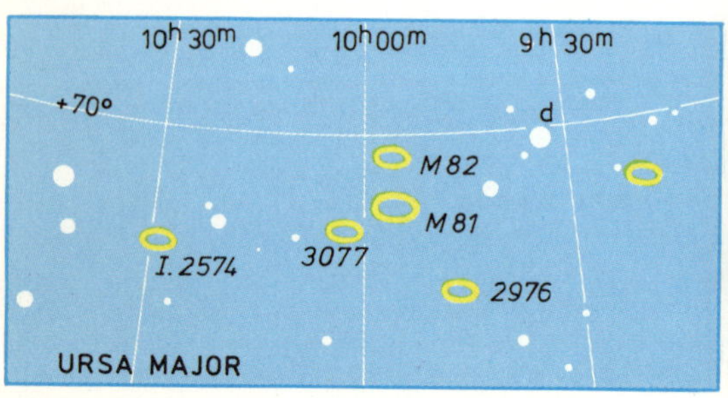

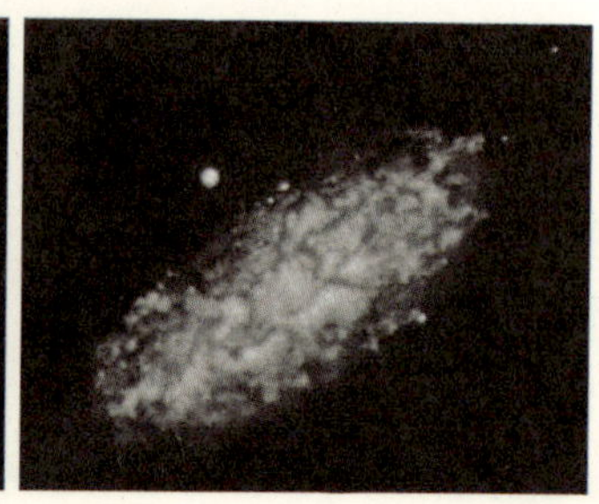

CANES VENATICI

Canum Venaticorum · CVn · les Chiens de Chasse

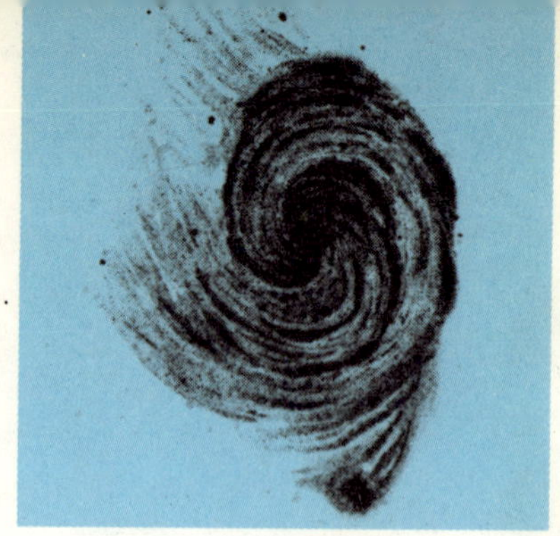

Galaxie M 51
d'après les observations
de Lord Ross.
Littrow, *Himmelsatlas,* 1854.

M 3 — NGC 5272 (au milieu, à gauche de la page ci-contre) $\alpha = 13$ h 42,3 mn $\delta = 28°22'$; l'un des plus riches et des plus beaux amas stellaires globulaires, visible même avec de simples jumelles. Diamètre angulaire au petit télescope 10′; il peut atteindre 20′ sur des photographies. Distance de la Terre estimée entre 35 et 40 000 années-lumière, diamètre de l'amas: 220 années-lumière. Ce groupe contiendrait au minimum un demi million d'étoiles. Son âge est évalué à 10 milliards d'années.

M 94 — NGC 4736 (en bas, à gauche de la page ci-contre): $\alpha = 12$ h 50,9 mn $\delta = +41°08'$; galaxie brillante, compacte, presque circulaire, visible au petit télescope. Le diamètre angulaire du noyau brillant serait de 30″, la structure en spirale est discernable autour de 8′. Distance de la Terre: 20 millions d'années-lumière, diamètre réel: 33 000 années-lumière.

M 51 — NGC 5194 ou galaxie du Tourbillon (à droite de la page ci-contre): $\alpha = 13$ h 29,9 mn $\delta = +47°11'$; Lord Rosse a identifié pour la première fois en 1845 la structure en spirale de certaines galaxies en observant M 51. C'est l'une des galaxies les plus proches et les plus brillantes, dont la structure en spirale est très évidente; elle appartient au type Sc (spirale) selon la classification de Hubble. Éclat visuel 8^m, diamètre angulaire 10′, diamètre réel supérieur à 100 000 années-lumière, distance de la Terre: 35 millions d'années-lumière.

NGC 5195 est une galaxie satellite très intéressante, elle serait reliée au bord Nord d'un bras spiralé de M 51. Le satellite est situé en fait à l'arrière-plan et il est en partie dissimulé par des nuages de poussière foncée qui circulent dans le bras de M 51. Ce système que nous pouvons actuellement observer résulte de l'interaction des deux galaxies NGÇ 5195 et NGC 5194. Elles se seraient considérablement approchées l'une de l'autre il y a plusieurs centaines de millions d'années. M 51 a entre-temps changé d'apparence, ses bras spiralés se sont ouverts à leur extrémité. NGC 5159, la plus petite des deux galaxies, considérablement déformée pas l'action gravitationnelle de NGC 5194, se déplace actuellement en sens inverse de notre Galaxie. De nos jours, de puissants ordinateurs sont en mesure de simuler les rencontres ou bien les collisions de galaxies, ils peuvent également prévoir leur déroulement et leurs conséquences.

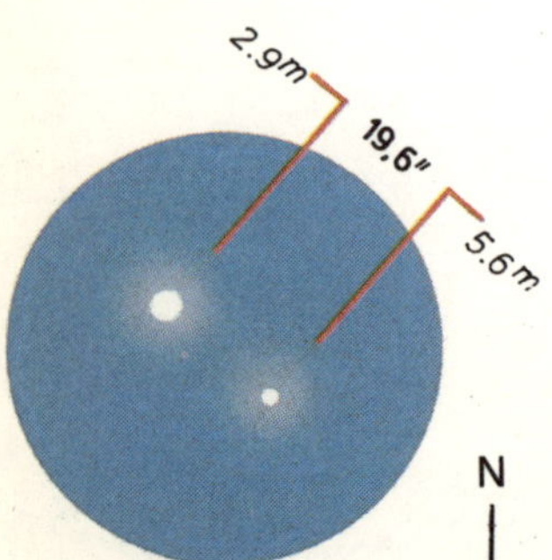

Alpha CVn ou **Cor Caroli** (Cœur de Charles): $\alpha = 12$ h 56,0 mn $\delta = +38°19'$. Elle a été ainsi baptisée en l'honneur du roi anglais Charles II. C'est l'une des binaires préférées des astronomes amateurs. Elle se situe entre 120 et 135 années-lumière de la Terre; luminosité des composants: 80 et 7 soleils.

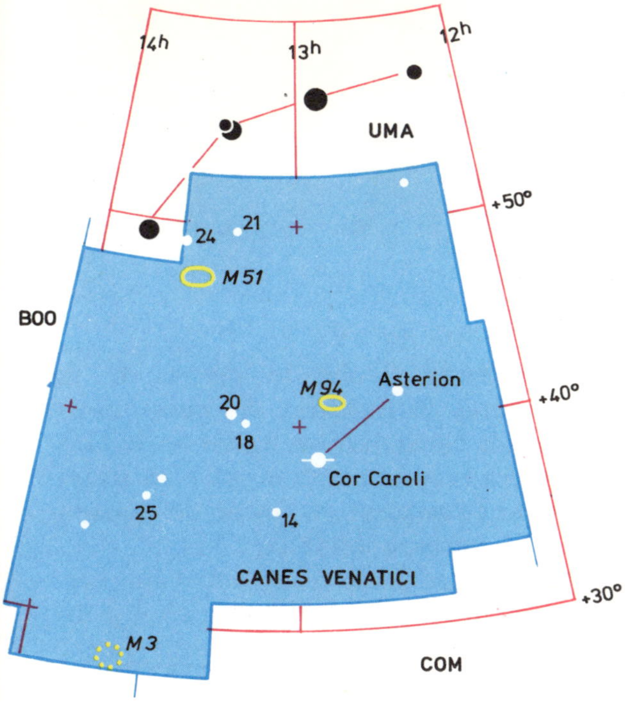

A droite: la célèbre galaxie du Tourbillon se situe à 3,5° au sud-ouest de l'étoile Eta UMa. Un petit nuage brumeux avec un centre brillant est visible au petit télescope.

M 3 — NGC 5272

M 94 — NGC 4736

Les Poissons (détail).
Code astronomique du XIVe siècle.

B LES CONSTELLATIONS D'AUTOMNE

La répartition des constellations en quatre groupes selon les saisons permet de les identifier rapidement la nuit à une saison donnée. Nous étudierons tout d'abord l'hémisphère Nord.

Dans le ciel automnal règne le carré de Pégase constitué par les étoiles Alpha, Bêta et Gamma de Pégase ainsi que par l'étoile Sirrah qui appartient à la constellation voisine d'Andromède. Si nous ajoutons au carré de Pégase les étoiles Mirach et Alamak d'Andromède ainsi qu'Algol, de la constellation de Persée, nous obtenons une figure comparable à celle du Grand Chariot (voir page 103). Ce sera notre point de départ pour nous orienter dans le ciel automnal. Au-dessus de cette figure se profile nettement le «W» de la constellation de Cassiopée; au sud sous Andromède se trouvent deux petites constellations: *Triangulum* (le Triangle) et *Aries* (le Bélier).

Le carré de Pégase s'étend au sud-est jusqu'au «V» ouvert de la constellation *Pisces* (les Poissons). La pointe du «V» des Poissons vise comme une grande flèche le centre de la constellation *Cetus* (la Baleine). A l'ouest, nous trouvons la petite constellation *Aquarius* (le Verseau), facilement reconnaissable grâce au triangle d'étoiles sur l'équateur en forme de «jarre» avec laquelle le Verseau verse de l'eau.

Dans l'hémisphère Sud, nous tenterons surtout de localiser les étoiles brillantes, c'est-à-dire Fomalhaut dans la constellation *Pisces Austrinus* (le Poisson Austral) et Achernar dans Éridan. Avec l'étoile Canopus de *Carina* (la Carène, voir page 198), les deux étoiles précédentes forment un trio très apparent, localisé pratiquement sur une droite qui nous aide à nous orienter. Au sud de Fomalhaut nous trouvons la splendide constellation *Grus* (la Grue). Nous ne pouvons apercevoir les constellations peu brillantes *Fornax* (le Fourneau) et *Sculptor* (l'Atelier du Sculpteur) que sous des conditions optimales d'observation.

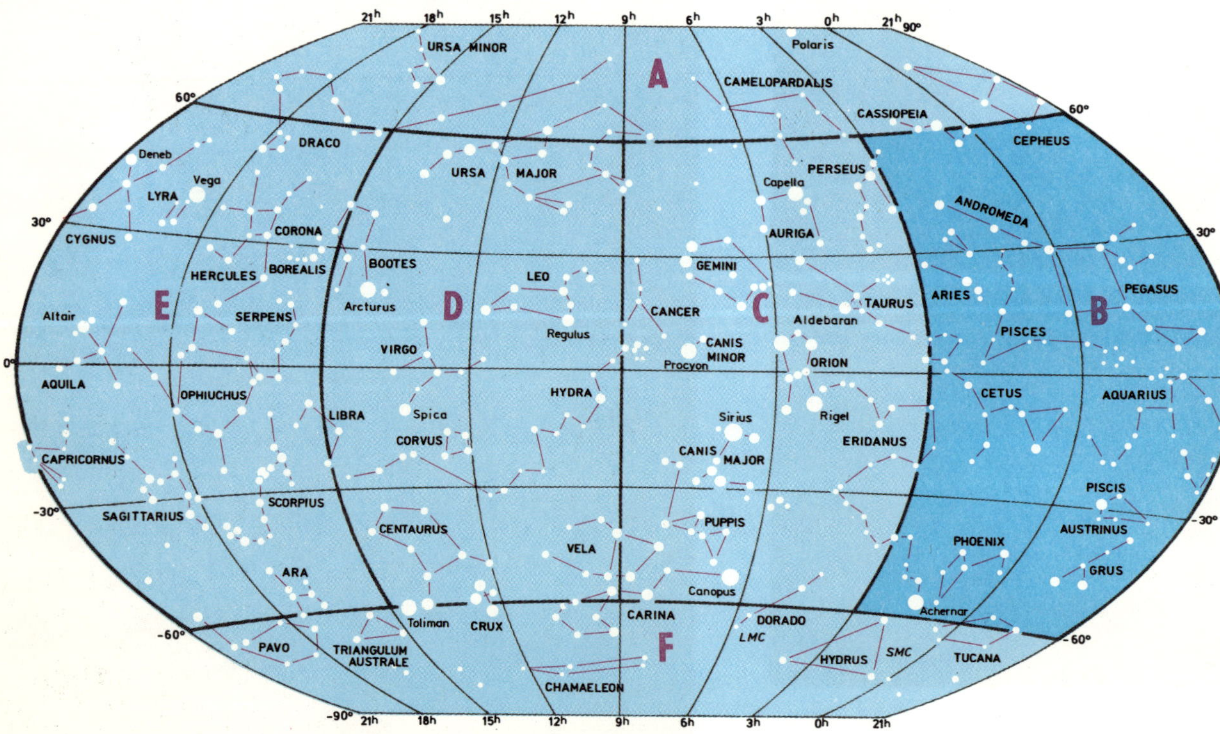

Cih
60°
CEPHEUS
χ, h
PERSEUS
CASSIOPEIA
50°
Deneb
Algol
Alamak
M 31
40°
LACERTA
ANDROMEDA
CYGNUS
Mirach
TRIANGULUM
30°
Sirrah
β
Hamal
20°
ARIES
γ
α
PEGASUS
ecliptica
10°
Enif
PISCES
EQUULEUS
3h
2h
1h
0h
23h
22h
21h
Mira
-10°
Deneb Kaitos
-20°
CETUS
AQUARIUS
CAPRICORNUS
-30°
Fomalhaut
MICROSCOPIUM
PISCIS AUSTRINUS
FORNAX
SCULPTOR
-40°
ERIDANUS
-50°
HOROLOGIUM
PHOENIX
GRUS
INDUS
RETICULUM
Achernar
-60°
TUCANA

ANDROMEDA

Andromedae · And · Andromède

TRIANGULUM

Trianguli · Tri · le Triangle

Andromède (détail). Code astronomique du XIVe siècle.

Deux célèbres galaxies, membres du groupe local, règnent dans cette région: il s'agit de M 31 dans Andromède (voir page 118) et de M 33 dans le Triangle.

M 33 — NGC 598 (en haut, à droite): α = 1h 33,9mn δ = +30° 40′; galaxie de type Sc (spirale). Visuellement elle apparaît comme une tache pâle, brumeuse, à peine distinguable; son diamètre angulaire est égal à celui de la Lune. Son faible éclat la rend difficilement observable. M 33 a des dimensions angulaires de 60′ × 35′ sur les photographies. Deux énormes bras spiralés se développent à partir du petit noyau brillant ainsi que plusieurs bras secondaires. Sur les photographies réalisées avec des télescopes géants, les bras se fondent dans les nuages d'étoiles et l'on peut reconnaître de nombreux objets semblables à ceux de notre Galaxie: étoiles variables, amas stellaires ouverts et globulaires, nébuleuses, etc. Distance de M 33: 2,4 millions d'années-lumière de la Terre; diamètre: quelque 60 000 années-lumière; luminosité totale: 3 milliards de soleils. Distance entre M 33 et M 31: environ 570 000 années-lumière.

NGC 7662 (page ci-contre, en bas, à gauche): α = 23 h 25,9 mn δ = +42° 32′; nébuleuse planétaire brillante, qui ressemble, au petit télescope, à une étoile brumeuse. Avec un instrument d'observation plus performant on distingue un anneau faiblement brillant avec une étoile centrale. Dimensions angulaires 32″ × 28″; distance exacte non connue: elle est estimée entre 1800 et 5600 années-lumière, ce qui correspondrait à un diamètre réel de 20 000 à 50 000 ua.

NGC 891 (page ci-contre, en bas, à droite): α = 2 h 22,4 mn δ = +42° 21′; spirale vue par la tranche avec une ceinture très notable de matière interstellaire foncée coupant le noyau de la galaxie. Dimensions angulaires 12′ × 1′, distance approximative: 43 millions d'années-lumière, diamètre réel supérieur à 120 000 années-lumière.

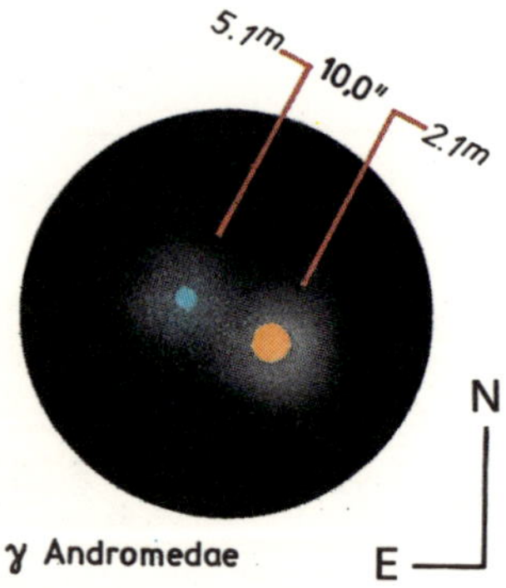

Gamma d'Andromède est l'une des plus belles binaires colorées visibles au petit télescope: α = 2 h 03,9 mn δ = +42° 20′. Distance de la Terre: environ 260 années-lumière. C'est en réalité une étoile quadruple (deux des composants sont des binaires spectroscopiques).

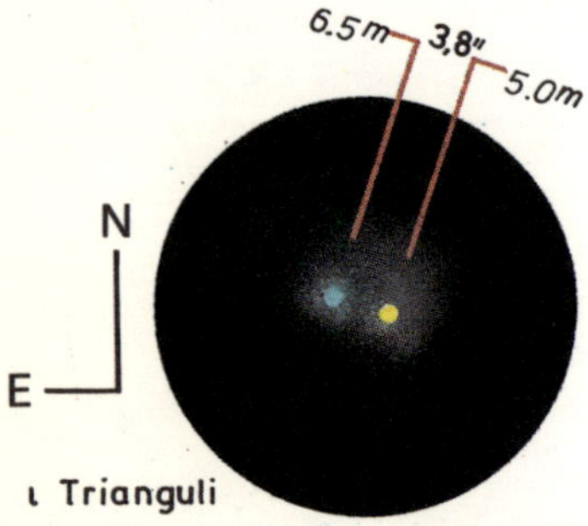

Iota du Triangle présente un contraste évident de couleur: α = 2 h 12,4 mn δ = +30° 18′. Distance de la binaire: 200 années-lumière de la Terre environ. Les deux composants sont des binaires spectroscopiques.

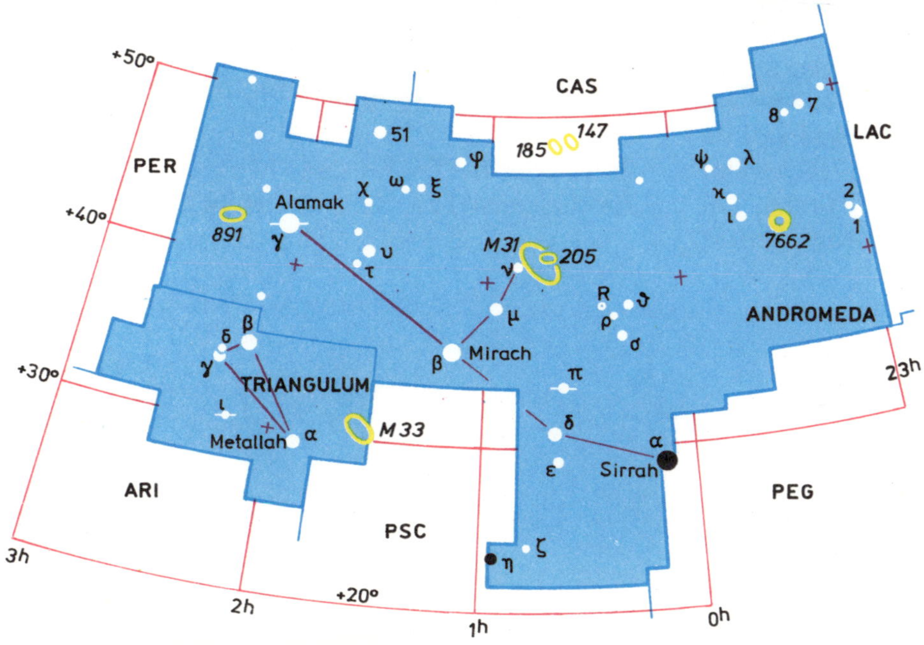

A proximité de la paire d'étoiles Alpha du Triangle et Bêta d'Andromède se situe la galaxie M 33 dans le Triangle. Nous utilisons un télescope avec un faible grossissement et un grand angle, les conditions d'observation doivent être excellentes (ciel d'encre).

NGC 7662

NGC 891

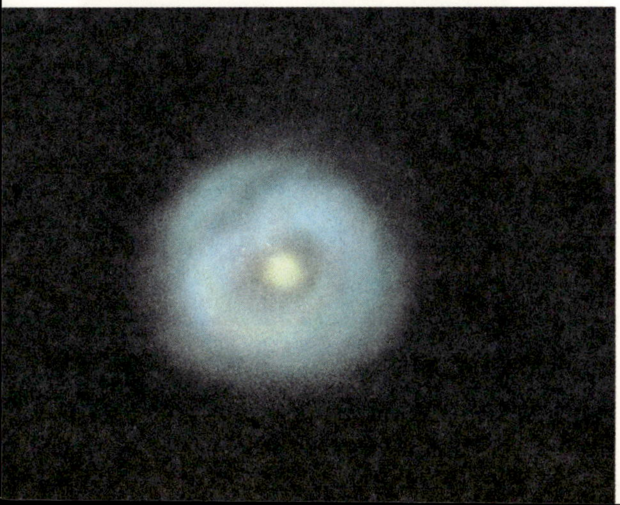

LA GALAXIE D'ANDROMÈDE

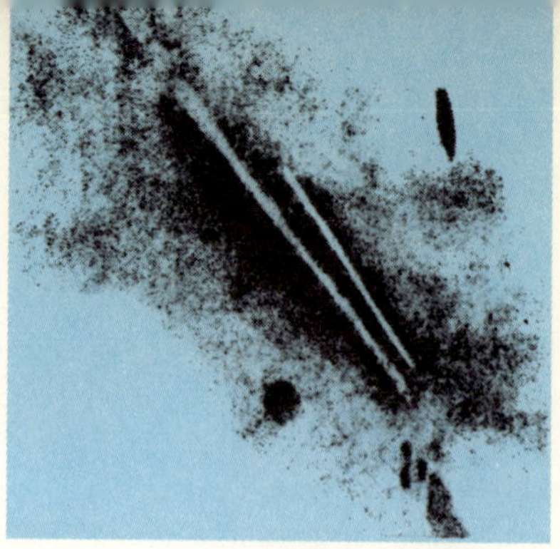

Galaxie M 31 dans Andromède d'après les observations de W. Bond (vers 1850).

M 31 — NGC 224 (grand dessin ci-contre): $\alpha = 0$ h 42,8 mn $\delta = +41°16'$; spirale de type Sb. C'est sans aucun doute la galaxie la plus célèbre, un objet unique en son genre dans le ciel du Nord, visible sans problème à l'œil nu ou bien avec des jumelles. Pour l'observation visuelle, il est préférable d'utiliser un télescope avec un oculaire grand angle et un faible grossissement. Dans la littérature spécialisée plus ancienne, M 31 était appelée «Grande Nébuleuse d'Andromède»; actuellement on la désigne par «grande galaxie d'Andromède». En déterminant sa distance en 1923 (à l'aide des céphéides pulsantes voir page 219), E. Hubble a découvert la véritable nature des prétendues «nébuleuses spirales». M 31 est en effet une galaxie spirale proche, membre du groupe local de galaxies, nous la connaissons bien. Distance: 2,2 millions d'années-lumière de la Terre. Dimensions angulaire d'après des photographies: 160′ × 40′; diamètre réel: 110 000 années-lumière. Les régions externes à peine distinguables atteignent un diamètre de 4,5°, ce qui correspond à un diamètre réel de 180 000 années-lumière; au centre de cette région se trouve un noyau dense de 50 années-lumière de diamètre contenant plus de 10 millions d'étoiles. Sur les photographies réalisées avec des télescopes géants on peut distinguer certaines étoiles composant M 31; il s'agit bien évidemment des géantes très lumineuses. Une étoile comme notre Soleil aurait une magnitude de $29{,}1^m$ à la distance de M 31. Nos moyens techniques ne nous permettent pas jusqu'à présent d'enregistrer de si faibles objets.

Les galaxies satellites: quatre galaxies naines sont liées à M 31 par la force de gravitation. Elles sont désignées dans le catalogue NGC par les numéros 221, 205, 185 et 147.

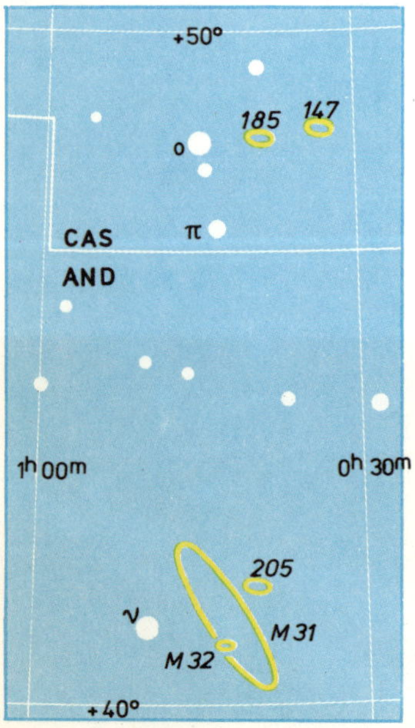

Position des quatre galaxies satellites de M 31: à 24′ au sud du noyau de M 31 se trouve la galaxie **M 32 — NGC 221**, $9{,}5^m$, 3,6′ × 3,1′, diamètre 2400 années-lumière. A 35′ au nord-ouest du noyau se situe la galaxie elliptique **NGC 205**, $10{,}8^m$, 8,0′ × 3,0′, diamètre 5400 années-lumière. A environ 7° au nord, dans la constellation Cassiopée se trouvent les galaxies **NGC 185**, $11{,}8^m$, 3,5′ × 2,8′, diamètre 2300 années-lumière (petit dessin à droite) et **NGC 147**, $12{,}1^m$, 6,5′ × 3,8′, diamètre 4400 années-lumière (petit dessin de la page ci-contre).

PEG

PEGASUS

Pegasi · Peg · Pégase

Pégase.
Code astronomique
du XIVe siècle.

Bêta de Pégase ou Scheat: $\alpha = 23$ h 03,8 mn $\delta = +28°05'$; étoile variable irrégulière, géante rouge. Variation d'éclat de $2{,}1^m$ à $3{,}0^m$, distance: 210 années-lumière de la Terre; diamètre: 160 fois celui du soleil, température de surface: 3100 K, masse: 5 soleils.

M 15 — NGC 7078 : $\alpha = 21$ h 30,0 mn $\delta = +12°11'$; très net amas globulaire brillant, $6{,}5^m$, diamètre apparent 12′, distance de la Terre comprise entre 34 000 et 39 000 années-lumière, diamètre: 130 années-lumière.

NGC 7479 : (page ci-contre, en haut, à gauche): $\alpha = 23$h 04,9 mn $\delta = +12°19'$; bel exemplaire de galaxie spirale barrée, de type SBb. Faible objet de magnitude 11,8, dimensions angulaires 3,2′ × 2,5′.

NGC 7814 (page ci-contre, en bas, à droite): $\alpha = 0$h 03,2 mn $\delta = +16°0'$; galaxie observée par la tranche: elle possède une ceinture très nette de matière interstellaire poussiéreuse foncée le long de l'équateur de la galaxie. Spirale de type Sa/Sb, $12{,}0^m$, dimensions angulaires 1,0′ × 5,0′.

NGC 7331 (en bas) : $\alpha = 22$ h 37,0 mn $\delta = +34°26'$; galaxie spirale de type Sb, dimensions et structure semblables à celles de notre Galaxie. Dimensions angulaires: 10′ × 2,5′, 10^m, distance estimée à 50 millions d'années-lumière de la Terre. Le décalage vers le rouge correspond à une vitesse d'éloignement de 1050 km/s. Masse totale estimée à 140 milliards de soleils.

Le quintet de Stéphan (page ci-contre, au milieu): $\alpha = 22$ h 35 mn $\delta = +33°55'$; groupe de cinq galaxies parmi lesquelles certaines sont reliées par des «ponts» de matière intergalactique. Les énormes différences existant dans leurs décalages au rouge sont surprenantes (jusqu'à plusieurs centaines de km/s). Il s'agirait d'un groupe soit en expansion soit en voie de désintégration.

NGC 7331

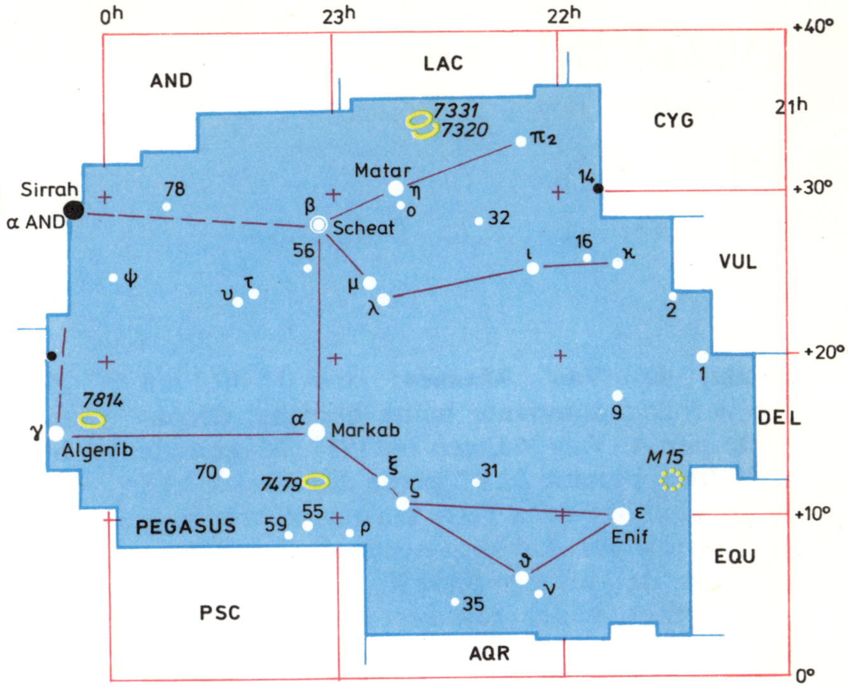

NGC 7479

Le quintet de Stéphan: groupe de galaxies composé de NGC 7320 (la plus grosse galaxie du dessin), et de NGC 7317, 7318 A et B et 7319. NGC 7320 a un décalage vers le rouge de 770 km/s; pour les autres membres il se situe aux alentours de 5800 km/s.

NGC 7814

Le Bélier (détail).
Code astronomique
du XIVe siècle.

ARI

ARIES

Arietis · Ari · le Bélier

PSC

PISCES

Piscium · Psc · les Poissons

Étoile de Van Maanen: $\alpha = 0$ h 49,1 mn $\delta = +5°25'$; étonnante naine blanche, découverte par A. Van Maanen en 1917. Magnitude stellaire apparente $12{,}4^m$, petite distance de 13,8 années-lumière de la Terre seulement, luminosité 5800 fois plus faible que celle du Soleil, température de surface: 6000 K. C'est l'une des plus petites étoiles connues: diamètre estimé par calcul à 12 500 km, valeur très proche de celle de la Terre. La masse de cette étoile est cependant comparable à celle du Soleil, sa densité est pratiquement un million de fois supérieure à celle de l'eau, c'est-à-dire 1 tonne/cm³; la force d'attraction sur sa surface est 50 000 fois plus forte que sur la surface de la Terre.

Gamma du Bélier ou Mesarthim (en bas, à gauche): $\alpha = 1$ h 53,5 mn $\delta = +19°17'$; étoile double très bien connue, facilement observable avec un petit télescope. Distance: 160 années-lumière de la Terre, luminosité globale: environ 50 soleils.

Zêta des Poissons (tout à fait en bas, à gauche): $\alpha = 1$ h 13,7 mn $\delta = +7°35'$; belle binaire, visible au petit télescope. Spectres A5 et F6, luminosité du composant le plus brillant : 8—10 soleils environ. Distance: 140 années-lumière de la Terre.

Le point vernal n'est pas un objet cosmique. Il mérite pourtant toute notre attention lorsque nous observons les Poissons. Grâce à la petite carte nous pouvons déterminer la position du point d'intersection, invisible mais capital, entre l'écliptique et l'équateur céleste. Dans le ciel, le point vernal joue le même rôle que le méridien de Greenwich sur la Terre. C'est le point de départ du système de coordonnées (page 219). Une fois par an, le Soleil franchit l'équateur céleste au point vernal, le jour de l'équinoxe du printemps. Ce point se déplace sur l'écliptique en raison du mouvement de précession de l'axe terrestre; il y a plus de 2000 ans, il se situait à proximité de la constellation du Bélier.

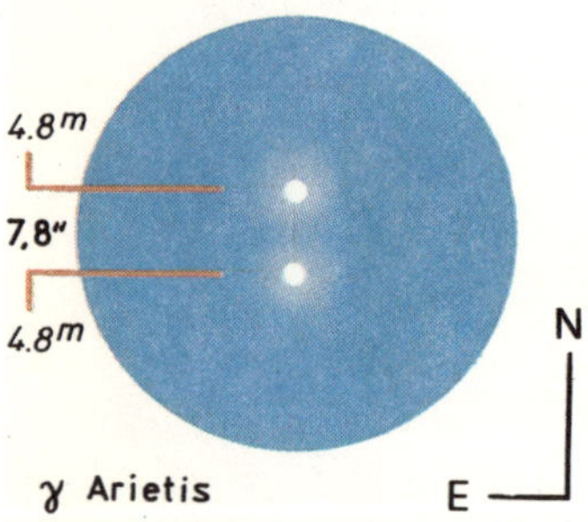

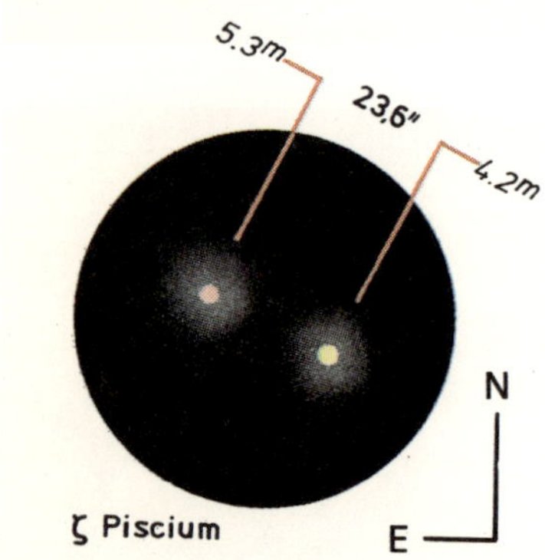

Alpha des Poissons ou Alrischa (à droite): $\alpha = 2$ h 02,0 mn $\delta = +2°46'$; binaire de plus en plus difficile à observer car la distance angulaire entre les deux composants se réduit. Magnitude $4{,}3^m$ et $5{,}2^m$, types spectraux A 2 et A 3, période se situant vers 720 années, passage par le périastre en 2060. Distance de la binaire: 130 années-lumière de la Terre environ.

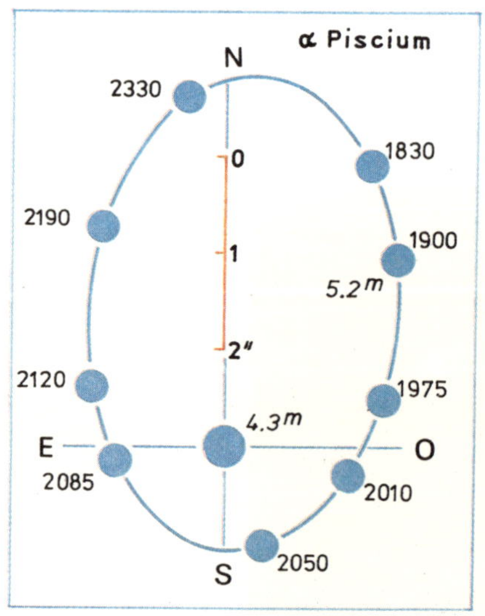

M 74 — NGC 628: α= 1 h 36,6 mn δ= +15°48′; grande galaxie spirale de type Sc. Dimensions angulaires 10,6′ × 9,0′, 11,0^{m}. Sa distance est évaluée, selon les sources, entre 25 et 42 millions d'années-lumière de la Terre.

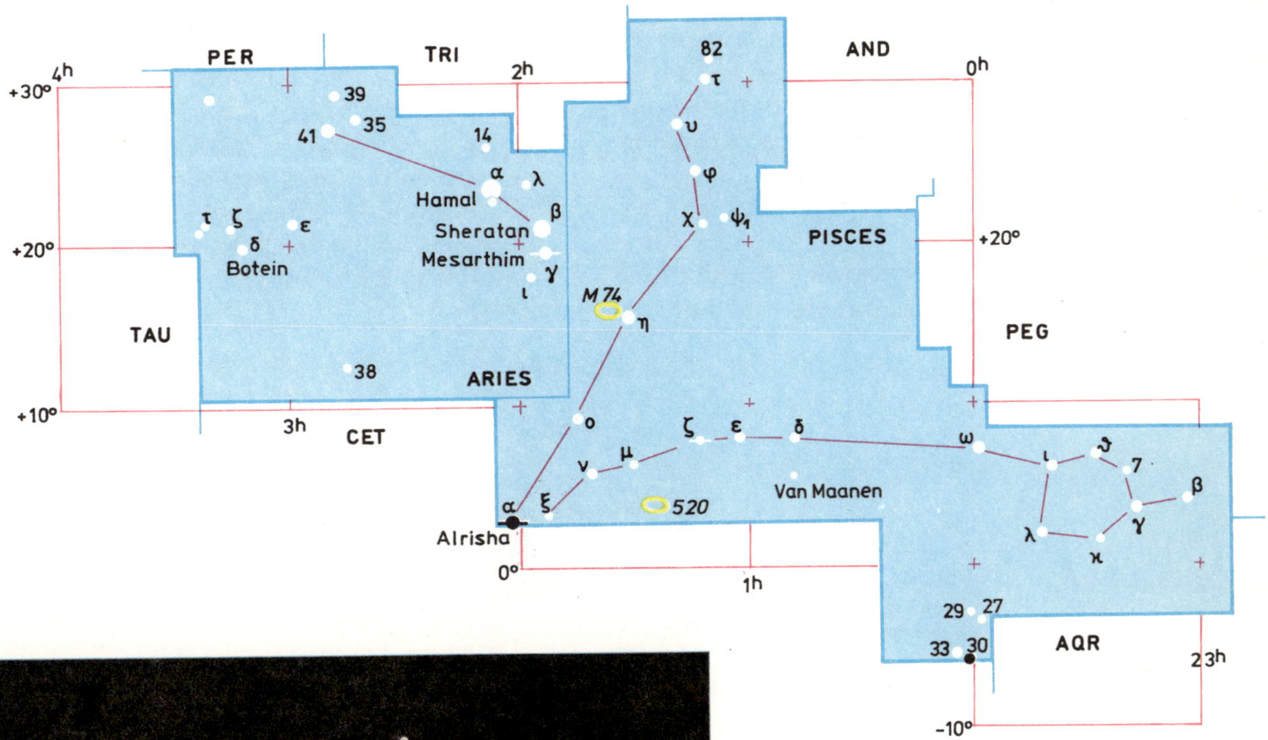

NGC 520: α= 1 h 24,6 mn δ= +3°48′; galaxie de forme inhabituelle, qui éjecterait de la matière. 12,4^{m}, dimensions angulaires 3,0′ × 0,7′.

AQR AQUARIUS

Aquarii · Aqr · le Verseau

CAP CAPRICORNUS

Capricorni · Cap · le Capricorne

Le Capricorne.
P. Apianus,
Quadrans, 1532.

NGC 7293 ou «Helix»: α = 22 h 29,6 mn δ = —20° 47′; gigantesque nébuleuse planétaire, vraisemblablement très proche. Dimensions angulaires 12′ × 16′ (la moitié du diamètre apparent de la Lune!). La nébuleuse entoure comme une enveloppe sphérique une étoile extraordinairement chaude (13^m), une naine dont la température dépasse 100 000 K. Dernières estimations de sa distance: entre 160 et 450 années-lumière de la Terre. Son diamètre réel serait de 2 années-lumière. Masse totale de la nébuleuse: 1/10 de la masse solaire.

NGC 7009 ou «Saturne» (page ci-contre, en bas, à gauche) : α = 21 h 04,2 mn δ = —11° 22′; nébuleuse planétaire brillante 8^m, baptisée par Lord Ross d'après les proéminences caractéristiques du disque clair. Dimensions angulaires 30″ × 26″; les condensations brillantes aux extrémités des proéminences sont éloignées l'une de l'autre de 44″. L'étoile centrale est une naine bleue avec une température de surface de 55 000 K. Distance de NGC 7009: environ 3900 années-lumière de la Terre, diamètre réel: 0,5 année-lumière.

R du Verseau (page ci-contre, en bas, à droite): α = 23 h 43,8 mn δ = —15° 17′; étoile variable exceptionnelle, enveloppée par une nébuleuse. L'étoile est une géante rouge de 2 à 4 ua de diamètre, variations irrégulières d'éclat de 6^m à 11^m, période moyenne de 387 jours. Température maximale 2300 K; distance: 850 années-lumière de la Terre. Il s'agirait d'une étoile double très «serrée». L'étoile perd de la matière à la surface. Elle est plongée dans un nuage de gaz et de poussière de 2' de diamètre apparent. La nébuleuse connaît des variations, elle se dilate.

M 2 — NGC 7089 : α = 21 h 33,5 mn δ = —0° 50′; amas stellaire globulaire brillant, $6{,}0^m$, diamètre apparent 11′. Distance: 50 000 années-lumière de la Terre, diamètre réel: environ 150 années-lumière. Il contiendrait 100 000 étoiles.

Alpha du Capricorne ou Gredi (page ci-contre, détail à côté de la carte). Étoile double optique, parfaitement discernable à l'œil nu. Les étoiles ne forment pas un système physique.

La plus brillante des deux étoiles, Alpha 2 (α = 20 h 18,0 mn δ = —12° 32') est distante d'environ 100 années-lumière de la Terre. Alpha 1 (α = 20 h 17,6 mn δ = 12° 30') est plus faible, elle se situerait cinq fois plus loin.

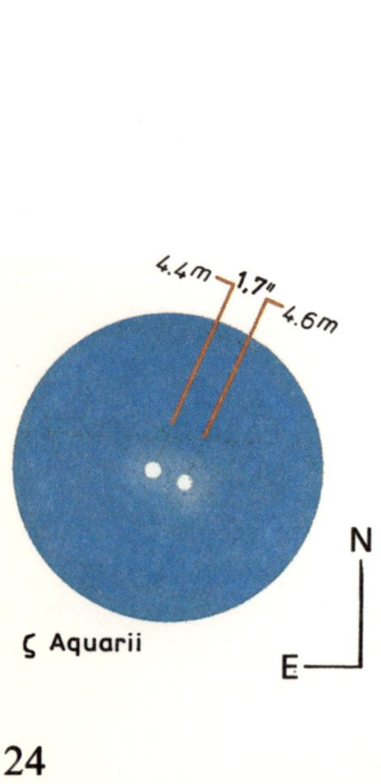

Zêta du Verseau α = 22 h 28,8 mn δ = —0° 01′ magnifique étoile double, qui peut être utilisée pour tester un petit télescope. Distance: 75 années-lumière de la Terre. Distance réelle des composants: 100 ua.

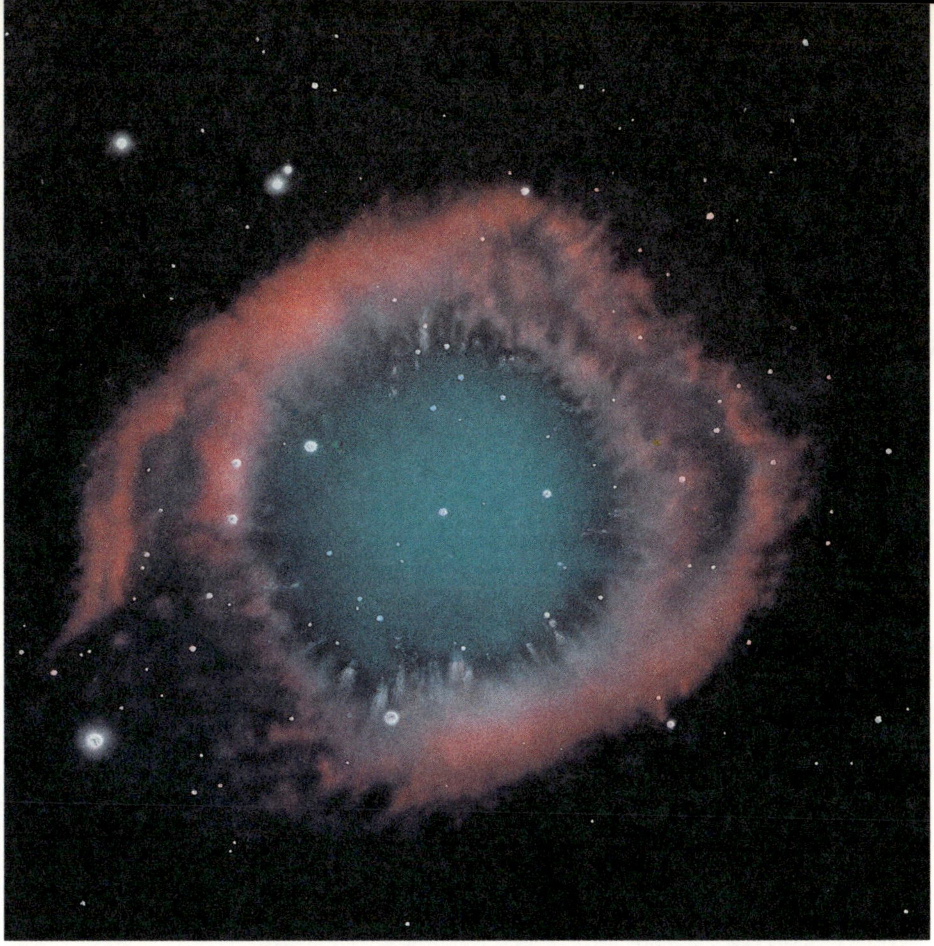

Régions les plus brillantes de la nébuleuse NGC 7293 ou Helix; elles ressemblent à deux filets de spirale (en haut, à gauche). L'objet présente un très faible éclat de surface. On peut l'observer facilement au télescope avec un oculaire grand angle et un petit grossissement.

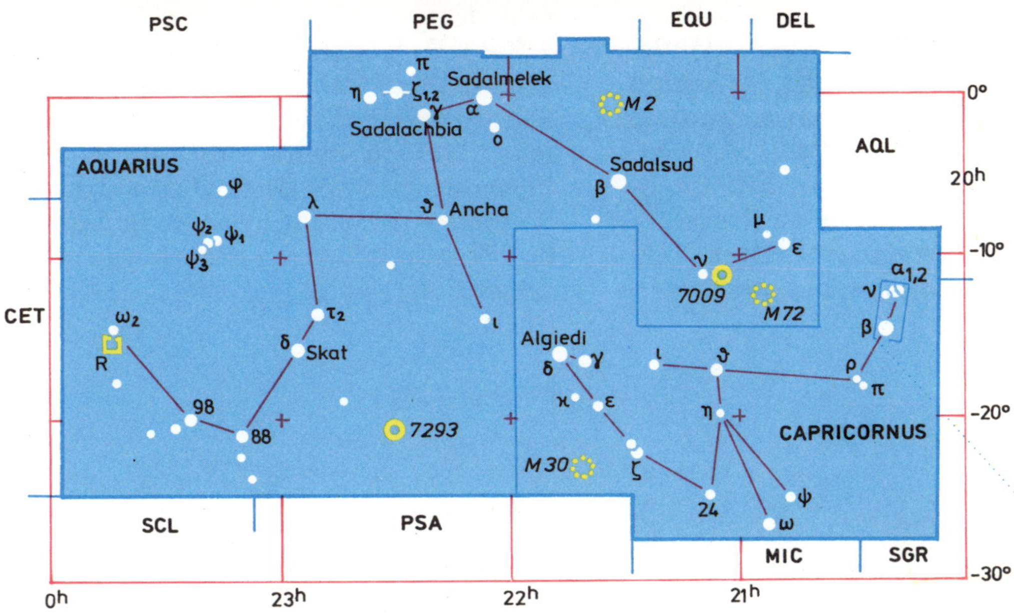

NGC 7009

R du Verseau

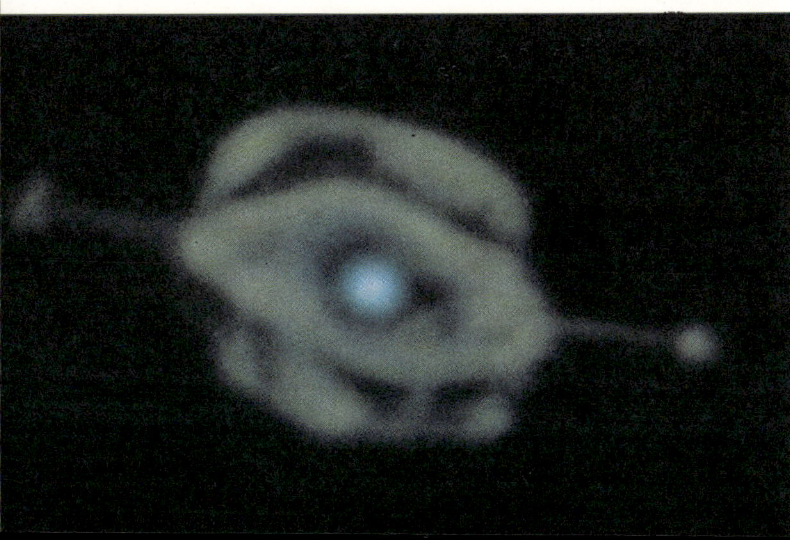

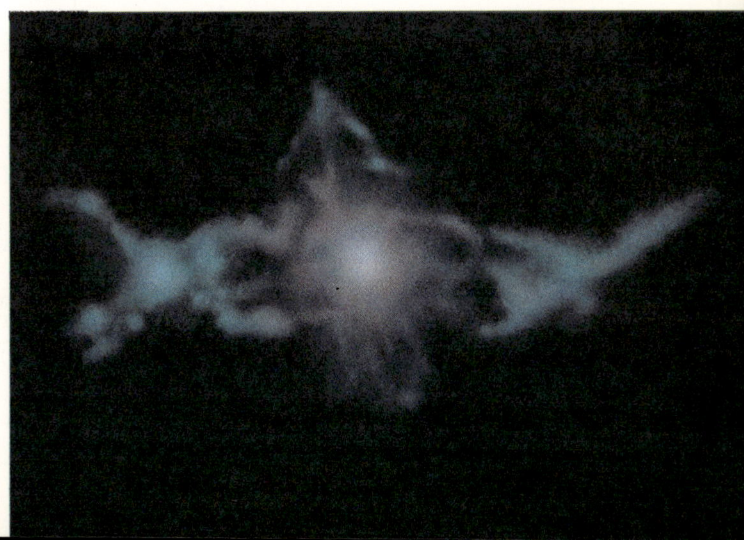

La Baleine (détail). Code astronomique du XIVe siècle.

CET

CETUS

Ceti · Cet · la Baleine

SCL

SCULPTOR

Sculptoris · Scl · l'Atelier du Sculpteur

NGC 55 (page ci-contre, premier dessin en haut): α = 0 h 15,0 mn δ = —39° 14′; galaxie irrégulière, plate, semblable au Grand Nuage de Magellan. D'aspect fusiforme, elle atteint une longueur de 30′ à 50′ sur photographies, 7,8^m; elle est membre du groupe de galaxies dans l'Atelier du Sculpteur; c'est également une des galaxies les plus proches du groupe local. Sa distance de la Terre est estimée dans une fourchette de 7,5 à 9,8 millions d'années-lumière. Diamètre réel: 70 000 années-lumière, masse totale: 46 milliards de soleils.

NGC 253 (page ci-contre, deuxième dessin à partir du haut): α = 0 h 47,5 mn δ = —25° 18′; grande galaxie spirale très brillante de type Sc; dimensions apparentes 22′ × 6′; magnitude totale 7,0^m. NGC 253 serait la galaxie spirale la plus facilement observable après M 31 dans Andromède. C'est le membre le plus brillant du groupe de galaxies dans l'Atelier du Sculpteur. NGC 253 est une radiosource très puissante. Ses dimensions et sa distance sont comparables à celles de NGC 55.

Le groupe du Sculpteur (page ci-contre, en bas, à droite): α = 0 h 59,4 mn δ = —33° 44′; cas extrême de galaxie elliptique naine qui ressemble à un amas globulaire peu dense et peu net. Son diamètre apparent est de 75′ (!), mais elle n'est cependant pas observable au télescope, parce que ses étoiles les plus brillantes n'ont qu'une magnitude de 18^m. Elle est membre du groupe local de galaxies; distance: 270 000 années-lumière de la Terre; diamètre réel: 5500 années-lumière.

M 77 — NGC 1068 (page ci-contre, en bas, à gauche): α = 2 h 42,7 mn δ = —0° 02′; spirale de type Sb, 10,0^m, dimensions angulaires 2,5′ × 1,7′. Distance excédant 60 millions d'années-lumière de la Terre; diamètre 40 000 années-lumière; masse totale: 100 milliards de soleils. Très puissante radiosource. M 77 appartient aux galaxies de Seyfert qui ont beaucoup de points communs avec les quasars du fait de la très grande activité d'un noyau de très petite dimension.

Omicron de la Baleine ou Mira (c'est-à-dire «La Merveilleuse»): α = 2 h 19,3 mn δ = —2° 58′; variable à longue période extrêmement brillante et célèbre, et objet standart en son genre. Variations d'éclat entre 2^m et 10^m dans une période approximative de 331 jours. Distance de Mira: 250 années-lumière de la Terre; diamètre réel: 230 fois celui du Soleil. C'est une supergéante rouge, sa température maximale est de 2500 K, sa température minimale de 1900 K. Mira est une binaire; l'éclat de son compagnon varie entre 10^m et 12^m.

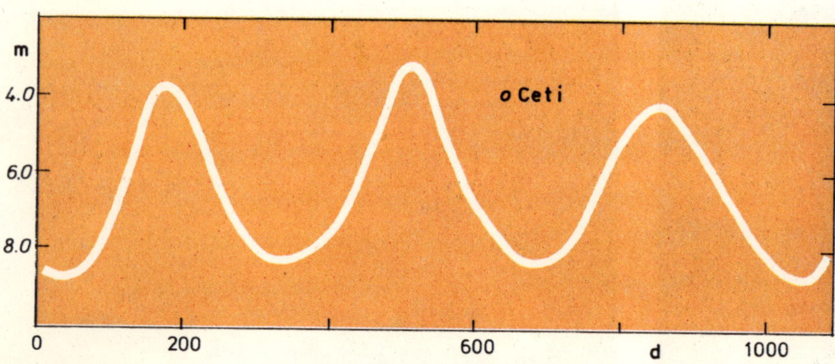

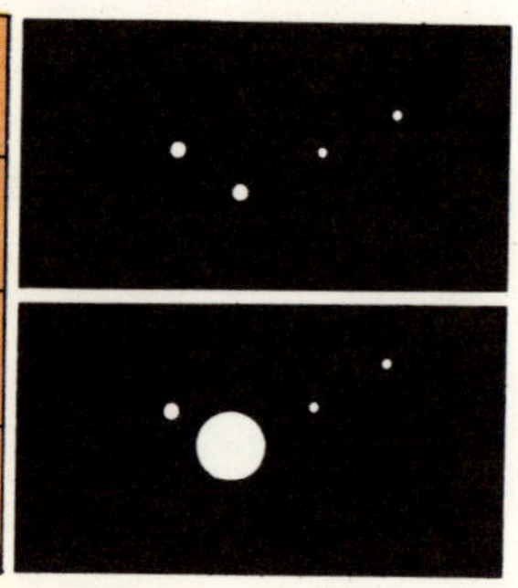

NGC 55

NGC 253

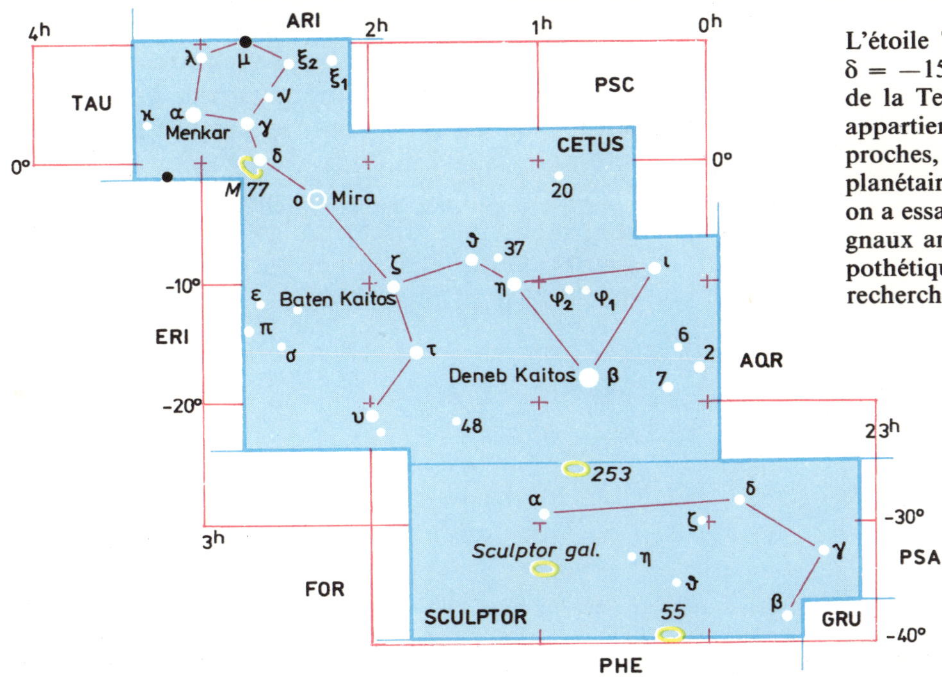

L'étoile **Tau de la Baleine**: $\alpha = 1$ h 44,1 mn $\delta = -15° 56'$; $3{,}50^m$, spectre G8, n'est distante de la Terre que de 11,8 années-lumière. Elle appartient aux étoiles de type Soleil les plus proches, susceptibles de posséder un système planétaire. Dans le cadre du projet «OZMA», on a essayé d'identifier à partir de 1959 des signaux artificiels émis par une civilisation hypothétique du systène Tau de la Baleine. Les recherches n'ont pas abouti.

M 77 — NGC 1068

Le groupe du Sculpteur

FORNAX

Fornacis · For · le Fourneau

Le grand réflecteur
de Lord Ross, construit en 1845.
Diamètre de l'objectif 180 cm.

Amas galactique dans le Fourneau: groupe compact de galaxies aux confins du Fourneau et d'Éridan. L'amas contient 18 galaxies brillantes ainsi que de nombreux autres objets plus faibles. C'est l'une des rares régions célestes dans lesquelles on peut observer visuellement un groupe de galaxies en utilisant un grand télescope avec oculaire à grand angle. Les détails n'apparaissent cependant que sur photographie. Dans le dessin du haut figure la galaxie spirale barrée **NGC 1365**: α = 3 h 33,6 mn δ = —36° 08′; dimensions angulaires 8,0′ × 3,5′, longueur de la barre 3′, ce qui correspondrait en réalité à un écartement de 45 000 années-lumière. Distance moyenne de l'amas dans le Fourneau: 50 millions d'années-lumière de la Terre.

NGC 1398 (page ci-contre, en bas, à gauche): α = 3 h 38,8 mn δ = —26° 20′; spirale barrée de type SBb; autre exemple de galaxie barrée avec de très étroits bras en spirale. $10{,}7^m$, dimensions angulaires 4,5′ × 3,8′.

Le groupe du Fourneau (page ci-contre, en bas, à droite): α = 2 h 39,1 mn δ = —34° 27′ ; galaxie elliptique naine; membre du groupe local de galaxies. Distance: 630 000 années-lumière de la Terre; diamètre angulaire 6,5′, diamètre réel 15 000 années-lumière; luminosité totale: 20 millions de soleils. Ce groupe ressemble à un amas stellaire globulaire très peu dense. Il n'est observable qu'avec un télescope géant; les étoiles les plus brillantes n'ont qu'une magnitude de 19^m. Les deux objets les plus brillants sur le dessin sont des amas stellaires globulaires qui appartiennent au groupe. Les galaxies naines de ce type sont apparemment très fréquentes dans l'univers. Mais elles sont si peu brillantes qu'au-delà du groupe local elles ne sont même pas discernables avec des télescopes géants. (Voir également le groupe de l'Atelier du Sculpteur, page 126).

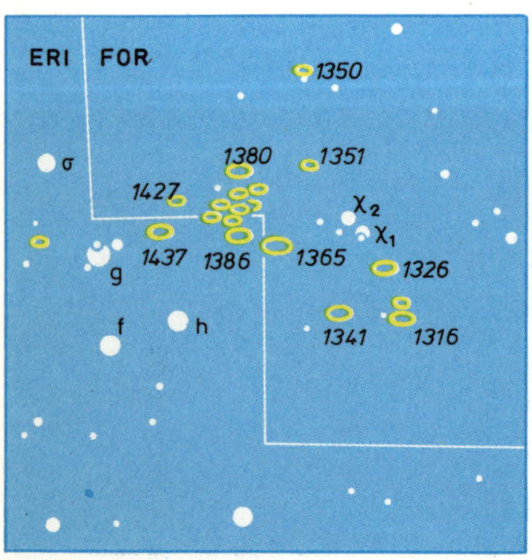

Amas galactique dans le Fourneau. La carte indique la position des membres de cet amas aux confins des constellations du Fourneau et d'Éridan.

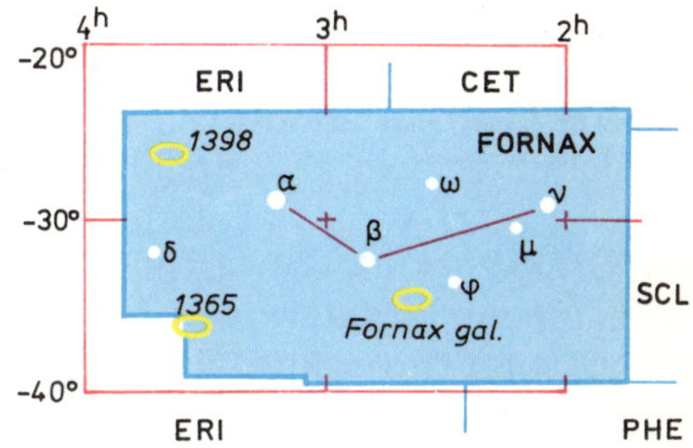

Galaxie NGC 1365: spirale barrée de type SB, 11,2^m. Troisième membre par ordre de brillance dans l'amas galactique dans le Fourneau. Très bel exemplaire de galaxie spirale barrée.

NGC 1398

Le groupe du Fourneau

C LES CONSTELLATIONS D'HIVER

Le Lièvre.
Code astronomique
du XIVe siècle.

Le ciel hivernal abonde en étoiles brillantes, et un débutant peut s'y orienter sans peine.

La constellation qui domine le ciel hivernal est Orion; ses étoiles les plus brillantes constituent un quadrilatère très facilement identifiable avec un trio central d'étoiles. Cette configuration rappelle l'image d'un papillon aux ailes déployées. Le trio central d'étoiles est appelé «le baudrier d'Orion» d'après les anciennes représentations du chasseur Orion. L'étoile la plus au nord dans la ceinture se situe sur l'équateur céleste. Le baudrier d'Orion prolongé vers le nord pointe sur l'étoile orange Aldébaran dans le Taureau *(Taurus)*. Un peu plus loin, vous pouvez voir les Pléiades. Entre les Pléiades et Cassiopée nous trouvons de nombreuses étoiles brillantes appartenant à Persée. Plus haut brille Capella, une des étoiles les plus lumineuses de la voûte céleste; elle appartient au Cocher *(Auriga)*, lui-même situé parmi le groupe des constellations d'hiver.

La paire d'étoiles Rigel et Bételgeuse dans Orion est orientée vers la constellation des Gémeaux *(Gemini)*, que nous reconnaissons grâce au couple d'étoiles Castor et Pollux. D'après une ancienne légende, le chasseur Orion est accompagné par deux chiens, un grand et un petit. La droite de jonction entre les étoiles dans le baudrier d'Orion est orientée vers le sud-est sur la constellation du Grand Chien *(Canis Major)* et sur Sirius, l'étoile la plus brillante dans le ciel. Entre Sirius et les Gémeaux, nous découvrons une petite constellation: le Petit Chien *(Canis Minor)* avec Procyon.

Pour une orientation générale, il est souhaitable de regrouper dans une seule configuration les étoiles brillantes Capella, Aldébaran, Rigel, Sirius, Procyon, Pollux et Castor.

A partir de Rigel dans Orion, nous pouvons suivre les méandres du fleuve Éridan, constituant la constellation Éridan, jusqu'à la brillante étoile Achernar. Si nous partons de Sirius en direction du sud, le long de la ceinture de la Voie lactée, nous nous heurtons aux constellations des voiles *(Vela)* et de la Carène *(Carina)*. Après Sirius, Canopus est la seconde étoile par ordre de brillance dans le ciel. Elle est souvent utilisée pour la navigation au cours des vols cosmiques.

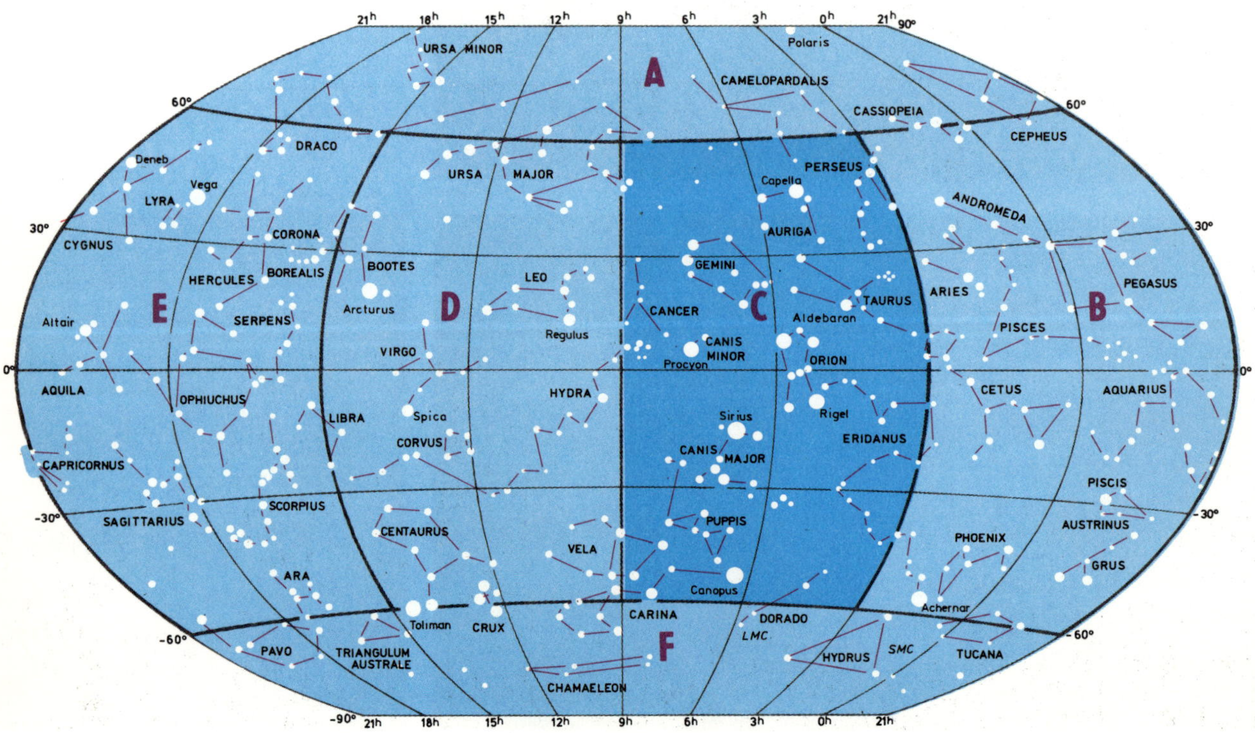

CASSIOPEIA
URSA MAJOR
60°
CAMELOPARDALIS
50°
Capella
40°
LYNX
Castor
AURIGA
PERSEUS
Pollux
30°
Pleiades
M35
ecliptica
Praesepe
20°
Hyades
Aldebaran
ORION
ARIES
GEMINI
CANCER
10°
Betelgeuse
Bellatrix
Procyon
TAURUS
CANIS MINOR
CETUS
9h
8h
7h
6h
5h
4h
3h
HYDRA
MONOCEROS
M42
Rigel
-10°
Sirius
ERIDANUS
-20°
PYXIS
LEPUS
CANIS MAJOR
-30°
FORNAX
PUPPIS
CAELUM
-40°
COLUMBA
VELA
-50°
HOROLOGIUM
Canopus
PICTOR
Achernar
CARINA
RETICULUM
-60°
DORADO
VOLANS
LMC

PER

PERSEUS

Persei · Per · Persée

Persée à tête de méduse.
Code astronomique du XIVᵉ siècle.

Bêta de Persée ou Algol (étoile Diabolique): α = 3 h 08,2 mn δ = +40° 57′; c'est la plus célèbre étoile double à éclipses. Le plus petit composant, qui est également le plus froid et dont le diamètre est 3,8 fois supérieur à celui du Soleil, cache régulièrement le deuxième composant, plus lumineux et plus chaud (diamètre 3,6 soleils). La magnitude d'Algol varie de $2{,}1^m$ à $3{,}4^m$ dans une période de 2 jours 20 heures 48 minutes 56 secondes.

Amas stellaire Alpha de Persée: amas stellaire mobile, contenant plus de 100 étoiles autour d'Alpha de Persée. Magnifique objet à observer aux jumelles ou bien au petit télescope. Distance: 570 années-lumière de la Terre.

Illustrations de la page ci-contre, à partir du haut:

Amas stellaire double Khi et «h» de Persée (NGC 884, α = 2 h 22,5 mn δ = +57° 07′ et NGC 869, α = 2 h 18,9 mn δ = +57° 09′); exemple classique d'amas stellaire ouvert. A l'œil nu, il ressemble à un petit nuage brumeux. Observé au télescope avec un oculaire à grand angle et un faible grossissement, c'est un objet splendide. Les deux amas ont chacun un diamètre apparent de 30′, un diamètre réel d'environ 70 années-lumière. Les deux amas sont récents. NGC 884 se trouve à 8150 années-lumière de la Terre et date d'environ 11,5 millions d'années. NGC 869 se situe à 7000 années-lumière de la Terre et daterait de 6,4 millions d'années.

NGC 1275 (Persée A): α = 3 h 19,7 mn δ = +41° 31′; galaxie inhabituelle, puissante radiosource, rayonnement X très important. Au cours d'explosions, de la matière s'échappe de la galaxie (proéminences filandreuses sur le dessin) à une vitesse supérieure à 2400 km/s. $13{,}0^m$, distance: 300 années-lumière de la Terre.

M 34 — NGC 1039: α = 2 h 42 mn δ = +42° 47′; amas stellaire ouvert brillant, de diamètre apparent 40′, qui contiendrait 80 étoiles. Distance: 1500 années-lumière de la Terre. Diamètre réel: 17 années-lumière.

M 76 — NGC 650 (page ci-contre, en bas, à droite): α = 1 h 42,3 mn δ = +51° 34′; faible nébuleuse planétaire appelée «Petite Haltère». Elle est de forme irrégulière, 140″ × 70″, étoile centrale $16{,}5^m$. Sa distance exacte n'est pas connue (de 1750 à 8000 années-lumière de la Terre).

NGC 1499 ou nébuleuse «Californie» (page ci-contre, en bas, à gauche): α = 4 h 00,7 mn δ = +36° 37′; nébuleuse diffuse (dimensions angulaires 145′ × 40′), difficile à observer visuellement.

Nova de Persée 1901: α = 3 h 31 mn δ = +43° 54′; sur le dessin, inspiré par un cliché de 1949, apparaît un nuage de matière en expansion expulsée dans l'espace pendant l'explosion de la nova. Le 23 février 1901, la nova atteignit son maximum $0{,}2^m$. Avant son explosion, c'était une étoile de 13^m, elle était 200 000 fois plus brillante que le Soleil. Actuellement elle varie entre $11{,}0^m$ et $14{,}0^m$.

Amas stellaire double Khi et «h» de Persée

NGC 1275

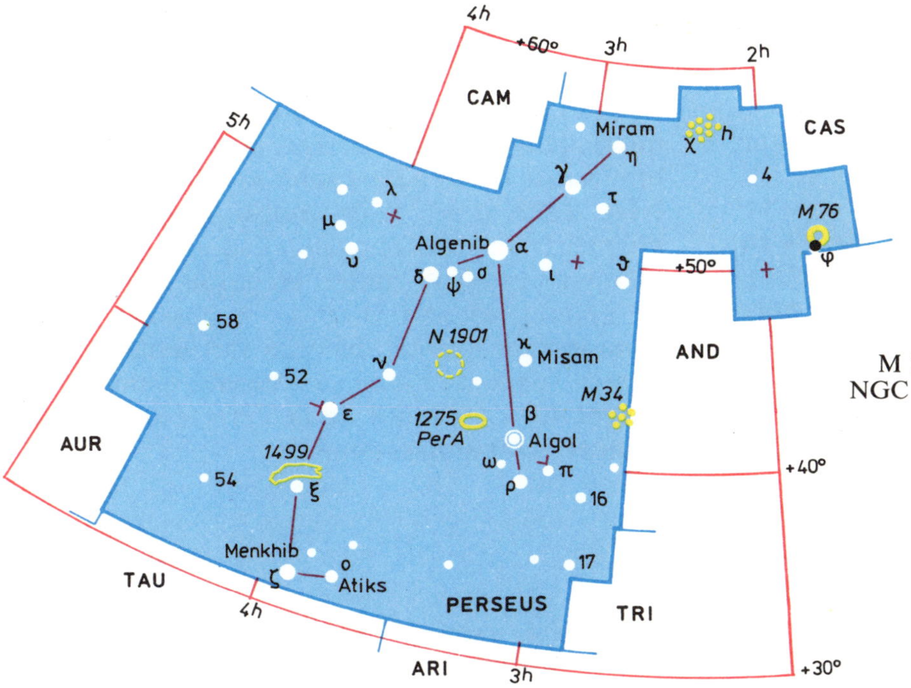

M 34 — NGC 1039

NGC 1499

En bas, à droite: M 76 — NGC 650

AUR

AURIGA

Aurigae · Aur · le Cocher

GEM

GEMINI

Geminorum · Gem · les Gémeaux

Les Gémeaux. Cellarius, *Harmonia macrocosmica,* 1763.

Alpha du Cocher ou Capella: $\alpha = 5$ h 16,7 mn $\delta = +46° 00'$; sixième étoile par ordre de brillance dans le ciel, ombre jaune, $0{,}06^m$; distance: 45 années-lumière de la Terre. Étoile quadruple spectroscopique. Diamètre du composant A: 13 soleils, du composant B: 7 soleils; les deux autres composants sont des naines rouges.
Epsilon du Cocher: $\alpha = 5$ h 02,0 mn $\delta = +43° 50'$; étoile double à éclipses très particulière, $3{,}0^m$ à $3{,}8^m$. Distance: 3300 années-lumière de la Terre. Le composant brillant est une supergéante de 180 soleils de diamètre. On ne connaît pas avec certitude la nature du deuxième composant.
On connaît trois amas stellaires ouverts brillants dans le Cocher:
M 36 — NGC 1960: $\alpha = 5$ h 36,1 mn $\delta = +34° 08'$; contiendrait 60 étoiles de magnitude 9 à 14; distance: 4100 années-lumière de la Terre.
M 37 — NGC 2099: (page ci-contre, en haut, à droite): $\alpha = 5$ h 52,3 mn $\delta = +32° 32'$; c'est l'amas stellaire le plus riche dans le Cocher. Objet magnifique, même observé avec un petit télescope. Il contiendrait 150 étoiles de magnitude 9 à 12,5. Distance: 4600 années-lumière de la Terre; diamètre: 25 années-lumière. Âge: plus de 200 millions d'années.
M 38 — NGC 1912: $\alpha = 5$ h 28,7 mn $\delta = +35° 50'$; groupe irrégulier avec une faible concentration, comprenant environ 100 étoiles. Distance: 4200 années-lumière de la Terre, diamètre: environ 25 années-lumière.
M 35 — NGC 2168: $\alpha = 6$ h 08,8 mn $\delta = +24° 20'$; grand amas stellaire brillant (diamètre apparent 0,5°), à la limite du visible à l'œil nu, qui contiendrait environ 120 étoiles de magnitude 8; certaines étoiles brillantes constituent des rangées courbées. Distance: 2200 années-lumière de la Terre; diamètre: 30 années-lumière; luminosité totale: 2500 soleils.
NGC 2392: $\alpha = 7$ h 29,2 mn $\delta = +20° 55'$; nébuleuse planétaire appelée «Esquimau» ou bien «Clown» (page ci-contre, en bas, à droite). Près de l'étoile centrale ($10{,}0^m$), on observe un anneau interne brillant de $19'' \times 15''$, séparé par un espace foncé de l'anneau externe (diamètre apparent 40″). Distance de la Terre estimée entre 1400 et 3600 années-lumière.

Alpha des Gémeaux ou Castor: $\alpha = 7$ h 34,6 mn $\delta = +31° 53'$; groupe de six membres. Au télescope on distingue les composants A, B et C, qui sont tous les trois des doubles spectroscopiques. Le modèle du groupe est représenté en bas de page. Les composants de C sont des naines rouges. Distance de Castor: 45 années-lumière de la Terre.

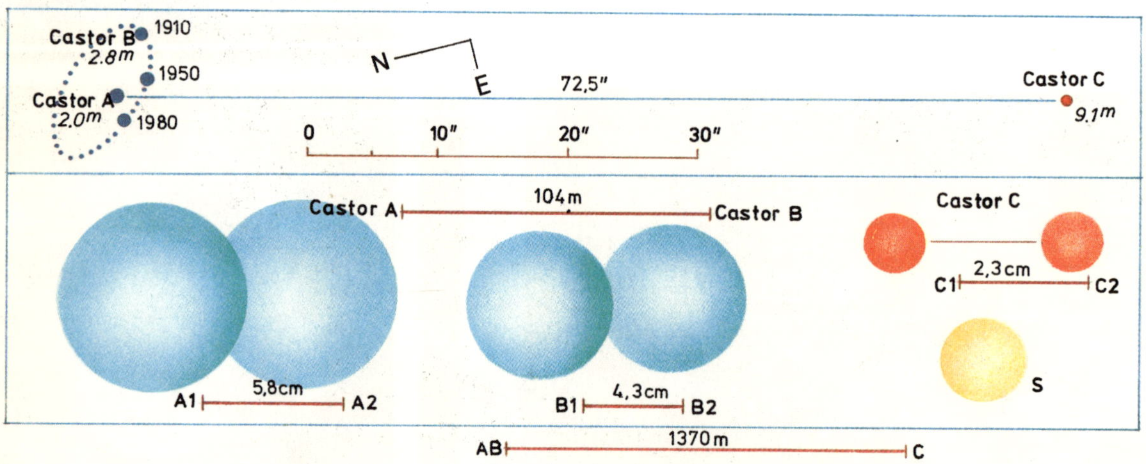

M 37 — NGC 2099

Nébuleuse de gaz et de poussière **IC 405:** $\alpha = 4\,h\ 16{,}3\,mn\ \ \delta = +34°28'$; illuminée par l'étoile AE du Cocher. Distance: 1600 années-lumière de la Terre; diamètre de la nébuleuse: 9 années-lumière. Il s'agit d'une rencontre fortuite entre une étoile se déplaçant rapidement et un nuage de matière interstellaire.

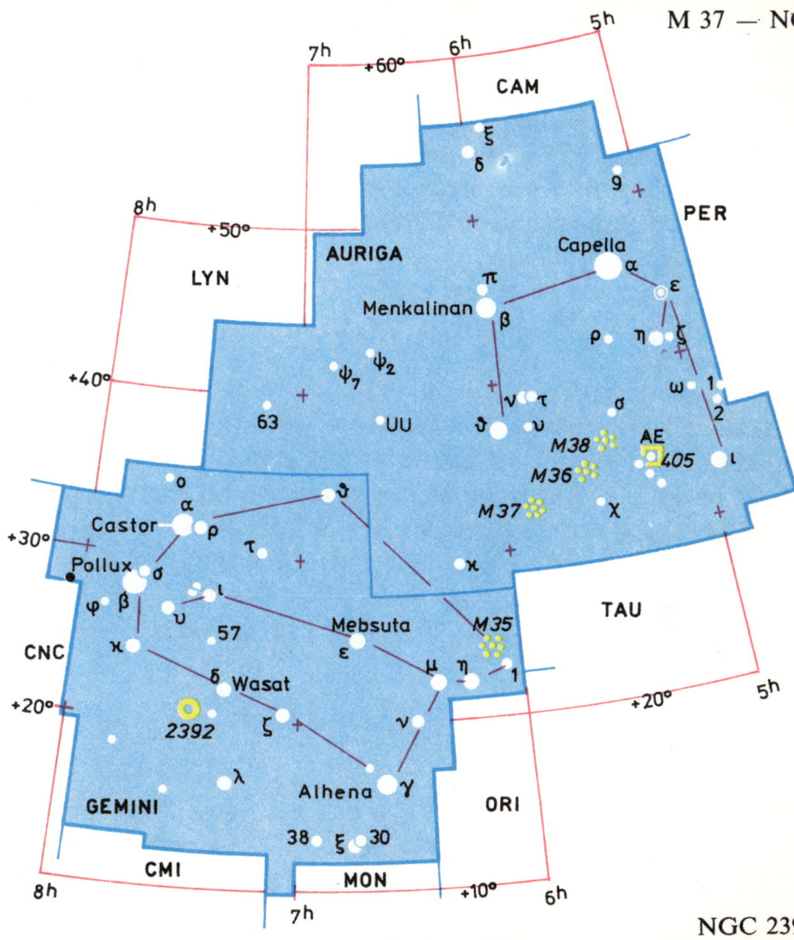

Amas stellaires dans les Gémeaux. Au milieu du dessin figure M 35, amas stellaire très apparent et brillant; en haut dans le coin gauche est représenté NGC 2158, amas stellaire ouvert, riche mais peu brillant.

NGC 2392

CNC

CANCER

Cancri · Cnc · le Cancer

LYN

LYNX

Lyncis · Lyn · le Lynx

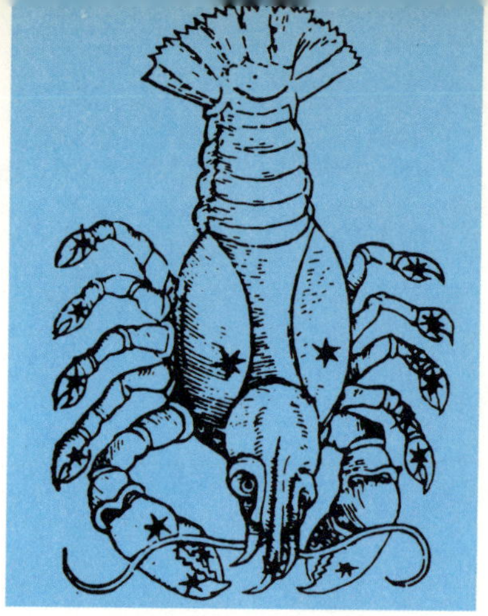

Le Cancer.
P. Apianus,
Quadrans, 1532.

M 44 — NGC 2632 ou Praesepe (la Crèche) (page ci-contre, en haut, à droite): $\alpha = 8$ h 40,0 mn $\delta = +20°00'$; grand amas stellaire brillant, visible à l'œil nu, ressemblant à un petit nuage brumeux. Très bel objet à observer avec des jumelles et au petit télescope. Diamètre angulaire: 1°. L'amas contient 200 étoiles de $6{,}3^m$ à 14^m, et 80 étoiles de magnitude supérieure à 10^m. Distance de l'amas stellaire: 525 années-lumière de la Terre; diamètre total: 40 années-lumière environ. M 44 aurait 400 millions d'années, c'est-à-dire le même âge que les Hyades dans la constellations du Taureau (page 138).
M 67 — NGC 2682: $\alpha = 8$ h 50,6 mn $\delta = +11°48'$; riche amas stellaire ouvert, diamètre apparent de 15′ environ. Il contiendrait plus de 500 étoiles de 10^m à 16^m. Distance: 2500 années-lumière de la Terre. C'est l'un des plus anciens amas stellaires ouverts connus: son âge est évalué à 10 milliards d'années environ.
NGC 2419 (page ci-contre, en bas); $\alpha = 7$ h 38,2 mn $\delta = +38°53'$; amas stellaire globulaire; le plus éloigné dans notre Galaxie, appelé parfois «le vagabond intergalactique». La position de l'objet est illustrée dans le dessin; il est situé à 210 000 années-lumière du centre de la Galaxie et à 182 000 années-lumière du Soleil. Diamètre réel de l'amas: 380 années-lumière, luminosité 175 000 soleils. Pratiquement tous les amas stellaires globulaires que nous connaissons sont situés près du centre de la Galaxie dans un nuage sphérique de 65 000 années-lumière de rayon (les petits cercles sur le dessin).

Zêta du Cancer: $\alpha = 9$ h 23,7 mn $\delta = +17°39'$; remarquable étoile multiple. Les composants A et B forment une binaire avec une période de 59,6 années. Le composant C serait également une binaire qui graviterait autour de AB dans une période de 1150 années. Distance de ce système: 70 années-lumière de la Terre.

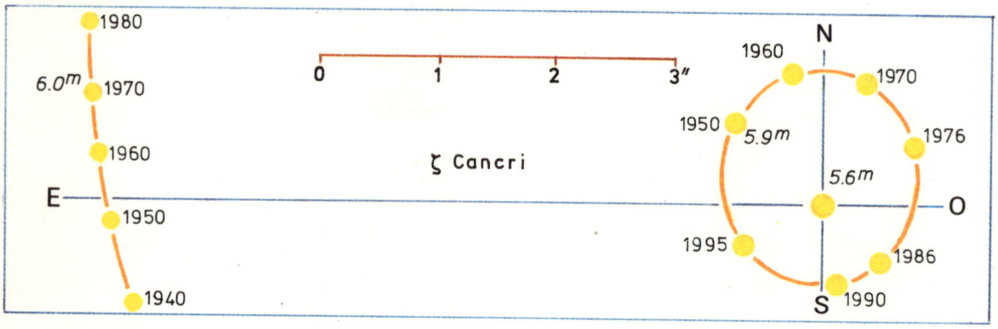

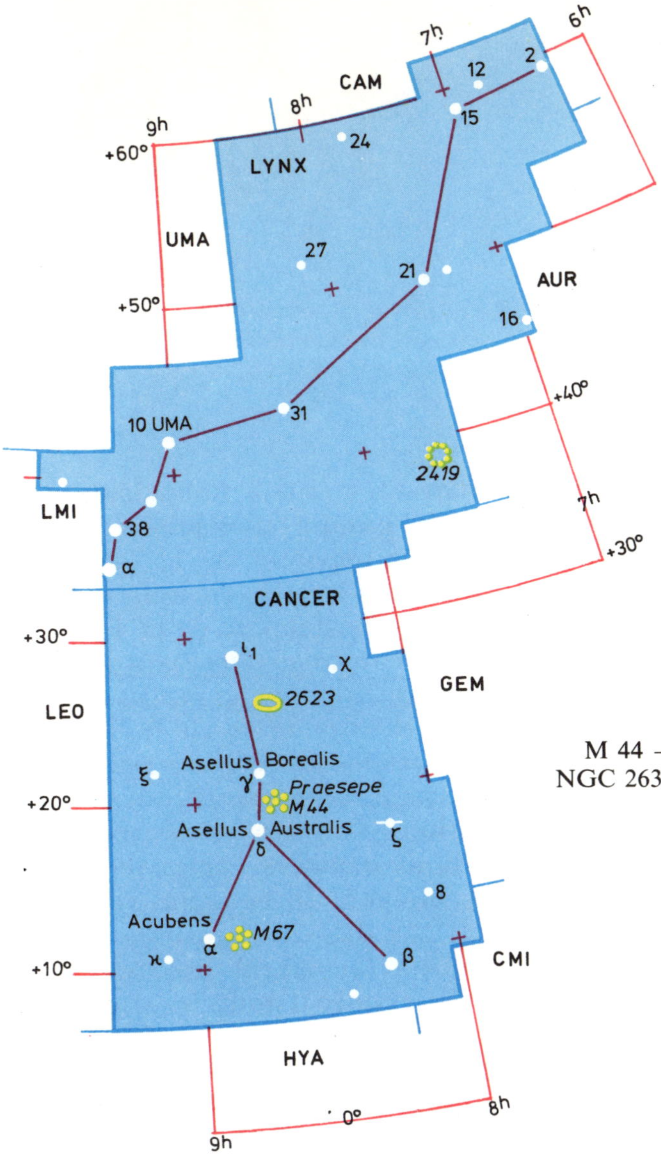

A droite: **NGC 2623** dans le Cancer: α = 8 h 38,4 mn δ = +25°46′; galaxie inhabituelle présentant de longs filaments. Sa forme rappelle celle des galaxies NGC 4038/39 dans le Corbeau (page 164).

M 44 — NGC 2632

2419

NGC 2419

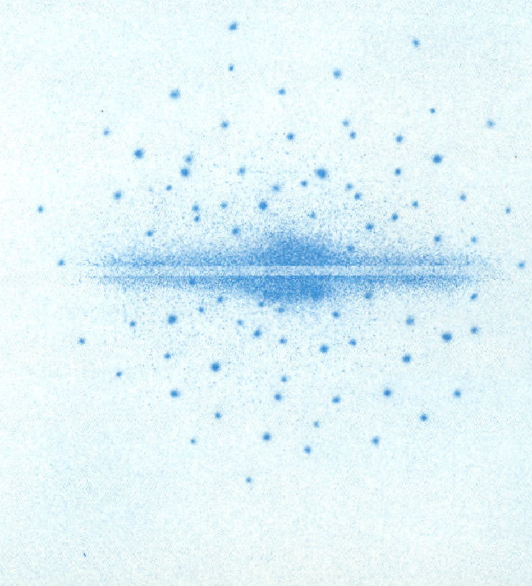

TAU

TAURUS

Tauri · Tau · le Taureau

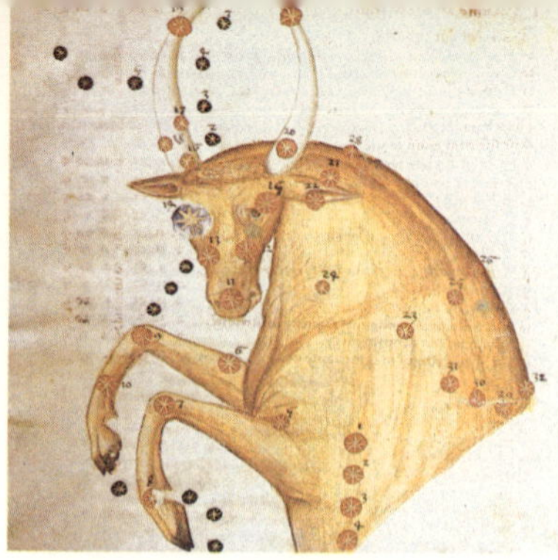

Le Taureau (détail). Code astronomique du XIVe siècle.

Alpha du Taureau ou Aldébaran: α = 4 h 35,9 mn δ = +16°30′; étoile brillante située dans «l'œil du Taureau», couleur orange très évidente (spectre K 5), 0,86^{m}. C'est une géante orange avec une température du surface d'environ 3400 K, diamètre 40 fois supérieur à celui du Soleil. Distance: 68 années-lumière.
Lambda du Taureau: α = 4 h 00,7 mn δ = +12°29′; binaire à éclipses brillante dont on peut suivre les variations d'éclat à l'œil nu (3,3—4,2^{m} dans une période de 3,95 jours). Le composant le plus brillant (spectre B) est en partie recouvert par un compagnon plus faible de type A. La binaire est située à 400 années-lumière du Soleil. Distance entre les deux composants: 14 000 000 km.
Les Hyades: amas stellaire ouvert très apparent, en forme de triangle. Il constitue la «tête du Taureau» dans la configuration de cette constellation. Les jumelles sont tout à fait adaptées pour l'observer. Le groupe triangulaire des Hyades a un diamètre apparent de 3,5° et un diamètre réel de 8 années-lumière environ; il est situé à environ 135 années-lumière de la Terre. Il constitue le noyau d'un amas plus vaste de 80 années-lumière de diamètre dont les étoiles sont parsemées dans le ciel dans un cercle de quelque 25°. Toutes les étoiles de ce groupe se déplacent selon des trajectoires parallèles, c'est pourquoi nous parlons d'un amas stellaire mobile. Dans 50 millions d'années l'amas se sera considérablement éloigné, il ne sera visible qu'au télescope, et son diamètre apparent sera de 20′. La distance relativement précise des Hyades peut être déterminée d'après les vitesses de déplacement des étoiles appartenant à ce groupe. On peut ensuite sur cette base calculer la distance de groupes d'étoiles plus éloignées.

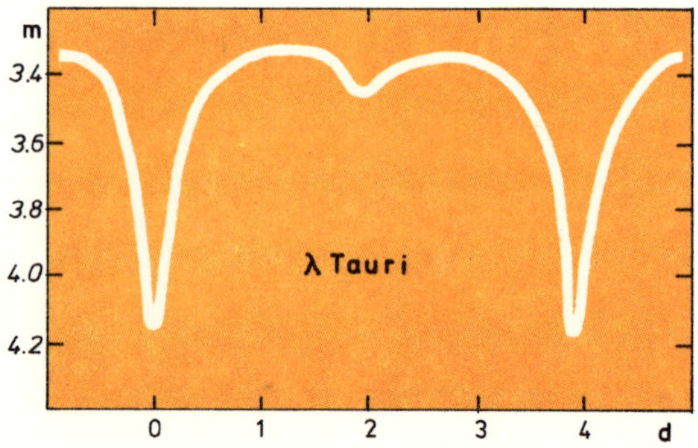

La courbe de lumière de la binaire à éclipses Lambda du Taureau indique des variations constantes d'éclat, semblables à celles des binaires de type Bêta de la Lyre. Le minimum secondaire (lorsque la petite étoile se trouve devant la grosse étoile) est très évident; il intervient lorsque le compagnon est éclipsé par le composant plus brillant.

L'étoile orange Aldébaran embellit les Hyades mais elle ne fait pas partie de cet amas stellaire car elle est située à distance égale entre le centre des Hyades et le Soleil.

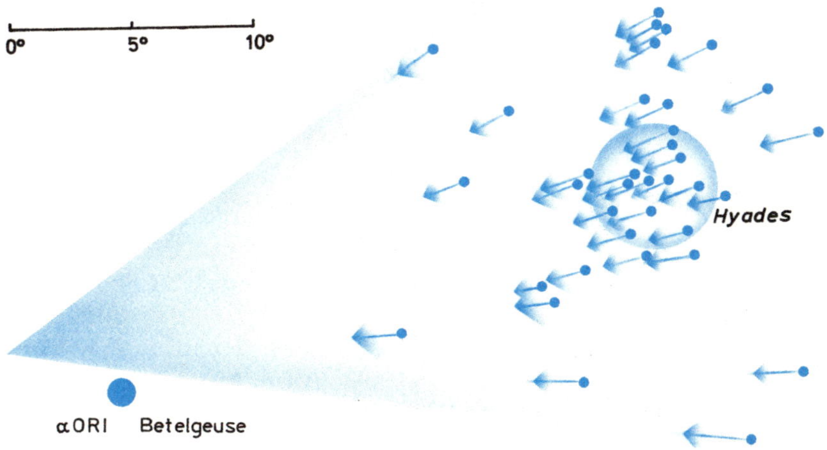

En raison de la perspective, les orbites des étoiles appartenant à l'amas stellaire mobile dans le Taureau semblent converger près de l'étoile Bételgeuse dans Orion. Les longueurs des flèches correspondent approximativement aux mouvements accomplis en 60 000 ans.

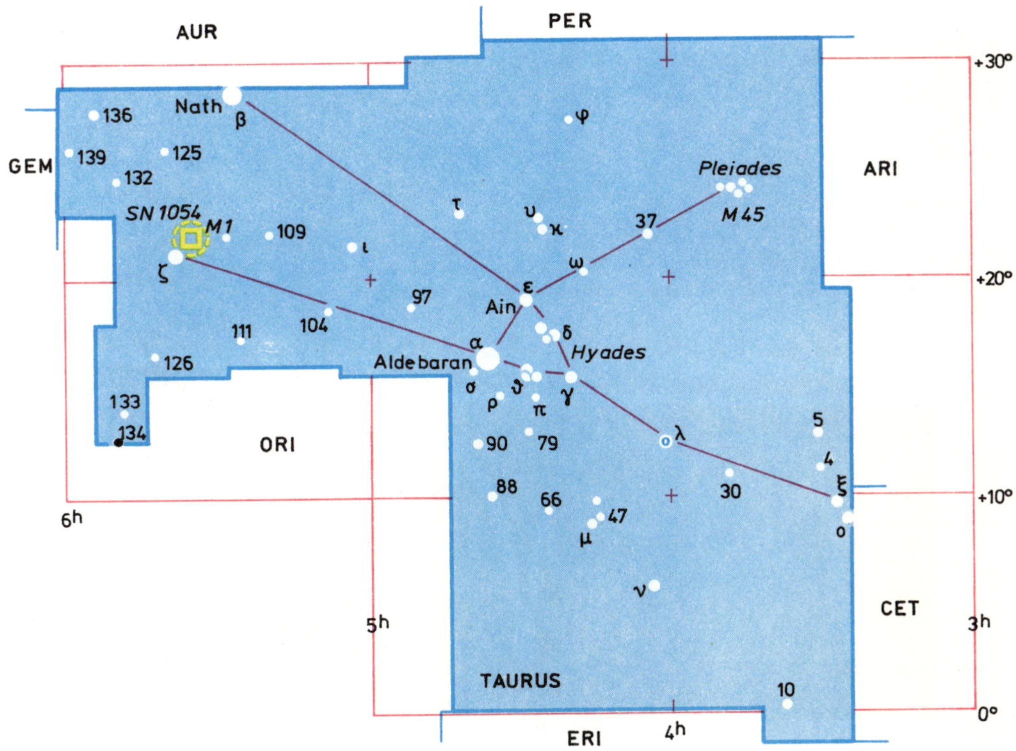

TAU L'AMAS STELLAIRE DES PLÉIADES DANS LE TAUREAU

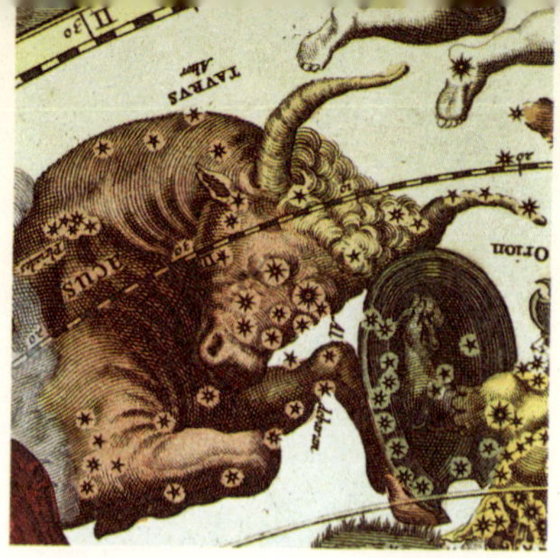

Le Taureau (détail). Cellarius, *Harmonia macrocosmica*, 1763.

M 45 — les Pléiades: $\alpha = 3$ h 47 mn $\delta = +24°$; c'est le plus célèbre amas stellaire ouvert; les amateurs le choisissent très fréquemment comme sujet d'observation. Six à sept étoiles sont discernables à l'œil nu, un observateur aguerri parvient sous d'excellentes conditions d'observation à en distinguer entre 9 et 11, parfois plus. Vues avec de bonnes jumelles ou bien avec un télescope à grand champ, les Pléiades apparaissent comme un magnifique groupe de dizaines d'étoiles. Les photographies nous montrent des centaines d'étoiles, bien que le nombre réel de membres effectifs ne dépasse pas 250 étoiles.

Les neuf étoiles les plus brillantes portent un nom; ce groupe occupe dans l'espace une région de quelque 7 années-lumière de diamètre. L'ensemble de l'amas est toutefois plus étendu, certains de ses membres pouvant se situer jusqu'à 20 années-lumière du centre. La distance des Pléiades est de 410 années-lumière, c'est-à-dire trois fois la distance des Hyades. Tout comme ces dernières, les Pléiades sont un amas stellaire mobile. Les étoiles des Pléiades se déplacent dans l'espace à une vitesse de 40 km/s mais il s'écoule plus de 30 000 années avant que l'amas ne se déplace d'un diamètre apparent de Lune (1/2°) dans le ciel.

Alcyone, son étoile la plus brillante, est une géante de classe spectrale B, son diamètre est de 10 soleils et elle est 1000 fois plus lumineuse que le Soleil. Les étoiles les plus brillantes des Pléiades appartiennent également à la classe spectrale B. Leur rotation est extrêmement rapide, surtout celle de *Pleione* qui accomplit un tour sur son axe 100 fois plus rapidement que le Soleil.

Les Pléiades doivent également leur beauté au voile argenté d'une nébuleuse diffuse qui ceint l'amas et qui est éclairé par les étoiles les plus brillantes. La lumière des étoiles fait briller la nébuleuse; elle est reflétée par les particules de poussière et par des particules plus massives (exemple type de nébuleuse à réflexion). Sous des conditions d'observation optimales, les nébuleuses dans les Pléiades sont même observables visuellement. Leur structure fibreuse ressort sur les photographies; le détail de droite représente une nébuleuse près de l'étoile *Mérope.*

Carte des Pléiades. Les longueurs des flèches correspondent aux déplacements des étoiles en 20 000 ans. Les Pléiades constituent un exemple d'amas stellaire mobile.

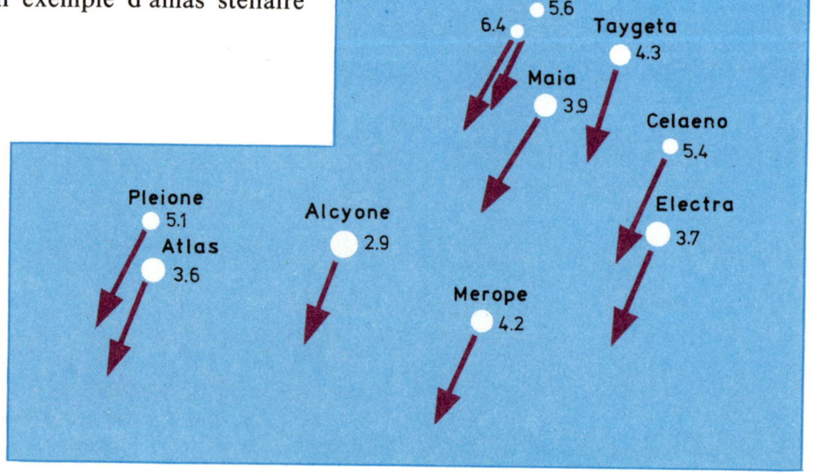

TAU

LA NÉBULEUSE DU CRABE DANS LE TAUREAU

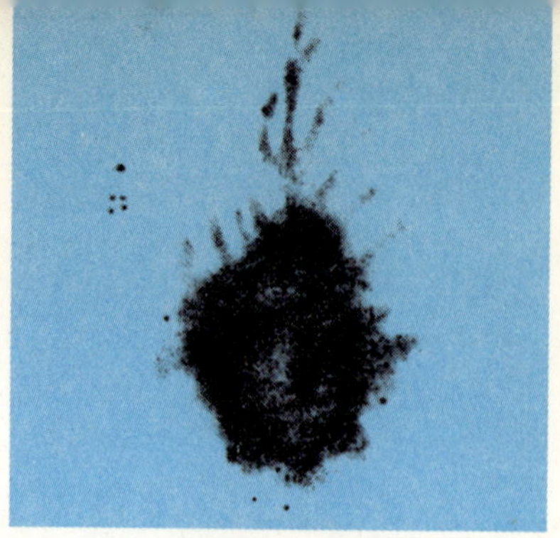

La nébuleuse du Crabe d'après les observations de W. Herschel.

M 1 — NGC 1952 — Nébuleuse du Crabe: $\alpha = 5$ h 34,5 mn $\delta = +22°\ 01'$; nébuleuse très célèbre, residu d'une supernova. C'est peut-être le plus remarquable objet céleste qu'il soit donné d'observer. Des chroniques chinoises ont relaté l'explosion de la supernova. D'après ces sources, une étoile «invitée» est apparue en juillet 1054 à proximité de Zêta du Taureau; pendant plusieurs semaines elle était visible même en plein jour comme Vénus, puis elle s'est affaiblie et cessa en un an et demi d'être visible. Étant donné la distance de M1 (6500 années-lumière de la Terre), l'éclat maximum de la supernova devait être de 400 millions de soleils. Après une gigantesque explosion, une grande partie de la matière de l'étoile s'est répandue dans toutes les directions, une nébuleuse s'est formée; son diamètre atteint actuellement 10 années-lumière et elle est toujours en expansion.

Observée avec un petit télescope, la nébuleuse M 1 ressemble à un petit nuage brumeux de 5′ × 3′. Lord Ross distingua pour la première fois en 1844 des filaments très fins qui provenaient de l'objet et ressemblaient à des pattes de crabe — d'où le nom de la nébuleuse. La double structure de M 1 est très apparente sur des photographies récentes: la structure fibreuse qui se répartit de manière très complexe dans l'espace est visible en lumière rouge. L'ensemble de filaments est entouré par un nuage transparent informe qui ressort bien en lumière bleue.

La nébuleuse du Crabe est une puissante radiosource, elle émet également de forts rayons X. Les résidus d'une ex-étoile temoignent du formidable feu d'artifice céleste; il s'agit d'une étoile à neutrons mesurant aux alentours de 10 km de diamètre, sa densité est extraordinairement élevée: 1 million de tonnes/cm^3; elle possède une température élevée et un champ magnétique puissant. L'étoile à neutrons connaît une rotation extraordinairement rapide: 30 tours/s; elle se manifeste comme un pulsar, émettant de l'énergie par pulsions régulières de 0,03309 s. Dans le domaine X, le pulsar émet 100 fois plus d'énergie que dans le domaine optique et 10 000 fois plus que dans le domaine radio.

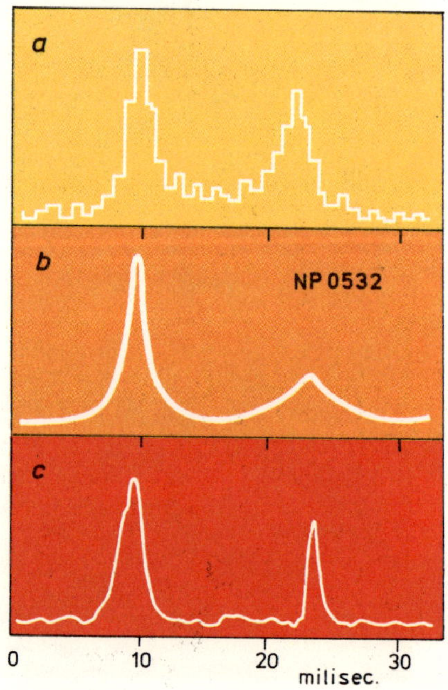

Le pulsar dans la nébuleuse du Crabe a la même période dans le domaine X (a), dans le domaine de la lumière visible (b) et dans le domaine radio (c). Cependant les pulsions ont des formes différentes.

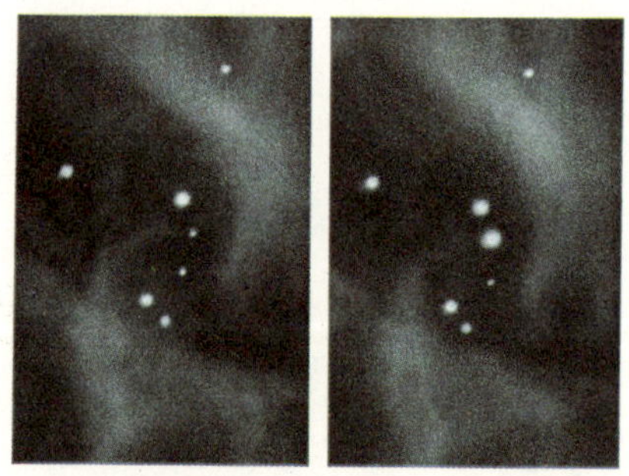

Variations optiques du pulsar. A gauche, le pulsar est au minimum, à droite il présente son éclat maximum.

La nébuleuse du Crabe est une formation complexe présentant une structure à filaments. La partie interne de la nébuleuse connaîtrait une expansion de 700 km/s, les parties de l'enveloppe à filaments externe s'éloignent du centre à une vitesse de 1800 km/s. Dans le dessin du bas, les flèches représentent l'expansion présumée de la nébuleuse dans les 250 années à venir.

ORI

ORION

Orionis · Ori · Orion

Orion (détail).
Code astronomique
du XIVe siècle.

Alpha d'Orion ou Bételgeuse: α = 5 h 55,2 mn δ = +7° 24′; super-géante rouge, variable irrégulière pulsante, classe spectrale M, variations de magnitude de $0,2^m$ à $1,2^m$ minimum. Température de surface 3100 K, luminosité dépassant 14 000 soleils (au maximum). Couleur orange caractéristique, facilement visible à l'œil nu. Distance: 520 années-lumière de la Terre. C'est l'une des étoiles les plus massives que nous connaissions, son diamètre variable atteint 550 à 920 fois celui du Soleil. Avec une masse de 20 soleils, Bételgeuse a une densité inférieure à 1/10 000 de la densité de l'air.

Bêta d'Orion ou Rigel: α = 5 h 14,5 mn δ = —8° 12′; supergéante blanche, diamètre 50 fois supérieur à celui du Soleil, septième étoile par ordre de brillance dans le ciel; $0,14^m$. Distance de la Terre évaluée entre 540 et 900 années-lumière. Luminosité 57 000 soleils; c'est l'une des étoiles les plus lumineuses (magnitude absolue —7,1). Son compagnon ($6,7^m$) est distant de 9″ dans l'angle positionnel 202°.

Zêta d'Orion ou Alnitak: α = 5 h 40,8 mn δ = —1° 57′; étoile triple; deux composants proches $1,9^m$ + $5,5^m$ à une distance de 2,6″. Le troisième composant (10^m) se situe à 57,6″ de A dans l'angle positionnel 10°. Distance de l'étoile triple: 1600 années-lumière de la Terre. Complexe de nébuleuses près de l'étoile Zêta d'Orion (page ci-contre, en haut, à gauche).

NGC 2024: α = 5 h 41,9 mn δ = —1° 50′; nébuleuse diffuse, brillante, très riche; une bande foncée la partage du nord au sud.

IC 434: vaste nébuleuse de faible brillance, nettement délimitée à l'est et s'affaiblissant doucement vers l'ouest. Sur le fond de cette nébuleuse se détache la nébuleuse sombre B 33.

B 33 — Tête de Cheval (en bas, à droite): α = 5 h 40,5 mn δ = —2° 26′; la plus fameuse nébuleuse sombre. Elle fait partie d'un vaste nuage sombre de matière interstellaire qui sert de bordure Est à la nébuleuse IC 434 et qui absorbe la lumière des étoiles environnantes (ce qui explique la nette différence en concentration d'étoiles de chaque côté d'IC 434). La distance de la Tête de Cheval est évaluée entre 1200 et 1600 années-lumière de la Terre.

Même en utilisant des télescopes géants, aucune étoile vue de la Terre ne ressemble à un disque. Grâce aux méthodes modernes de traitement d'images, Bételgeuse fut la première étoile en 1975 à être identifiée comme un disque présentant des régions dont l'éclat différait (c'est-à-dire des régions plus ou moins chaudes).

Complexe de nébuleuses
près de l'étoile Zêta d'Orion.

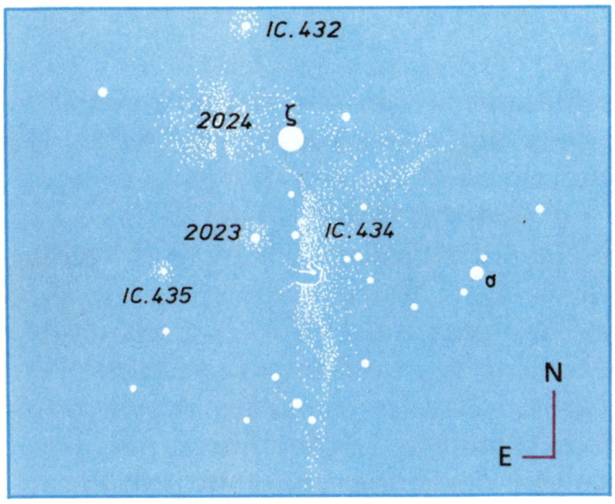

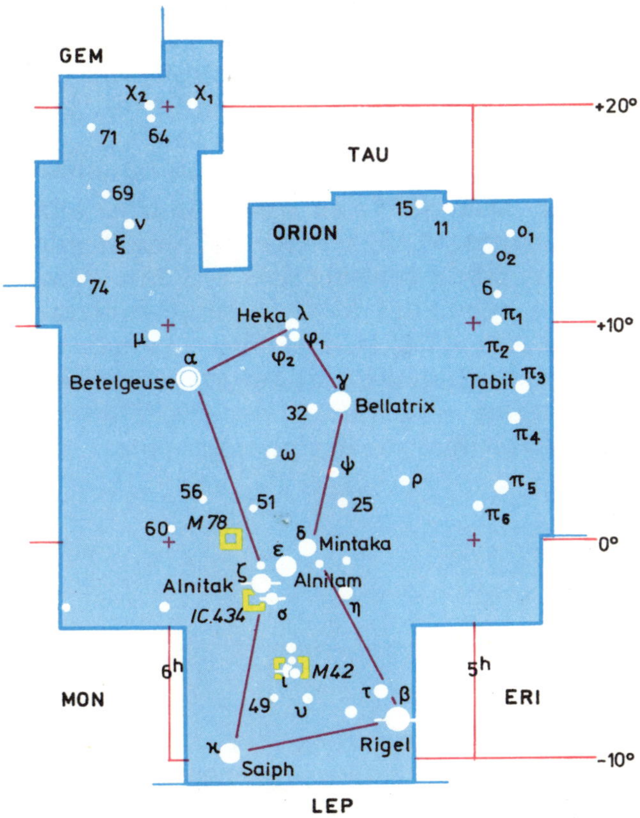

Nuage de matière interstellaire, de poussière et de gaz qui se projette sur une nébuleuse brillante éloignée. Il ressemble à une tête de cheval d'un jeu d'échecs. Sa hauteur atteint une année-lumière.

ORI

LA GRANDE NÉBULEUSE D'ORION

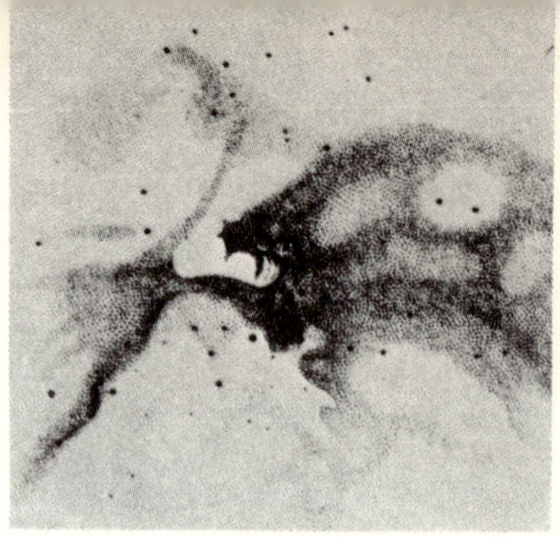

Grande nébuleuse d'Orion.
F. Arago, *Populäre Astronomie*, 1856.

M 42 — NGC 1976 — Grande Nébuleuse d'Orion: α = 5 h 35,4 mn δ = —5° 23′; très célèbre nébuleuse diffuse; très appréciée des amateurs, elle fait souvent l'objet de photographies. Elle mérite les qualificatifs les plus élogieux. Elle est bien visible avec des jumelles; vue au grand télescope, elle est très impressionnante; on peut discerner de nombreux détails. Sa splendeur ressort plus spécialement sur des photographies en couleur. Ce fut la première nébuleuse que l'on parvint à photographier (Henry Draper en 1880).

La Grande Nébuleuse est un gigantesque complexe de gaz, de poussière interstellaire et de molécules. La distance de M 42 est évaluée entre 1300 et 1900 années-lumière, son diamètre serait de 30 années-lumière. Le rayonnement visible de la nébuleuse est dû au rayonnement d'étoiles dans son noyau, plus spécialement au rayonnement ultraviolet des composants très brûlants de l'étoile multiple Thêta d'Orion (Trapèze) et d'autres étoiles chaudes. Le gaz de la nébuleuse (essentiellement l'hydrogène) est ionisé par le rayonnement des étoiles, et par recombinaison des atomes ionisés on parvient à un rayonnement dans le domaine de la lumière visible. Les particules de poussière qui reflètent la lumière des étoiles jouent un rôle important dans le rayonnement de M 42. La grande Nébuleuse d'Orion est à juste titre surnommée «le berceau des étoiles», sa masse totale permettrait de former environ 10 000 étoiles de la taille de notre Soleil. Le Trapèze est le représentant des plus anciens «descendants» de M 42. Il forme le noyau d'une association divergente d'étoiles chaudes apparues il y a moins d'un million d'années. La génération plus jeune est formée par des étoiles qui sont jusqu'à présent plongées dans un nuage embryonnaire de poussière et de gaz; elles sont uniquement distinguables à la lumière infra-rouge. Leur âge est inférieur à 100 000 ans, elles constituent le noyau du nuage moléculaire d'Orion qui s'étend juste au-delà de M 42.

En haut de la page ci-contre figure la nébuleuse bleue **NGC 1977**; au centre se trouve la petite nébuleuse **M 43**, séparée par une bande foncée de la partie centrale plus brillante de la gigantesque nébuleuse M 42. L'étoile brillante en bas est Iota d'Orion. Les fines nuances de couleur de la nébuleuse ne peuvent être saisies au cours d'une observation visuelle; elles ne sont manifestes que sur des photographies.

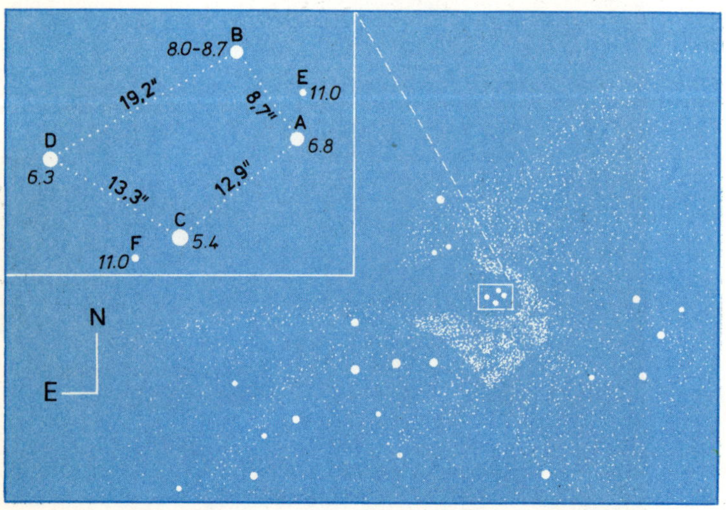

L'étoile multiple Thêta d'Orion dans le centre de la région la plus brillante de M 42. Sur la carte de gauche figurent les magnitudes et les distances angulaires des composants. Les composants les plus brillants A, B, C et D forment un quadrilatère appelé «Trapèze», objet très apprécié par les astronomes amateurs.

CMI

CANIS MINOR

Canis Minoris · CMi · le Petit Chien

MON

MONOCEROS

Monocerotis · Mon · la Licorne

Le Petit Chien.
P. Apianus, *Quadrans*, 1532.

Alpha du Petit Chien ou Procyon: $\alpha = 7$ h 39,3 mn $\delta = +5° 14'$; $0{,}35^m$, huitième étoile par ordre de brillance, une des étoiles les plus proches; distance: 11,3 années-lumière de la Terre. Spectre F 5, diamètre 2,3 soleils, température de surface 7000 K, luminosité 6 soleils. Son compagnon, appelé Procyon B, est une naine blanche, $10{,}8^m$. Son diamètre est égal à deux fois celui de la Terre, sa masse atteint 65 % de la masse solaire et sa densité 140 kg/cm³! Procyon B n'est observable qu'avec un grand télescope.

NGC 2237+2244. Nébuleuse diffuse «Rosette»: $\alpha = 6$ h 32,1 mn $\delta = +4° 52'$; elle enveloppe l'amas stellaire ouvert NGC 2244. Rosette est très difficilement observable à l'œil nu; par contre, avec des jumelles, on distingue l'amas stellaire central. L'amas stellaire contient des étoiles chaudes de classe spectrale O et B et il est lié physiquement à la nébuleuse. Il se peut que la puissante radiation de ces jeunes étoiles ait «balayé» le gaz de la partie centrale, donnant à Rosette son apparence actuelle. Sur les photographies, Rosette se révèle être un splendide objet. Son anneau irrégulier a un diamètre angulaire de 80′ et un diamètre réel d'environ 55 années-lumière. Distance de la nébuleuse: 2600 années-lumière de la Terre, masse évaluée à 11 000 soleils. Dans l'arrière-plan de la nébuleuse apparaissent des zones sombres qui correspondent à des nuages de matière interstellaire ayant un puissant pouvoir d'absorption. Les plus remarquables d'entre eux sont des petits nuages sphériques, mesurant quelques secondes d'arc de diamètre, que l'on appelle «globules» (détail, en haut, à droite). Leur diamètre réel est évalué entre 1000 et 200 000 unités astronomiques, leur masse entre 0,1 et 70 masses solaires. On pense que les globules en s'écroulant donnent naissance à des embryons d'étoiles.

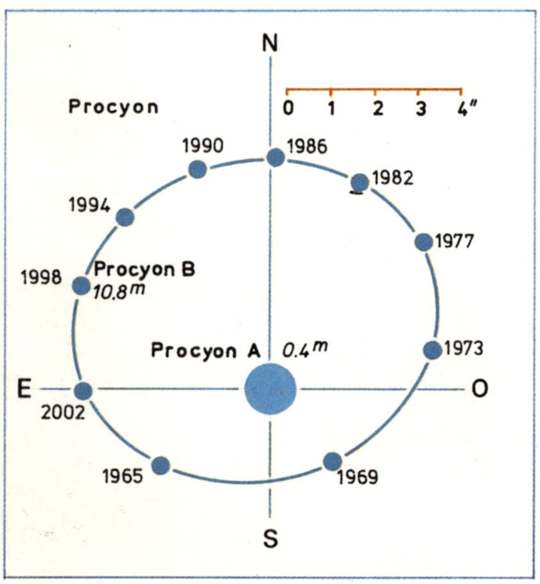

A gauche: orbite apparente de la binaire Procyon.

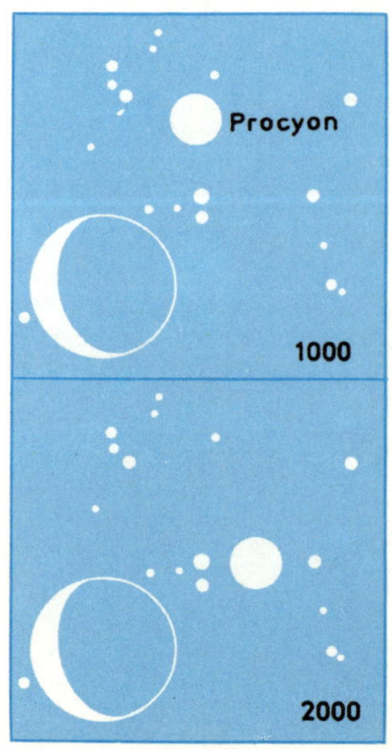

A droite: mouvement propre de Procyon en 1000 ans en comparaison avec le diamètre apparent de la Lune (0,5°). En une année, Procyon se déplace de 1,25″.

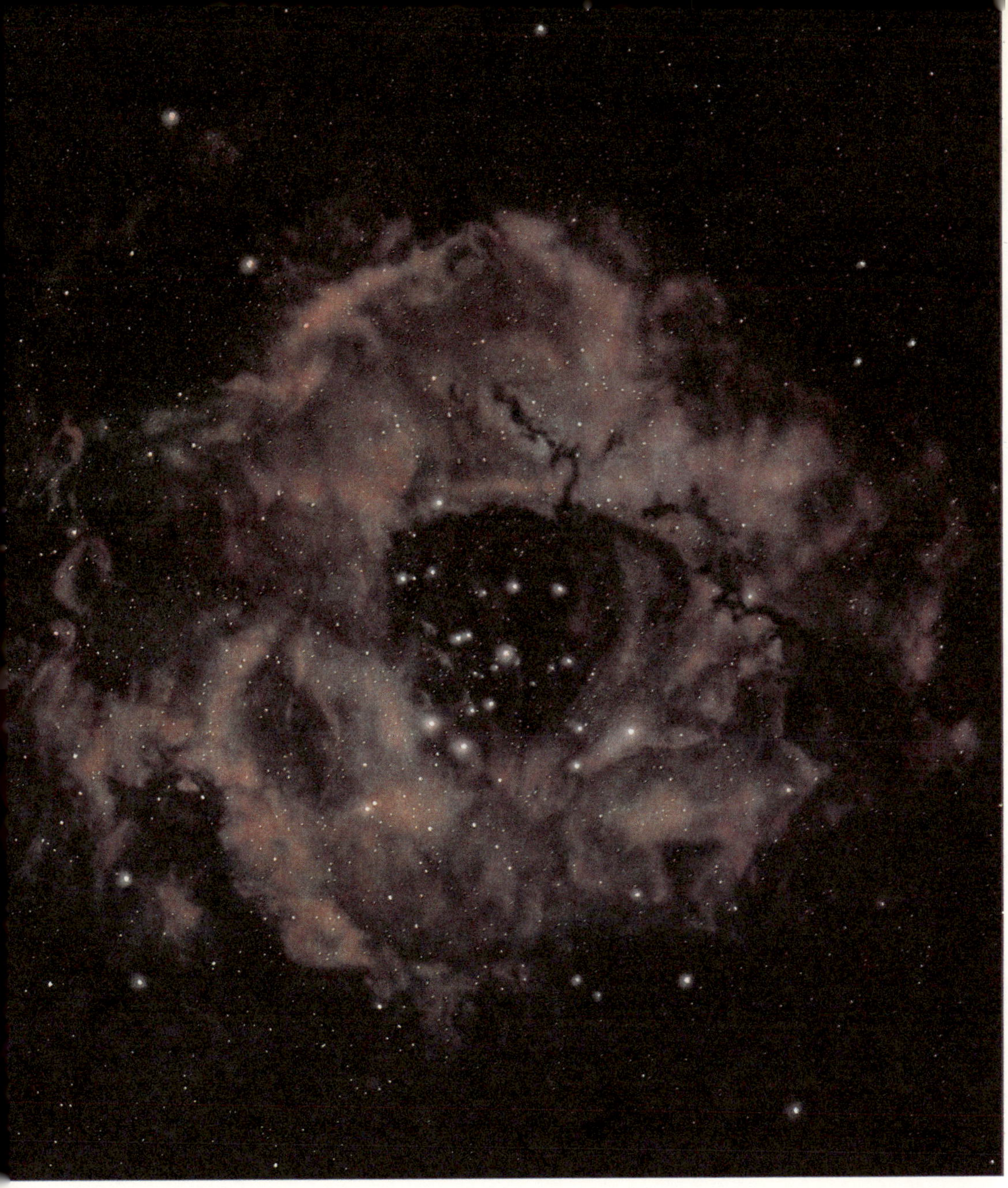

Constellation peu apparente de la **Licorne** qui se fond aux confins du majestueux Orion. Elle renferme deux magnifiques nébuleuses: la Rosette (en haut) et le Cône (voir page 151).

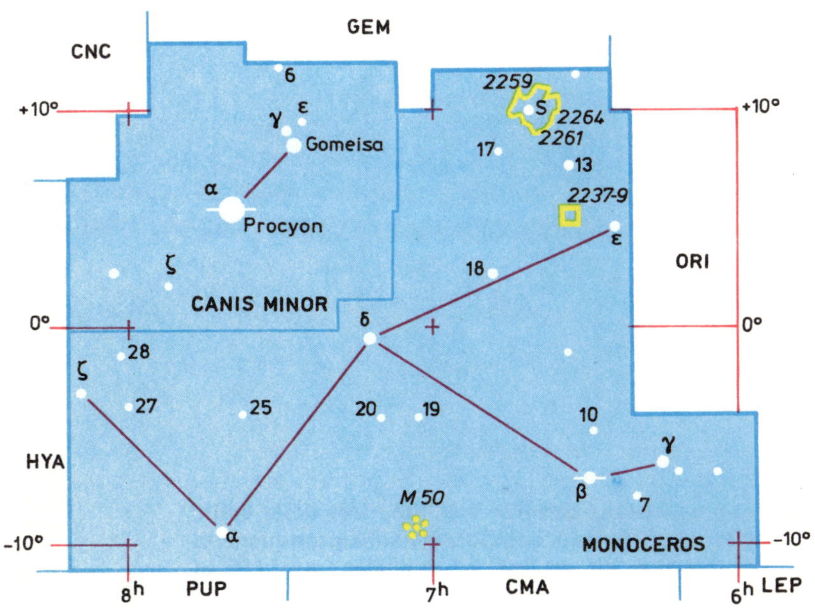

LES AMAS STELLAIRES ET LES NÉBULEUSES DANS LA LICORNE

La Licorne. Cellarius, *Harmonia macrocosmica*, 1763.

NGC 2264 (page ci-contre, en haut, à gauche): $\alpha = 6$ h 41,1 mn $\delta = +9°54'$, amas stellaire ouvert, relié à une nébuleuse diffuse appelé parfois «arbre de Noël». L'«arbre» a une hauteur de 26′ (pratiquement le diamètre apparent de la Lune) et un diamètre réel de 20 années-lumière. L'amas contiendrait 150 membres et sa distance serait de 2600 années-lumière de la Terre. Son étoile la plus brillante est *S de la Licorne* (dessin du haut et du bas, page ci-contre); c'est une géante blanche très chaude de classe O; sa luminosité est de 8500 soleils. Les caractéristiques, physiques des étoiles de NGC 2264 témoignent du jeune âge de ces objets, la majorité des membres n'auraient pas plus de 1 à 2 millions d'années. Le berceau des étoiles de «l'arbre de Noël» est une vaste nébuleuse dans laquelle est noyé l'amas stellaire. Elle est trop faible pour être observée à l'œil nu mais des photographies montrent son gigantisme et de nombreux détails intéressants. Nous mentionnerons le plus remarquable d'entre eux: la *nébuleuse sombre «Cône»* (en haut, à droite). Cette formation très particulière se dessine nettement dans le fond de la nébuleuse brillante; elle ressemble à un cône sombre, haut de 6 années-lumière.

NGC 2261 — nébuleuse variable de Hubble: $\alpha = 6$ h 39, 1 mn $\delta = +8°43'$; nébuleuse gazeuse très inhabituelle qui ceint l'étoile variable encore plus surprenante *R de la Licorne.* Cette nébuleuse qui ressemble à une queue de comète change rapidement et irrégulièrement dans ses détails, parfois d'un jour à l'autre. L'étoile ou plus exactement l'objet R de la Licorne est dissimulée par la proéminence sud de la nébuleuse, elle connaît des variations irrégulières d'éclat allant de 10^m à 12^m; c'est une source puissante de rayons infra-rouges. Peut-être assistons-nous à la naissance d'une étoile qui est jusqu'à présent enveloppée par de la poussière stellaire qui absorbe sa radiation, se réchauffe et se transforme en source de rayonnement infrarouge.

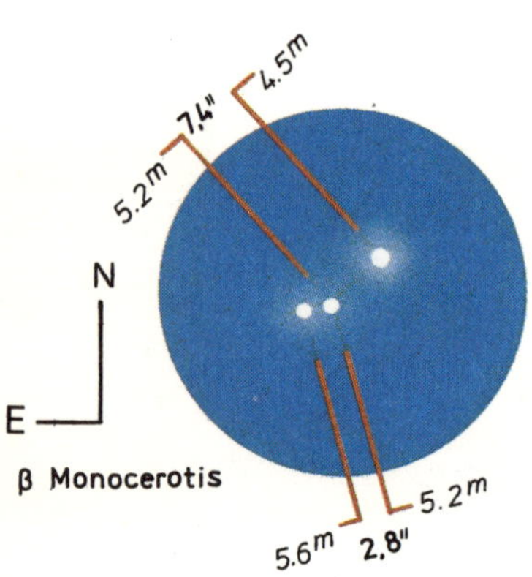

Bêta de la Licorne: $\alpha = 6$ h 28,8 mn $\delta = -7°02'$; très belle étoile triple pour petit télescope; les trois composants sont pratiquement aussi brillants. La distance du groupe est évaluée entre 150 et 200 années-lumière de la Terre.

En haut, à gauche: amas stellaire NGC 2264 relié à une nébuleuse.

La nébuleuse sombre «Cône».

Évolution de l'aspect de la nébuleuse variable de Hubble, non pas provoquée par les déplacements de matière dans la nébuleuse, mais par des variations des conditions d'éclairage, c'est-à-dire par le mouvement des ombres des matières foncées qui entourent l'étoile brillante. La nébuleuse aurait un diamètre d'une année-lumière environ.

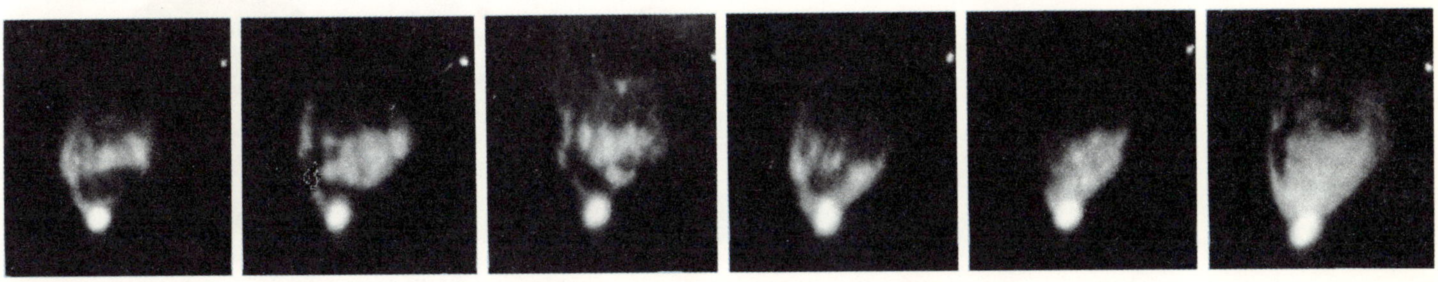

27. 4. 1919 19. 12. 1919 9. 10. 1920 29. 12. 1921 24. 10. 1922 26. 10. 1933

ERIDANUS

Eridani · Eri · Éridan

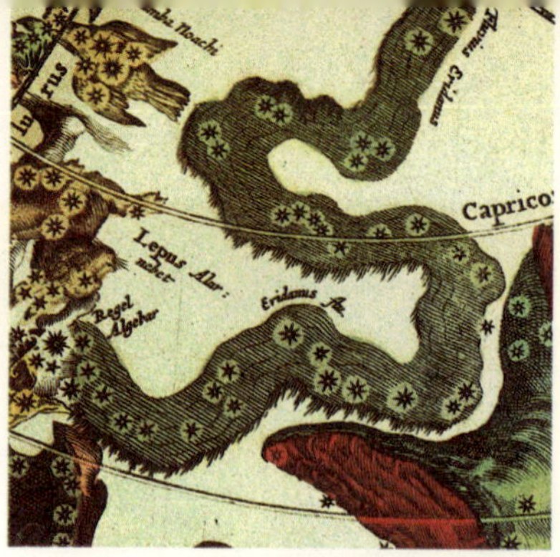

Éridan (détail). Cellarius, *Harmonia macrocosmica,* 1763.

Alpha d'Éridan ou Achernar: $\alpha = 1$ h 37,7 mn $\delta = -57°15'$; neuvième étoile par ordre de brillance dans le ciel, $0{,}53^m$. Géante bleue très chaude; température de surface: 14 000 K; luminosité: 650 soleils; distance: 120 années-lumière de la Terre.

Epsilon d'Éridan: $\alpha = 3$ h 32,9 mn $\delta = -9°28'$; étoile peu remarquable ; $3{,}7^m$; une des plus proches voisines du Soleil; distance: 10,8 années-lumière de la Terre seulement. Elle ressemble au Soleil par sa taille, sa masse, sa classe spectrale et sa luminosité; c'est pourquoi elle a été choisie en 1959 dans le cadre du projet «OZMA», chargé d'identifier des signaux provenant de civilisations hypothétiques. Toutes ces tentatives n'ont pas été couronnées de succès jusqu'à présent.

Omicron 2 d'Éridan (40 d'Éridan) (dessin du bas): $\alpha = 4$ h 15,3 mn $\delta = -7°40'$; étoile triple particulièrement intéressante. Grâce à sa petite distance (16 années-lumière de la Terre), nous avons la chance d'observer avec un petit télescope une naine blanche qui correspond au composant B. Ce fut la première étoile de ce type identifiée en 1910. Le composant B a un diamètre deux fois supérieur à celui de la Terre; cependant sa masse est à peu près égale à la moitié de la masse solaire et sa densité avoisine 100 kg/cm³. La force gravitationnelle s'exerçant sur la surface de cet objet est 37 000 fois supérieure à celle de la Terre. Le composant C est digne d'intérêt; c'est une naine rouge très peu massive (0,2 masse solaire), sa luminosité est de 0,0008 soleil. Le système se déplace très rapidement (4,08″ en une année).

NGC 1300: $\alpha = 3$ h 19,7 mn $\delta = -19°24'$; un des meilleurs exemples de galaxies spirales barrées de type SBb. Magnitude apparente: $11{,}3^m$; dimensions angulaires: 6,0′ × 3,2′, centre très brillant.

NGC 1232: $\alpha = 3$ h 09,7 mn $\delta = -20°34'$; galaxie spirale de type Sc avec de nombreux bras spiralés; $10{,}7^m$, dimensions angulaires: 7,0′ × 6,0′.

Étoile triple Omicron 2 d'Éridan. Taille relative des composants A, B, C et du Soleil (à gauche); orbite apparente des composants B et C (au centre) et aspect de l'étoile triple observée au télescope (à droite).

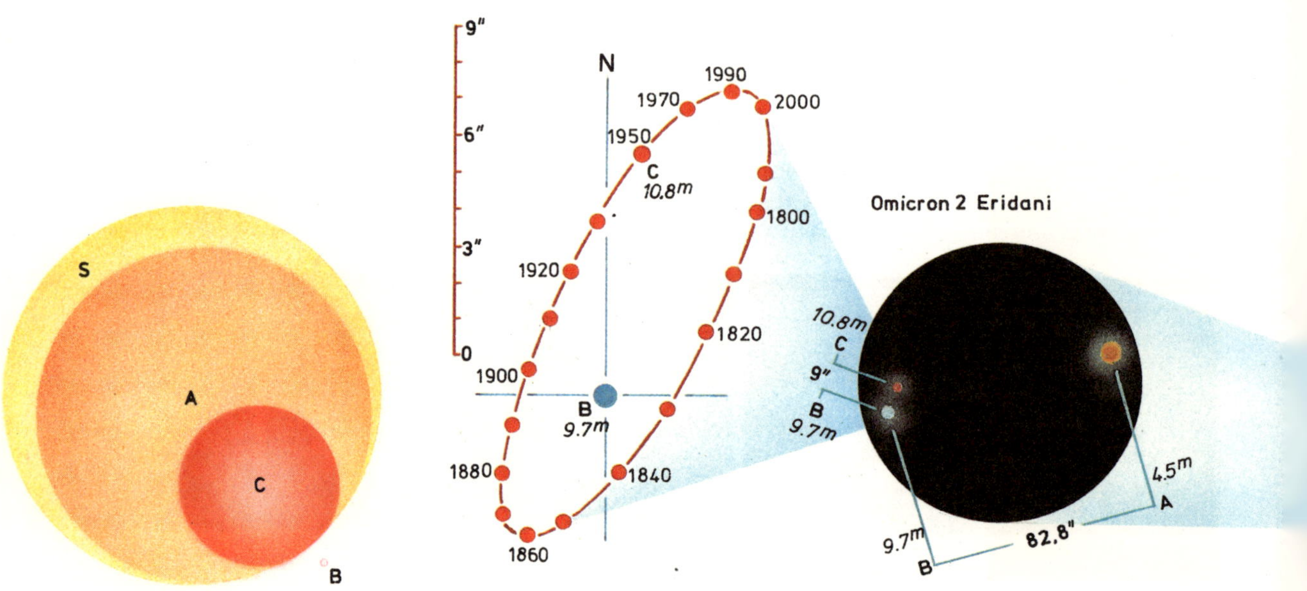

Galaxie NGC 1300.

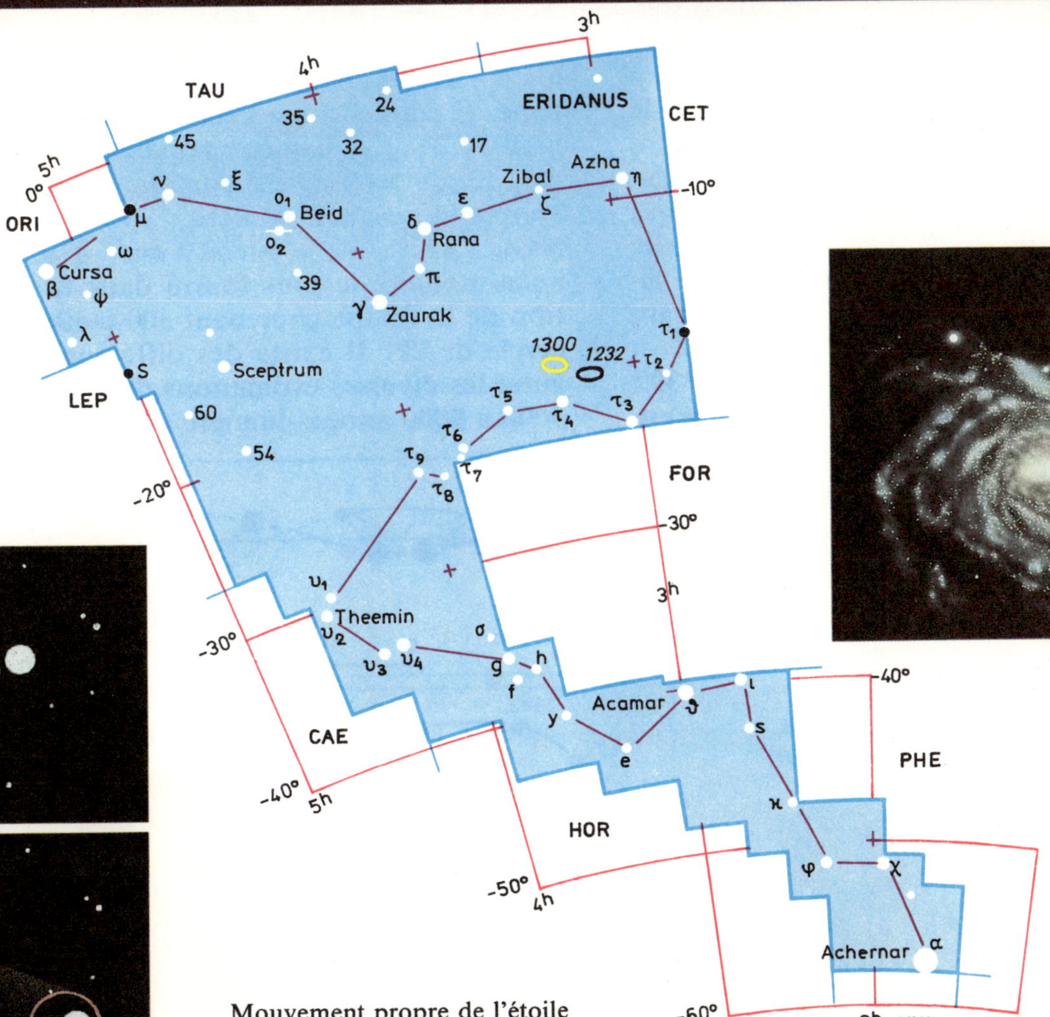

Galaxie NGC 1232.

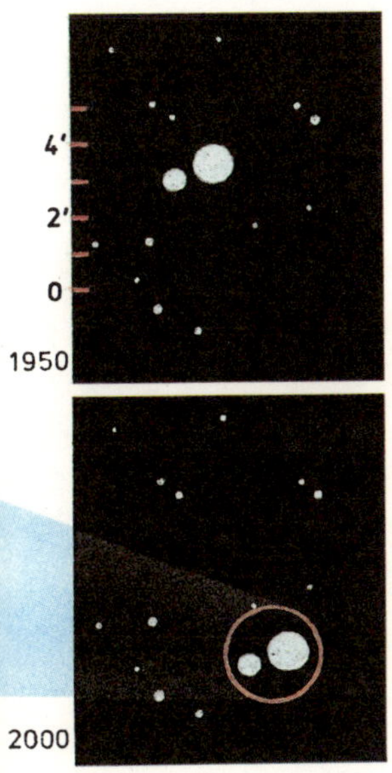

Mouvement propre de l'étoile triple Omicron 2 d'Éridan dans une période de 50 ans, de 1950 à l'an 2000.

CMA CANIS MAJOR

Canis Majoris · CMa · le Grand Chien

PUP PUPPIS

Puppis · Pup · la Poupe

Le Grand Chien (détail). Code astronomique du XIVe siècle.

Alpha du Grand Chien ou Sirius: $\alpha = 6$ h 45,2 mn $\delta = -16°43'$; étoile la plus brillante de la voûte nocturne, joyau des nuits hivernales. — $1{,}4^m$; de couleur blanche brillante avec parfois des scintillements apparents, elle passe par toutes les couleurs de l'arc-en-ciel. Distance: 8,7 années-lumière de la Terre; cinquième étoile par ordre de proximité. Type spectral A 1; son diamètre égale 1,8 fois celui du Soleil; température de surface: 10 000 K; luminosité: 23 soleils.

Sirius B, le compagnon de Sirius, est très célèbre ; c'est la plus populaire des naines blanches. Dans les années 1834—1844, Bessel avait présupposé son existence d'après les écarts observés dans le mouvement de Sirius A. En 1862, A. Clark découvrit Sirius B, mais ce n'est qu'en 1915 qu'on identifia la nature de cette étoile hors du commun. Sa masse est pratiquement égale à celle du Soleil pour un diamètre de seulement 30 000 km et une densité d'environ 130 kg/cm^3. Magnitude de Sirius B: $8{,}65^m$; elle se fond cependant dans le rayonnement de Sirius A et il faut utiliser un télescope puissant pour l'apercevoir.

L_2 de la Poupe: $\alpha = 7$ h 13,5 mn $\delta = -44°39'$; variable à longue période, dont l'éclat varie entre 3^m et 6^m dans une période de 141 jours. Géante rouge, classe M 5. Distance: environ 200 années-lumière de la Terre. Ses variations d'éclat sont provoquées par des pulsions de l'étoile.

NGC 2362: $\alpha = 7$ h 18,7 mn $\delta = -24°58'$; magnifique groupe contenant une cinquantaine d'étoiles de $7{,}5^m$ à 13^m, entourant l'étoile Tau CMa (4^m) dans le cercle 6'. Distance: 4600 années-lumière de la Terre. C'est l'un des plus jeunes amas stellaires que nous connaissions (âge: 1 million d'années). L'amas est constitué en grande partie par des géantes de type O et B, très lumineuses.

M 41 — NGC 2287: $\alpha = 6$ h 47,1 mn $\delta = -20°45'$; amas stellaire très brillant, visible à l'œil nu et distinguable avec un petit télescope. Il contient une centaine d'étoiles de magnitude 7 à 13; diamètre apparent 30', diamètre réel 20 années-lumière environ. Distance: 2350 années-lumière de la Terre.

NGC 2477: $\alpha = 7$ h 52,3 mn $\delta = -38°33'$; amas stellaire le plus fourni dans la constellation de la Poupe contenant 300 étoiles dans un cercle de 20'. Il existe des différences notables entre les diverses estimations de sa distance (de 3000 à 9000 années-lumière de la Terre).

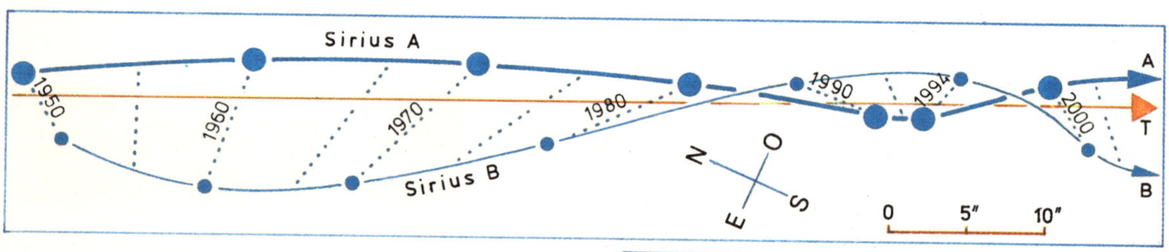

En haut: mouvement apparent de Sirius A, B. Le centre de gravité du système se déplace sur une droite.

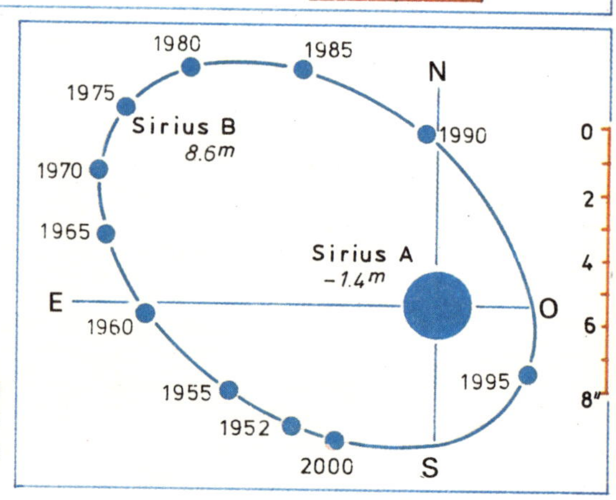

A droite: trajectoire apparente de la binaire Sirius A, B. La distance des deux composants varie entre 3″ et 11,5″ dans une période de 49,98 années.

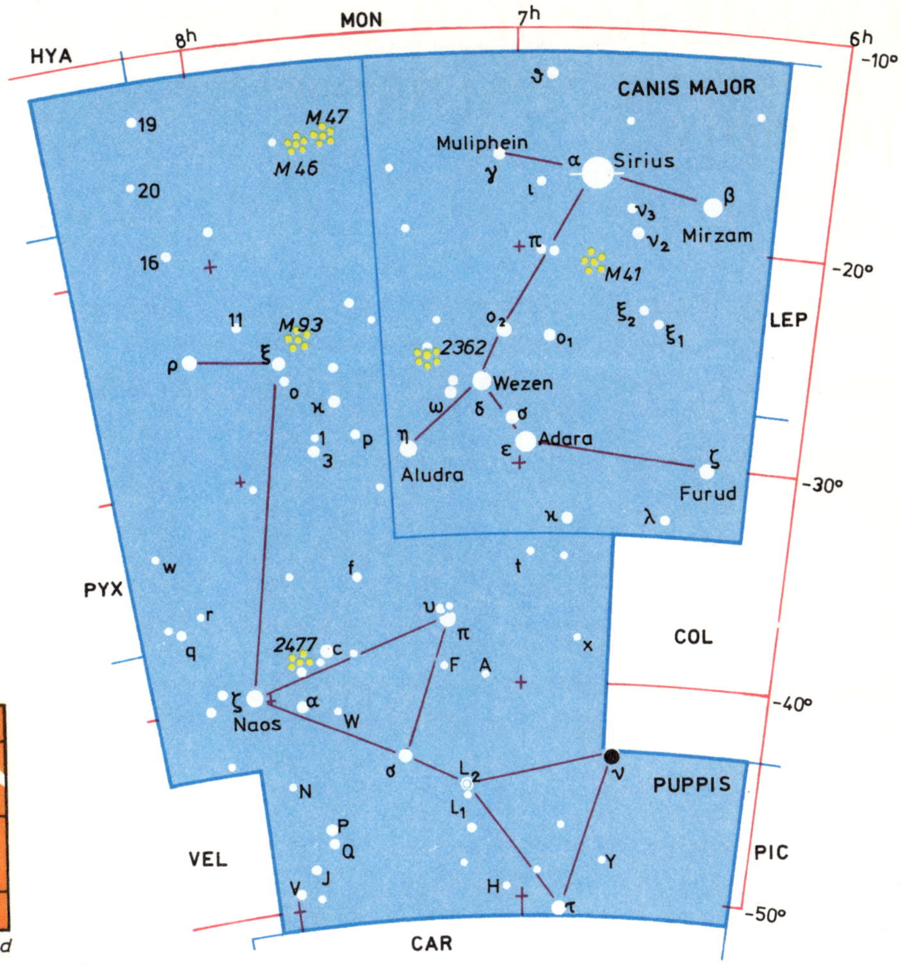

Courbe de lumière indiquant les variations d'éclat de la variable L_2 de la Poupe.

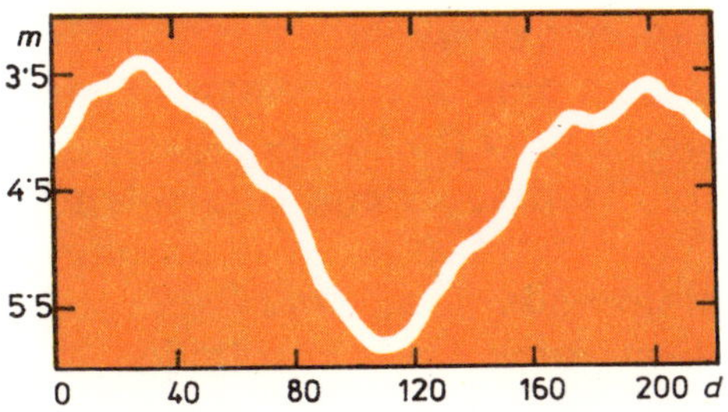

Les plus beaux amas stellaires ouverts dans les constellations du Grand Chien et de la Poupe. A gauche: NGC 2362, au centre: M 41, à droite: NGC 2477.

D LES CONSTELLATIONS DE PRINTEMPS

Le ciel sous l'horizon.
P. Apianus, *Cosmographica*, 1535.

Cette région céleste est relativement pauvre en étoiles brillantes mais elle abonde par contre en galaxies et en amas galactiques. Sur le dessin de la page 12, la droite perpendiculaire au plan de la Galaxie est orientée vers la constellation *Coma Berenices* (la Chevelure de Bérénice). Dans cette région, hors de la Voie lactée s'ouvrent des «fenêtres galactiques» qui nous permettent de plonger dans les profondeurs les plus reculées de l'univers.

Pour nous orienter dans le ciel du Nord, nous utilisons comme point de départ une constellation très largement connue: le Grand Chariot, qui fait partie d'*Ursa Major* (la Grande Ourse). La droite reliant les étoiles Dubhe et Merak est orientée vers le sud, vers la constellation *Leo* (le Lion). Nous reconnaissons aisément le Lion grâce au groupe d'étoiles dessinant un point d'interrogation ou bien encore une faucille de taille importante; c'était autrefois la crinière du Lion. Regulus, l'étoile la plus brillante dans le Lion, se trouve sur l'écliptique. Si nous prolongeons le timon du Grand Chariot en arrondi (ou la queue de l'Ourse) vers l'équateur nous rencontrons l'étoile orange Arcturus dans la constellation *Bootes* (le Bouvier). En suivant cet arc de cercle au-delà d'Arcturus sous l'équateur, nous trouvons la brillante Spica dans la constellation *Virgo* (la Vierge). Les trois étoiles Regulus, Arcturus et Spica constituent le triangle du Printemps, très utile pour l'orientation. Au-dessous de ce triangle s'étend une constellation étirée: *Hydra* (l'Hydre), dont la tête se niche sous la constellation du Cancer (voir carte page 165). Entre l'Hydre et la Vierge se situe la petite constellation *Corvus* (le Corbeau); nous trouvons également une seconde constellation moins apparente, *Crater* (la Coupe).

Au sud, sous l'Hydre, s'étend une splendide portion de la Voie lactée avec les deux plus célèbres constellations du sud: *Crux* (la Croix) et *Centaurus* (le Centaure). Il est inutile de se rendre dans l'hémisphère Sud pour observer ces constellations. La Croix est visible très bas au-dessus de l'horizon depuis le Tropique du Cancer (parallèle 23,5°, latitude Nord).

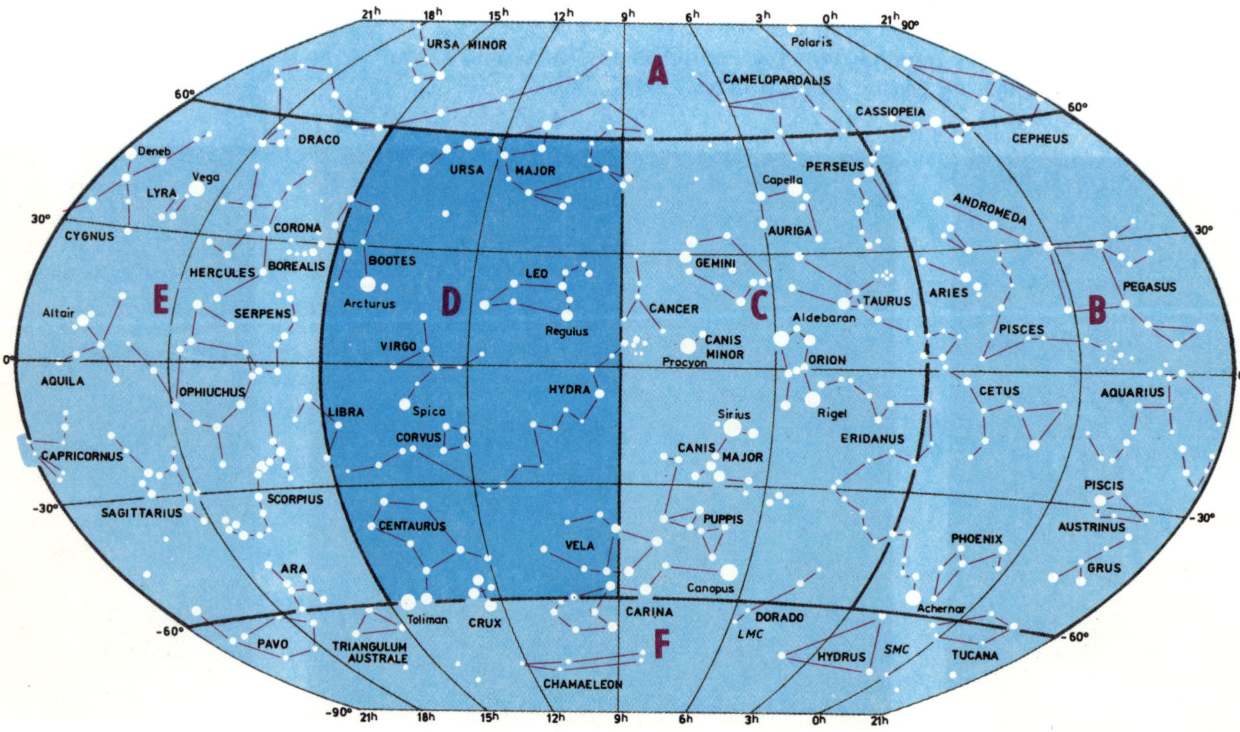

DRACO
LYNX
Dubhe
Merak
Alcor
Mizar
URSA MAJOR
CANES VENATICI
LEO MINOR
CANCER
COMA BERENICES
Arcturus
Denebola
Regulus
Vindemiatrix
BOOTES
LEO
15h
14h
13h
12h
11h
10h
9h
60°
50°
40°
30°
20°
10°
-10°
-20°
-30°
-40°
-50°
-60°
Alfard
ecliptica
Spica
VIRGO
SEXTANS
CORVUS
LIBRA
CRATER
HYDRA
HYDRA
PYXIS
CENTAURUS
ANTLIA
Omega Centauri
LUPUS
VELA
CRUX
CIRCINUS
CARINA
NORMA
Agena
Toliman
Acrux

BOO

BOOTES

Bootis · Boo · le Bouvier

COM

COMA BERENICES

Comae Berenices · Com · la Chevelure de Bérénice

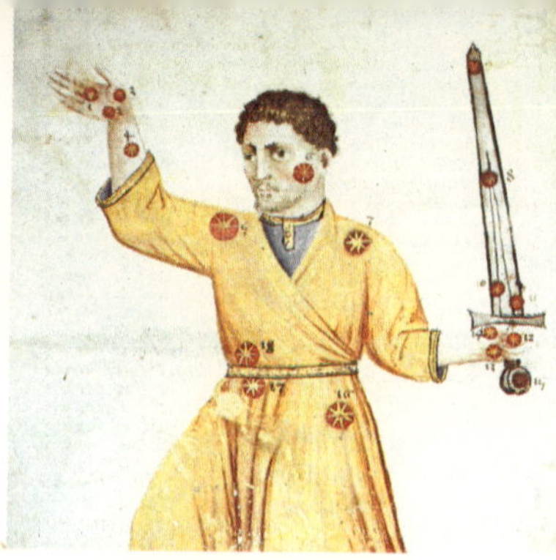

Le Bouvier. Code astronomique du XIVe siècle.

Alpha du Bouvier ou Arcturus: α = 14 h 15,7 mn δ = +19° 11′; −0,06^m; c'est la quatrième étoile par ordre de brillance dans le ciel. Géante orange, spectre K 2, luminosité 115 soleils; diamètre: 25 fois celui du Soleil. Distance: 37 années-lumière de la Terre.

M 64 — NGC 4826 (page ci-contre, en haut, à gauche): α = 12 h 56,7 mn δ = +21° 41′; galaxie spirale de type Sa ou Sb, présentant des nuages de poussière sombre très nets à proximité du noyau central. Dimensions apparentes: 7,5′ × 3,5′. Elle ressemble à une petite étoile brumeuse de magnitude 8 lorsqu'on l'observe avec un petit télescope. La distance de M 64 est estimée entre 20 et 25 millions d'années-lumière selon les sources.

NGC 4565 (en bas, à droite): α = 12 h 36,3 mn δ = +26° 00′; un des plus beaux prototypes de grande galaxie spirale observée par la tranche. Le long de l'équateur de la galaxie apparaissent des nuages sombres de poussière qui absorbent la lumière des nuages stellaires et constituent des spirales autour de la vaste concentration centrale brillante. Diamètre angulaire: 15′; éclat apparent 10,5^m; distance: 20 millions d'années-lumière de la Terre; diamètre réel: 90 000 années-lumière

Amas de galaxies dans la Chevelure de Bérénice: α = 13 h 00 mn δ = +28° ; le dessin de la page ci-contre, en haut à droite, représente sa partie centrale. Elle contient plus de 1000 galaxies; elle se situe à 400 millions d'années-lumière environ de la Terre. Diamètre angulaire de ce gigantesque groupe: 3°, ce qui correspond à un diamètre réel d'environ 20 millions d'années-lumière.

L'objet le plus brillant situé près du centre de l'amas est la galaxie elliptique géante **NGC 4889**. Elle ne se manifeste cependant que comme une petite étoile de magnitude 13. L'amas s'éloigne de nous à une vitesse de de 6800 km/s.

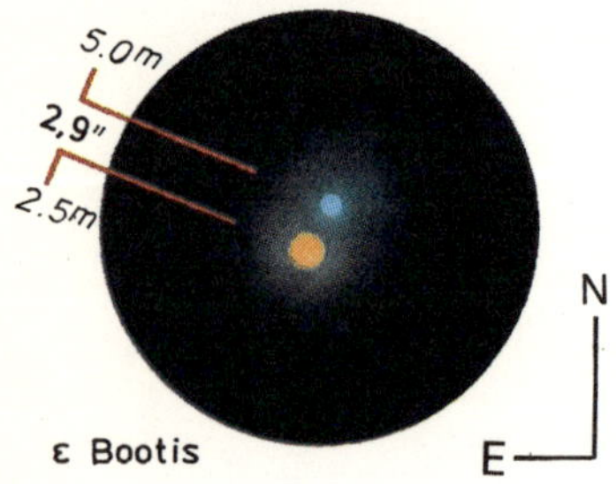

Epsilon du Bouvier ou Izar: α = 14 h 45,0 mn δ = +27° 05′; splendide binaire offrant un très vif contraste de couleur. Le composant le plus brillant est jaune-orangé, sa luminosité est de 500 soleils. Le composant le plus faible est bleuâtre, voire verdâtre; distance évaluée entre 200 et 300 années-lumière de la Terre.

En bas, à droite: galaxie NGC 4565 observée par la tranche. Les nuages foncés de poussière et de gaz interstellaires sont très apparents le long de l'équateur de la galaxie.

M 64 — NGC 4826

Amas de galaxies dans la Chevelure de Bérénice. La galaxie plus brillante est NGC 4889.

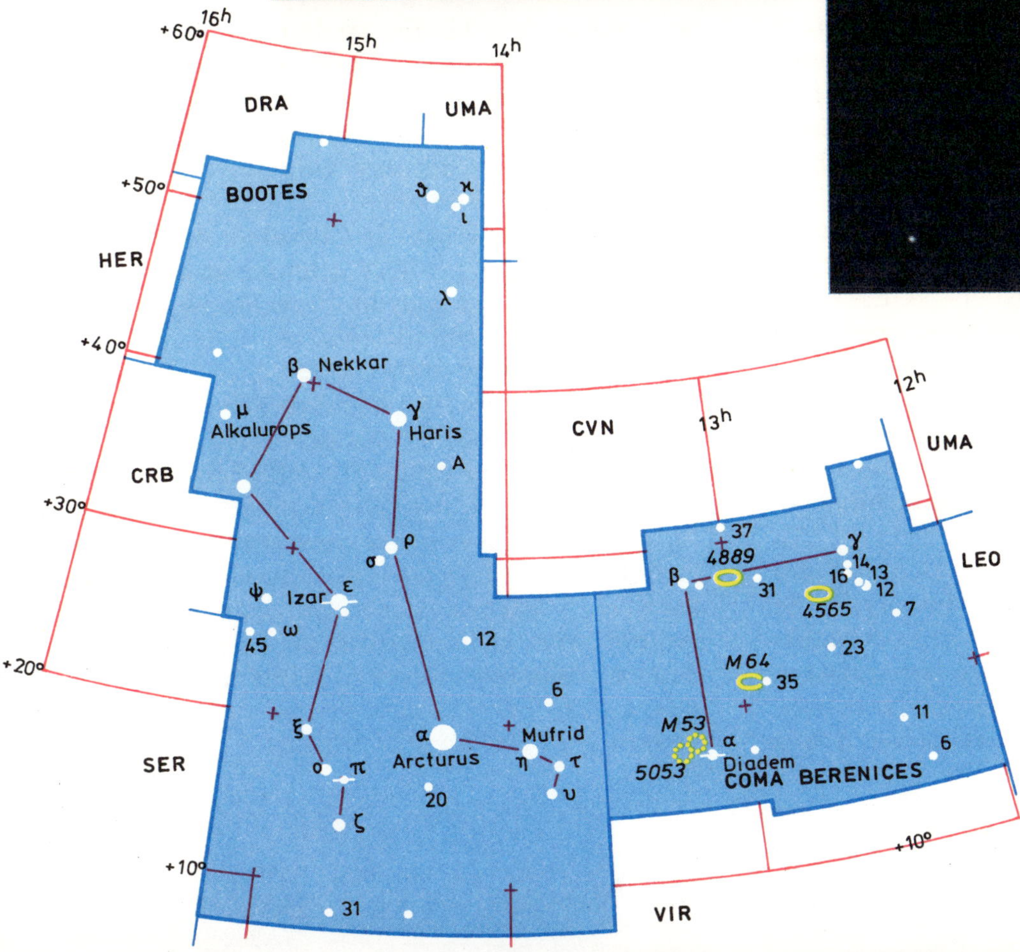

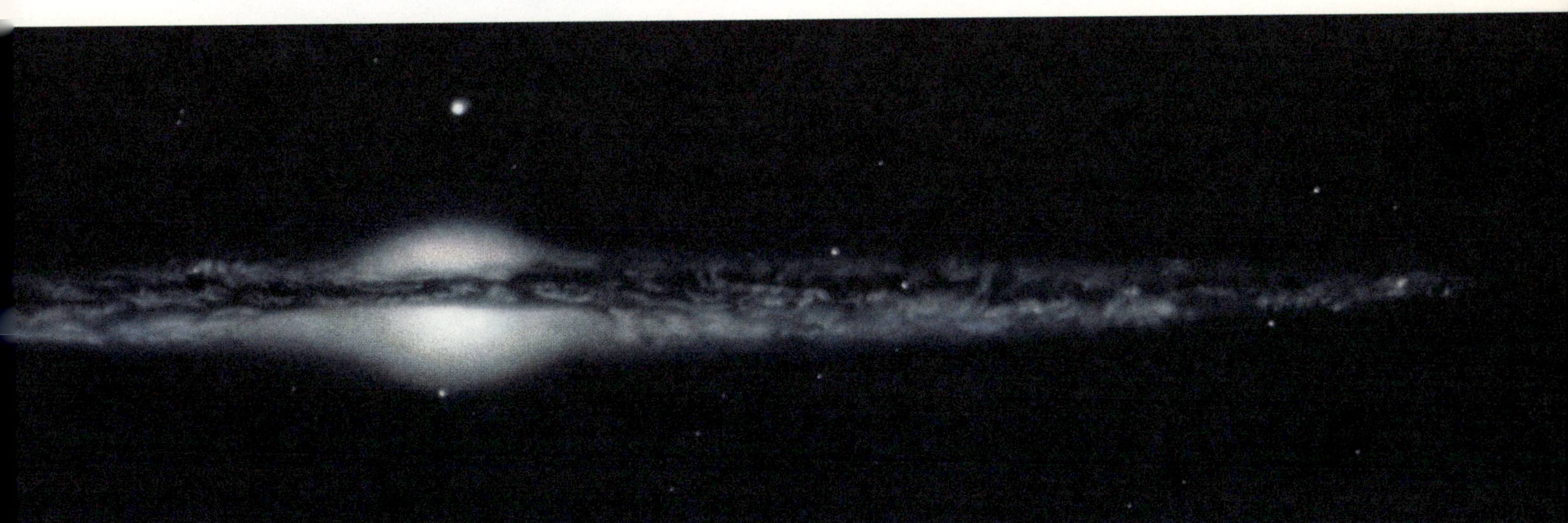

LEO

Leonis · Leo · le Lion

SEXTANS

Sextantis · Sex · le Sextant

Le Lion (détail). Code astronomique du XIVe siècle.

Alpha du Lion ou Regulus: α = 10 h 08,4 mn $\delta = +11°58'$; une des étoiles les plus brillantes dans le ciel du printemps; magnitude 1,4; distance: 85 années-lumière de la Terre. Étoile cinq fois plus grande et 160 fois plus lumineuse que le Soleil. Température de surface: 13 000 K. Regulus se situe à 0,5° seulement de l'écliptique, c'est pourquoi on peut parfois apercevoir à sa proximité la Lune et des planètes claires.

M 65 et **M 66** (NGC 3623 et NGC 3627): α = 11 h 18,9 mn $\delta = +13°06'$ et α = 11 h 20,2 mn $\delta = +13°00'$; couple de galaxies brillantes observables en même temps au télescope avec un faible grossissement. Les deux galaxies ont une magnitude de 10^m, un diamètre apparent de 8′ environ, et sont distantes l'une de l'autre de 21′. La distance de ce couple est évaluée à 29 millions d'années-lumière de la Terre, ce qui conférerait à M 65 un diamètre de 60 000 années-lumière et à M 66 de 50 000 années-lumière. La distance réelle entre les deux galaxies serait de 180 000 années-lumière.

M 95 et **M 96** (NGC 3351 et NGC 3368): α = 10 h 43,9 mn $\delta = +11°42'$ et α = 10 h 46,7 mn $\delta = +11°49'$; ce couple de galaxies se situe à 9° de Regulus. M 96 est la plus brillante des deux; c'est une galaxie spirale de type Sb, $10{,}2^m$; dimensions apparentes: $6{,}0' \times 4{,}0'$. M 95 est plus faible, c'est une galaxie spirale barrée de type SBb qui ressemble à la lettre grecque θ (Thêta); dimensions apparentes: $4{,}0' \times 3{,}0'$. Il semblerait que ces deux galaxies appartiennent au même groupe que M 65 et M 66; leur distance serait presque identique, soit 29 millions d'années-lumière de la Terre.

NGC 3115: α = 10 h 05,3 mn $\delta = -7°42'$; galaxie très brillante (10^m), de forme fuselée; dimensions apparentes: $4{,}0' \times 1{,}0'$. Elle est classée parmi les galaxies elliptiques extrêmement aplaties de type E 7, mais elle pourrait tout aussi bien appartenir au type SO, observée par la tranche. Cependant, on ne distingue pas de ceinture foncée de poussière. Distance de NGC 3115 estimée entre 21 et 25 millions d'années-lumière de la Terre; diamètre réel de la galaxie inférieur à 30 000 années-lumière.

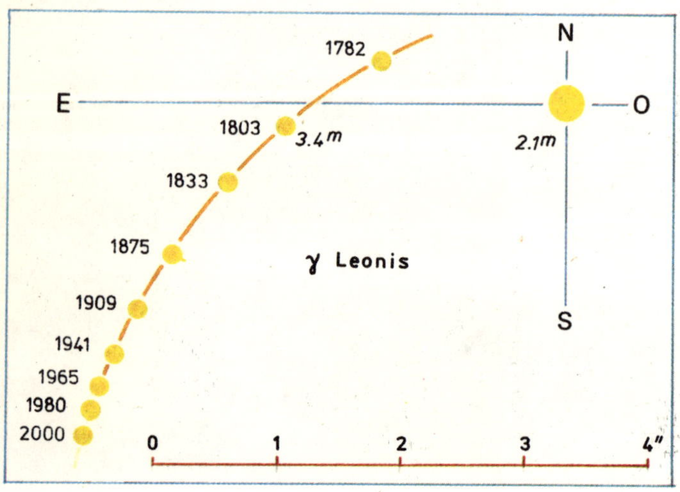

Orbite apparente de la binaire **Gamma du Lion** ou Algieba: α = 10 h 20,0 mn $\delta = +19°51'$. Composants: $2{,}1^m$ et $3{,}4^m$, de couleur jaune, période non déterminée avec exactitude (entre 400 et 700 ans). Distance: 90 années-lumière de la Terre. Très bel objet à observer avec un grand télescope.

NGC 3115: galaxie brillante de forme fuselée dans la constellation du Sextant.

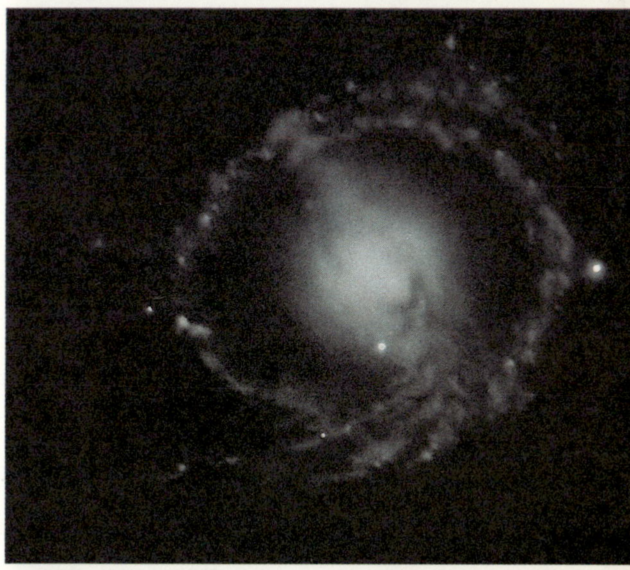

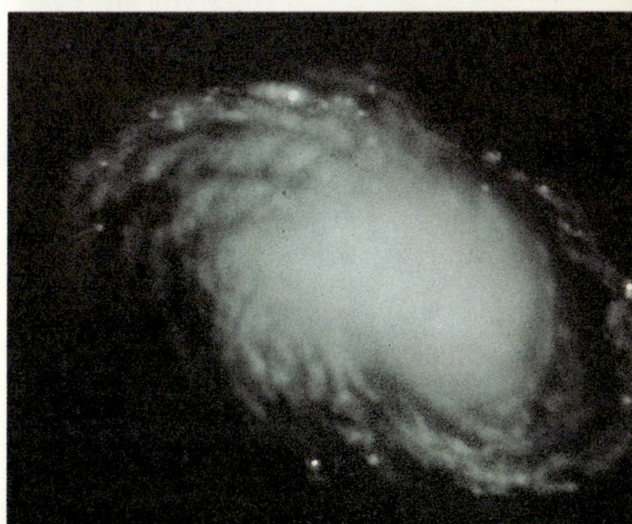

Galaxies spirales brillantes dans le Lion (à droite à partir du haut):

8M 65 — NGC 3623: galaxie spirale de type Sb avec un noyau brillant.

M 66 — NGC 3627: galaxie spirale de type Sb avec de larges bras en spirale.

M 95 — NGC 3351: galaxie spirale barrée.

M96 — NGC 3368: galaxie spirale de type Sa.

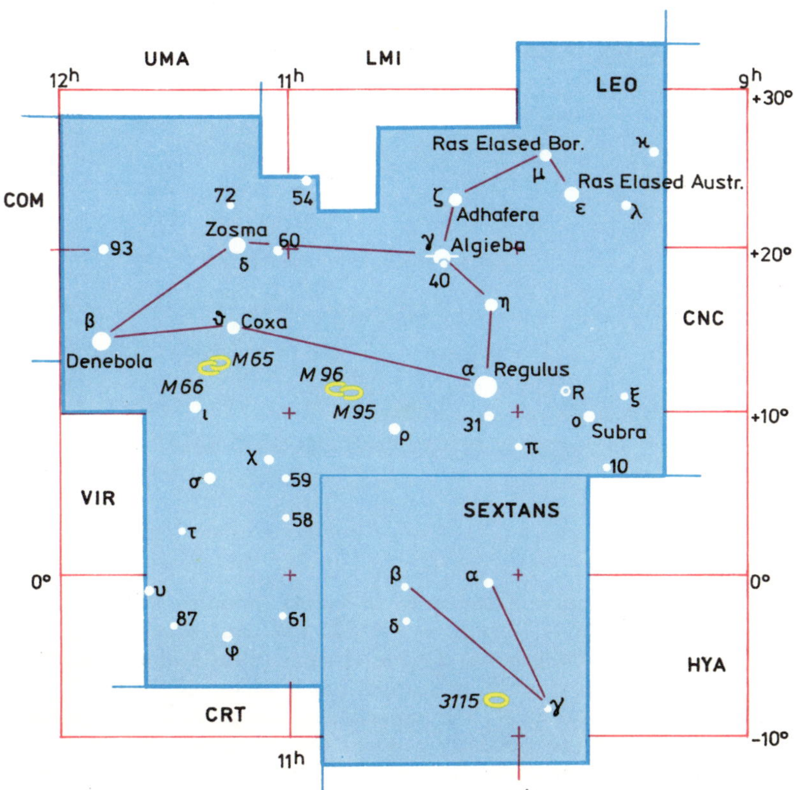

VIR

VIRGO

Virginis · Vir · la Vierge

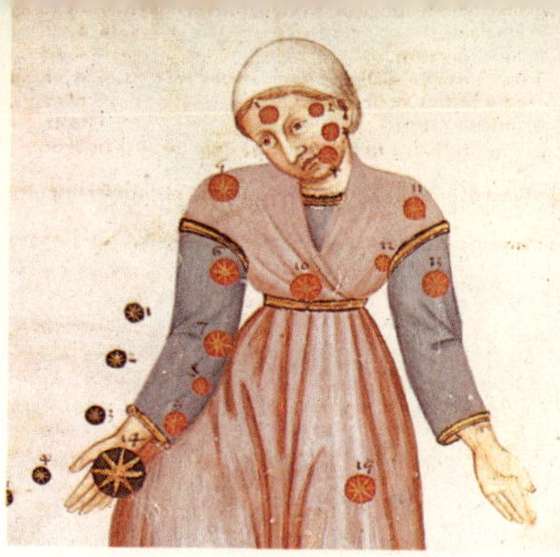

La Vierge (détail). Code astronomique du XIVe siècle.

Alpha de la Vierge ou Spica: α = 13 h 25,2 mn δ = −11°09′; étoile de magnitude 1 (magnitude exacte 1,00); diamètre 8 fois supérieur à celui du Soleil; luminosité: 2300 soleils; spectre B 1; distance: 275 années-lumière de la Terre. *Spica* signifie «épi»; il s'agit de l'épi que tenait la Vierge dans des représentations graphiques de cette constellation.

Amas galactique dans la Vierge: α = 12 h 25 mn δ = +13°. Sur la page ci-contre, en haut à gauche, figure la partie centrale de cet immense amas comprenant 3000 membres environ. C'est le plus proche des grands amas de galaxies. Avec un télescope d'amateur, plusieurs dizaines de galaxies brillantes peuvent être observées (les galaxies elliptiques M 84 et M 86 par exemple qui sont représentées dans notre dessin). La distance de l'amas est supérieure à 40 millions d'années-lumière.

M 87 — NGC 4486: α = 12 h 30,9 mn δ = +12°24′; un des membres les plus importants de l'amas galactique dans la Vierge. Galaxie elliptique brillante de type E1; $9{,}7^m$; diamètre apparent 3′. C'est l'une des galaxies les plus massives et les plus lumineuses que nous connaissions; sa masse atteindrait 800 milliards de soleils. C'est également une puissante radiosource appelée «Virgo A» ou bien encore désignée par le numéro 3 C 274 *(Cambridge Catalogue of Radio Sources).* Ces importants rayonnements radio et X proviennent d'un «jet» brillant issu du noyau de la galaxie et atteignant 4000 années-lumière de longueur. Un courant d'électrons accélérés par un puissant champ magnétique jaillit du noyau provoquant une radiation synchrotron de grande énergie. Un «trou noir» extrêmement massif dans le noyau de la galaxie pourrait être à l'origine de ces manifestations.

M 104 — NGC 4594 ou galaxie Sombrero: α = 12 h 39,9 mn δ = −11°37′; galaxie très renommée, avec une ceinture très apparente de matière interstellaire foncée sur l'équateur du plan de la galaxie. M 104 est une galaxie spirale de type Sa ou bien Sb que nous observons pratiquement par la tranche. Distance: 40 millions d'années-lumière de la Terre; diamètre supérieur à 100 000 années-lumière. Le décalage vers le rouge dans son spectre correspond à une vitesse d'éloignement de 1100 km/s.

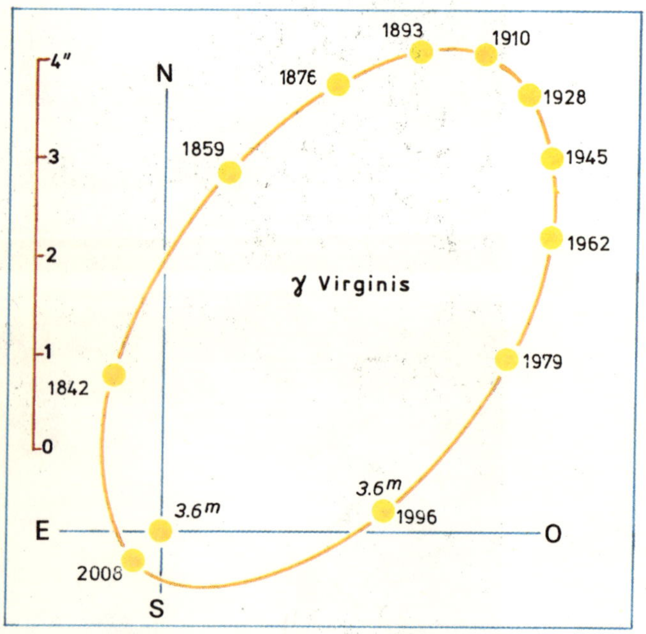

Étoile double **Gamma de la Vierge**, appelée Porrima: α = 12 h 41,7 mn δ = −1°27′. Les deux composants de cette belle étoile double visuelle (c'est-à-dire qu'on peut dédoubler au télescope) ont le même éclat: $3{,}65^m$. Période orbitale: 171 années. Les composants se rapprochent au périastre à 3 ua; leur éloignement maximum est de 70 ua. Distance de l'étoile double: 32 années-lumière de la Terre.

Amas galactique dans la Vierge.

Galaxie elliptique M 87 avec un jet de matière provenant du noyau. Radiosource «Virgo A».

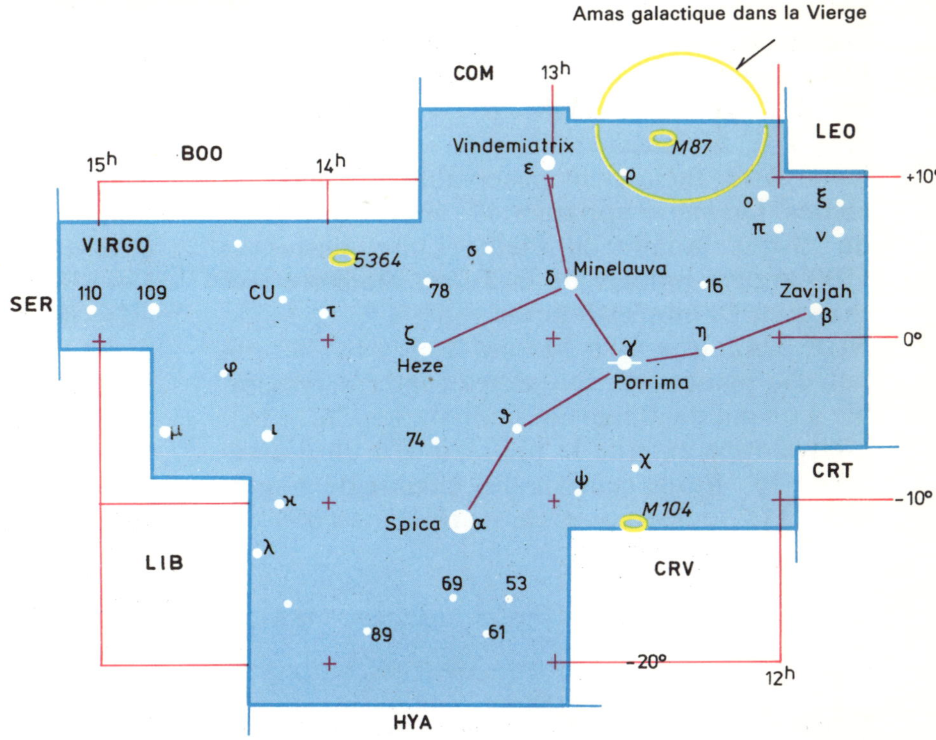

NGC 5364 dans la Vierge; très bel exemple de galaxie spirale de type Sb.

M 104, galaxie appelée «Sombrero».

CRY

CORVUS

Corvi · Crv · le Corbeau

HYA

HYDRA

Hydrae · Hya · l'Hydre

Le Corbeau.
Code astronomique
du XIVe siècle.

L'Hydre est la plus longue et la plus vaste des constellations. La tête de ce monstre se soulève au-dessus de l'équateur vers la constellation du Cancer et son corps de serpent s'étire dans le ciel du Sud jusqu'à la constellation de la Balance.

Alpha de l'Hydre ou Alphard: α = 9 h 27,6 mn δ = −8° 40′; c'est l'étoile la plus brillante dans l'Hydre (magnitude 2). Elle est distante de 95 années-lumière de la Terre; sa luminosité est de 110 soleils.

M 48 — NGC 2548: α = 8 h 13,7 mn δ = −5° 48′; amas stellaire ouvert peu brillant mais vaste, facilement observable avec des jumelles. Diamètre apparent 42′, supérieur à celui du disque lunaire en Pleine Lune. Distance: 1700 années-lumière de la Terre; diamètre réel excédant 20 années-lumière.

NGC 3242: α = 10 h 24,8 mn δ = −18° 38′; nébuleuse planétaire; son anneau interne ressemble à un œil de dimensions apparentes 26″ × 16″. L'enveloppe externe la plus faible a un diamètre de 40″. Étoile centrale très chaude de magnitude 11; température de surface: 60 000 K. Comme pour la plupart des nébuleuses planétaires, l'estimation de sa distance à la Terre varie d'un auteur à l'autre; elle est évaluée entre 1900 et 3300 années-lumière. Le diamètre réel de la nébuleuse se situerait aux alentours de 0,5 année-lumière.

NGC 4038/39: α = 12 h 01,9 mn δ = −18° 51′; couple très particulier de galaxies qui par leur action gravitationnelle réciproque ont créé cette étrange formation (voir page ci-contre, en bas à droite). Cette formation provient-elle de la collision de deux galaxies? Il est probable que les deux galaxies se sont tellement approchées qu'une grande partie de leurs étoiles et de leur matière interstellaire s'est arrachée des orbites et a été expulsée dans l'espace intergalactique. Les filaments recourbés se seraient ainsi formés; leur longueur est surprenante; ils sont répartis au nord et au sud du couple de galaxies. Distance approximative de l'objet: 90 millions d'années-lumière de la Terre; diamètre réel: 100 000 années-lumière. Une formation semblable existe dans la constellation du Cancer (voir page 136).

La tête de l'Hydre n'est pas un amas stellaire mais un ensemble d'étoiles regroupées par hasard, disposées dans l'espace à des distances diverses comprises entre 100 et 400 années-lumière. L'étoile la plus au nord, Epsilon de l'Hydre, est un système de cinq composants, une étoile quintuple.

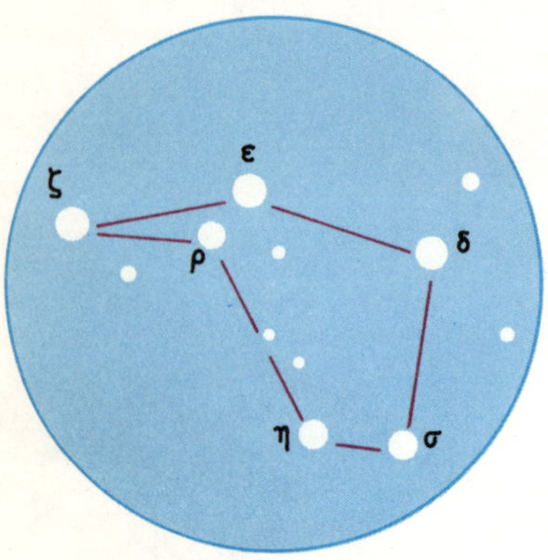

Nébuleuse planétaire brillante NGC 3242.

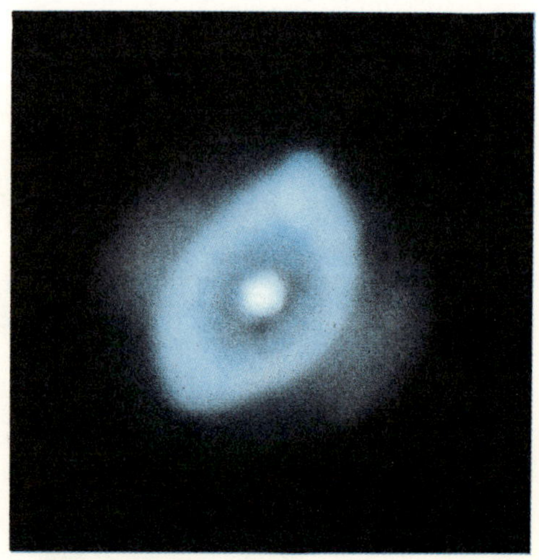

Exemple d'interaction de deux galaxies. Les deux galaxies reliées NGC 4038/39 apparaissent sur des photographies réalisées avec des temps de pose courts, elles ressemblent à des chaînettes d'étoiles brumeuses (détail). Avec des temps de pose plus longs, les régions les plus faibles des galaxies apparaissent; on remarque de longues queues crochues qui s'enfoncent profondément dans l'espace intergalactique.

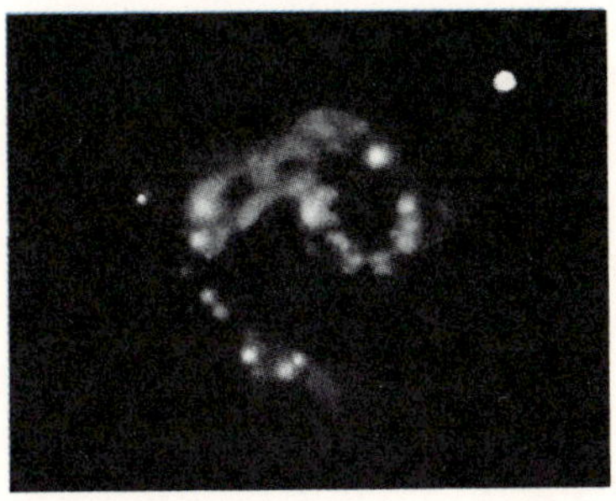

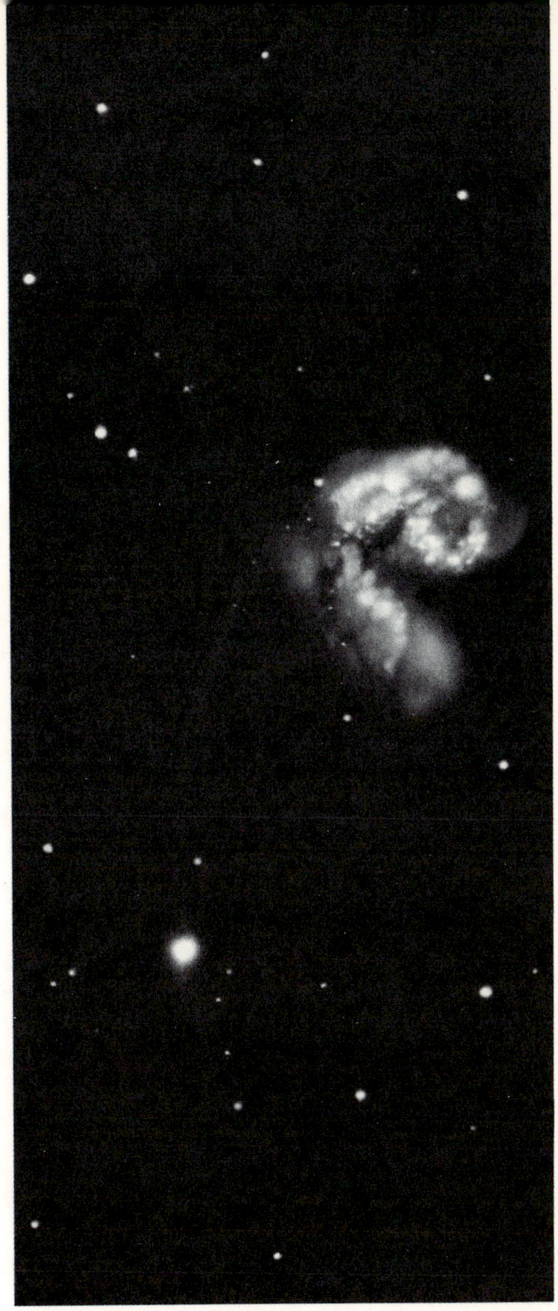

Amas stellaire ouvert M 48 — NGC 2548.

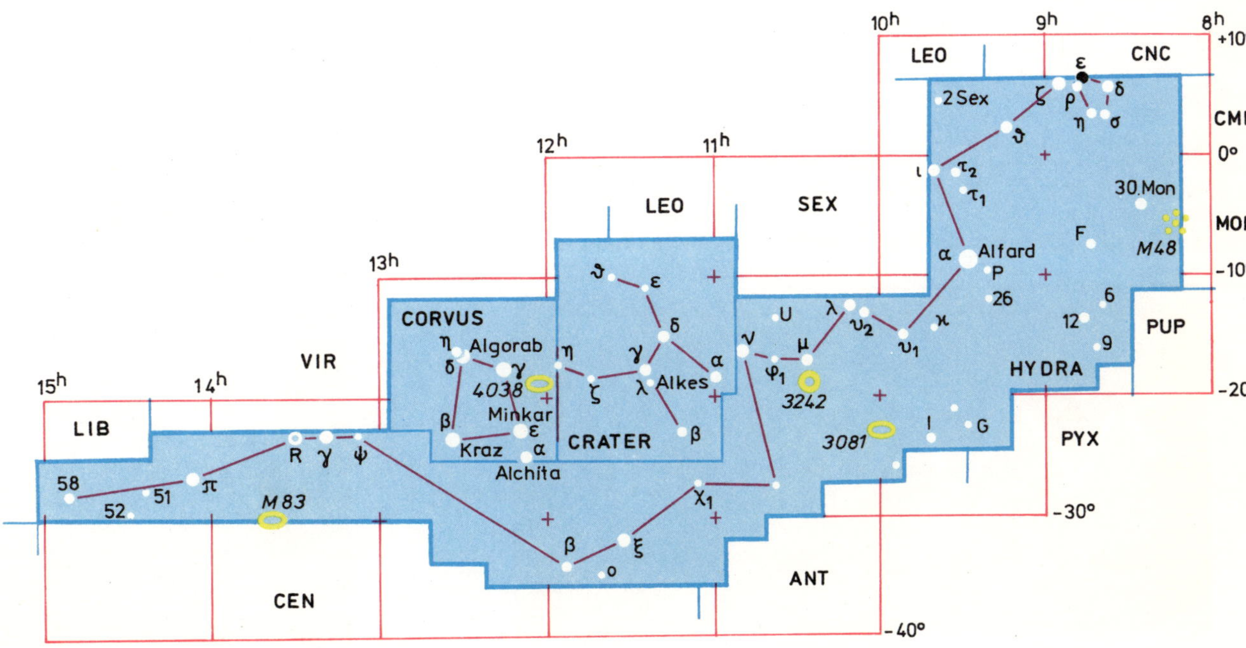

HYA

GALAXIE M 83 DANS L'HYDRE

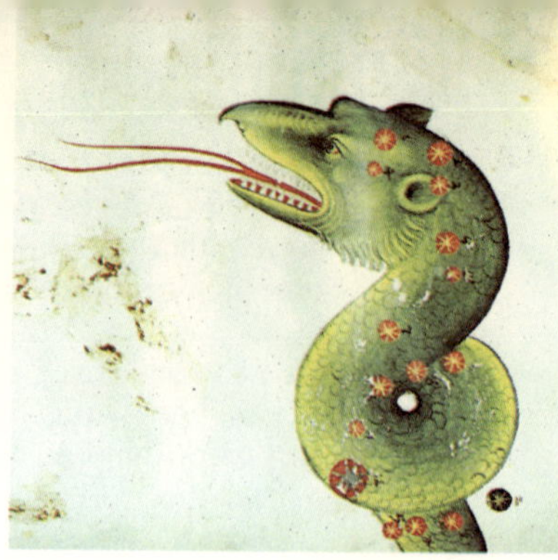

Tête d'Hydre. Code astronomique du XIVe siècle.

M 83 — NGC 5236: α = 13 h 37,1 mn δ = —29° 52′ ; une des plus belles galaxies brillantes dans le ciel du Sud. L'élégante courbe de ses bras spiralés donne l'impression que des nuages stellaires tourbillonnent autour du centre de cet îlot d'étoiles.

M 83 ressemble dans le ciel à un objet brumeux de magnitude 8 avec des dimensions angulaires de 10′ × 8′. Son diamètre réel est de 35 000 années-lumière, c'est-à-dire un tiers du diamètre de notre Galaxie. Distance de cet objet: quelque 12 millions d'années-lumière de la Terre.

La galaxie M 83 figure parmi les galaxies spirales barrées de type SBa. Environ un tiers des galaxies spirales connues sont dotées d'une barre, c'est-à-dire d'une formation droite, habituellement fuselée, contenant des étoiles et de la matière interstellaire, qui s'étend de part en part de la concentration centrale de la galaxie. A partir des extrémités de la barre se déroulent des bras spiralés. Nous ne sommes pas en mesure d'expliquer l'existence de cette barre chez de nombreuses galaxies.

La couleur orange de la barre et de la région centrale de M 83 indique qu'il y a prépondérance d'étoiles anciennes, plus froides et rouges. Par contre dans les bras spiralés domine la couleur bleue des étoiles jeunes, chaudes et très massives, dont l'apparition est récente et qui connaissent une rapide évolution. Les grands nuages d'hydrogène interstellaire ionisé attirent notre attention par leur coloris rouge, voire rose; c'est en leur sein que naissent de nombreuses nouvelles étoiles.

La structure en spirale de la galaxie M 83 est soulignée par une riche division de l'objet et par des ceintures foncées et des nuages de poussière et de gaz interstellaire que l'on peut suivre jusqu'au noyau brillant. Ces détroits foncés ne sont en aucun cas «vides»: ils contiennent d'une part de grandes quantités de matière interstellaire non brillante qui absorbe le rayonnement des étoiles éloignées, et d'autre part de nombreuses étoiles faibles, peu lumineuses.

Toute la surface du dessin est parsemée de diverses étoiles brillantes qui appartiennent à notre Galaxie et au-travers desquelles nous apercevons les profondeurs de l'univers.

Position et courbe de lumière de la variable pulsante et à longue période **R de l'Hydre**: α = 13 h 24,3 mn δ = —22 °46′. Elle peut atteindre au maximum 4^m, et est parfaitement discernable à l'œil nu; au minimum, elle est 250 fois plus faible et ne peut être observée qu'au télescope. Période inférieure à 400 jours. Distance de R de l'Hydre: 325 années-lumière de la Terre.

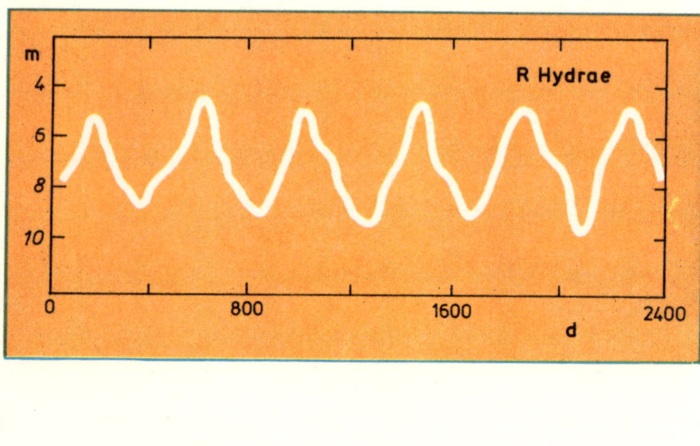

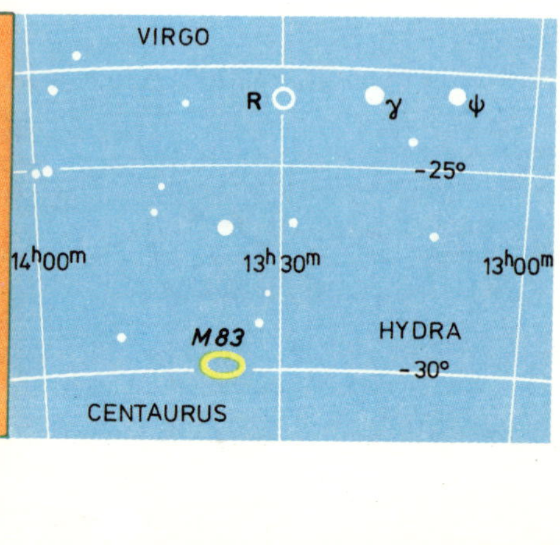

E LES CONSTELLATIONS D'ÉTÉ

Le Cygne.
P. Apianus, *Quadrans*, 1532.

La ceinture argentée de la Voie lactée est un guide très fiable pour identifier les constellations dans cette région du ciel. La Voie lactée traverse une configuration très célèbre, le triangle d'été, qui contient les étoiles brillantes Véga, Deneb et Altaïr. L'étoile blanche bleutée Véga de la constellation de la Lyre est l'une des étoiles les plus brillantes de la voûte céleste. Deneb se situe dans la queue de *Cygnus* (le Cygne) qui vole les ailes déployées le long de la Voie lactée. Dans la constellation *Aquila* (l'Aigle), Altaïr est entourée par deux étoiles plus faibles; cette formation rappelle de loin la Ceinture d'Orion. Au nord d'Altaïr se déploient deux petites constellations: *Sagitta* (la Flèche) et *Delphinus* (le Dauphin).

A l'ouest de Véga nous apercevons la vaste mais peu apparente constellation *Hercules* (Hercule) dont les étoiles faibles forment la lettre K vue dans un miroir. Entre Hercule et le Bouvier (voir les constellations de printemps page 156) s'étend la magnifique *Corona Borealis* (la Couronne boréale) avec la brillante Gemma. Sous la couronne se situe *Serpens Caput* (la Tête de Serpent). *Ophiucus* (Ophiuchus) tient dans sa main le serpent. La constellation *Serpens Cauda* (le Serpent) s'étend jusqu'à l'Aigle et s'insinue entre les deux bras de la Voie lactée.

Parmi les constellations zodiacales nous reconnaissons aisément *Scorpius* (le Scorpion) avec l'étoile rougeâtre Antares. A l'ouest du Scorpion nous trouvons *Libra* (la Balance). A l'est du Scorpion dans les régions brillantes de la Voie lactée s'étend *Sagittarius* (le Sagittaire) suivi sur l'écliptique par *Capricornus* (le Capricorne). Au sud du Sagittaire nous remarquons un petit nuage composé par les étoiles faibles de la constellation *Corona Australis* (la Couronne australe). Au sud du Scorpion s'étend la constellation très apparente *Ara* (l'Autel) qui ressemble au dessin simplifié d'un fauteuil.

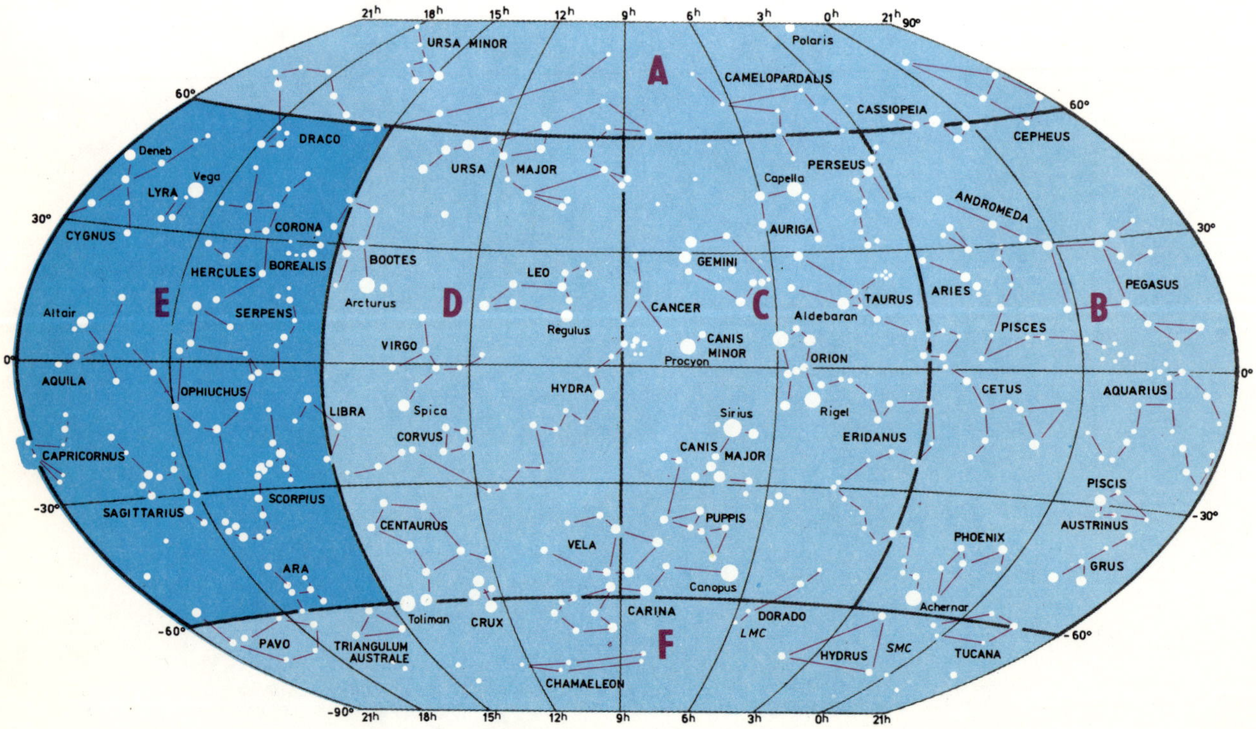

URSA MAJOR
CEPHEUS
60°
DRACO
BOOTES
50°
Deneb
Vega
40°
CORONA
BOREALIS
M13
CYGNUS
30°
Gemma
LYRA
VULPECULA
20°
DELPHINUS
SAGITTA
HERCULES
SERPENS
CAPUT
10°
Altair
15h
21h
20h
19h
18h
17h
16h
AQUILLA
SCUTUM
-10°
SERPENS
CAUDA
ecliptica
-20°
CAPRICORNUS
OPHIUCHUS
Antares
LIBRA
MICROSCOPIUM
-30°
SAGITTARIUS
-40°
SCORPIUS
CORONA
AUSTRALIS
GRUS
-50°
TELESCOPIUM
LUPUS
NORMA
INDUS
-60°
ARA
TRIANGULUM
CENTAURUS
TUCANA
PAVO
CIRCINUS
AUSTRALE

CORONA BOREALIS

CRB

Coronae Borealis · CrB ·
la Couronne boréale

La Couronne boréale.
Code astronomique du XIVe siècle.

Amas galactique dans la Couronne boréale $\alpha = 15$ h 23 mn $\delta + 27°40'$. Nous pouvons considérer les galaxies comme les pierres angulaires de l'immense univers. Elles ne sont pas isolées et indépendantes du milieu mais constituent des groupes plus importants comprenant des dizaines, des centaines, voire des milliers de membres, connectés entre eux par la force de gravitation. De telles formations s'appellent amas galactiques. L'amas galactique dans la Couronne boréale est un exemplaire extrêmement fourni et éloigné de ce genre de formation.

Plus de 400 galaxies sont concentrées dans une petite portion du ciel qui pourrait être recouverte par le disque lunaire. Une partie de cet amas est représenté à droite. Il nous faut faire preuve de beaucoup d'imagination pour nous représenter les dimensions réelles. Les disques sphériques avec un bord à arêtes vives correspondent aux étoiles de notre Galaxie à travers lesquelles nous scrutons les profondeurs de l'univers d'où la lumière met plus d'un milliard d'années pour nous atteindre. Des petits noyaux ovales disséminés sur la surface du dessin représentent les galaxies. Elles sont si éloignées et si faibles que nous ne pouvons les photographier qu'avec des télescopes géants. Les galaxies les plus brillantes de cet amas ont une magnitude apparente de 16,5^m environ.

Les galaxies de cet amas possèdent des orbites complexes. Elles peuvent se rapprocher les unes des autres et faire intervenir leur force gravitationnelle. Des collisions de galaxies peuvent se produire ainsi que des modifications de leur aspect; il peut également exister des cas de «cannibalisme» (lorsqu'une galaxie avale une autre galaxie moins massive).

A une distance de 1 à 1,3 milliard d'années-lumière nous pouvons estimer la vitesse d'éloignement des galaxies, grâce au décalage vers le rouge, à 21 000 km/s, ce qui correspond à 1/14 de la vitesse de la lumière. Cependant l'amas ne se «défait» pas, il se déplace comme un tout sans être lui-même en expansion.

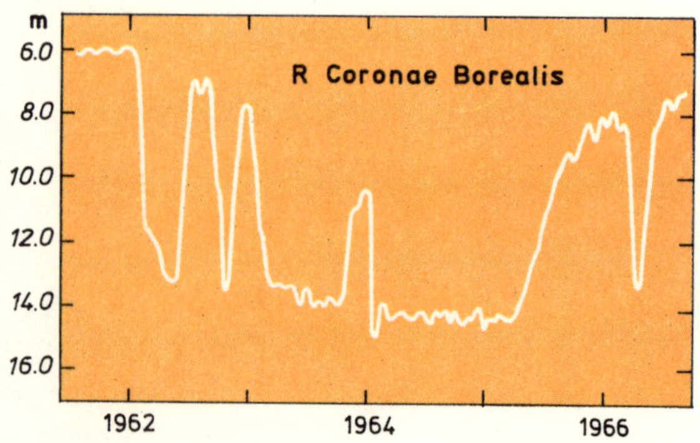

L'étoile variable irrégulière **R de la Couronne boréale**: $\alpha = 15$ h 48,5 mn $\delta = +28°10'$; naît des variations d'éclat tout à fait irrégulières de 6^m à 15^m. Sa courbe de lumière correspondant à sa longue période minimale dans les années 60 est représentée dans le dessin. On a établi grâce à une méthode spectroscopique que l'atmosphère de l'étoile renferme 67 % de carbone. C'est pourquoi R CrB est considérée comme une étoile «fumante», enveloppée parfois par des nuages de suie qui absorbent sa lumière. Lorsque les nuages de carbone se dissipent, l'étoile retrouve son éclat et atteint un maximum de 6^m.

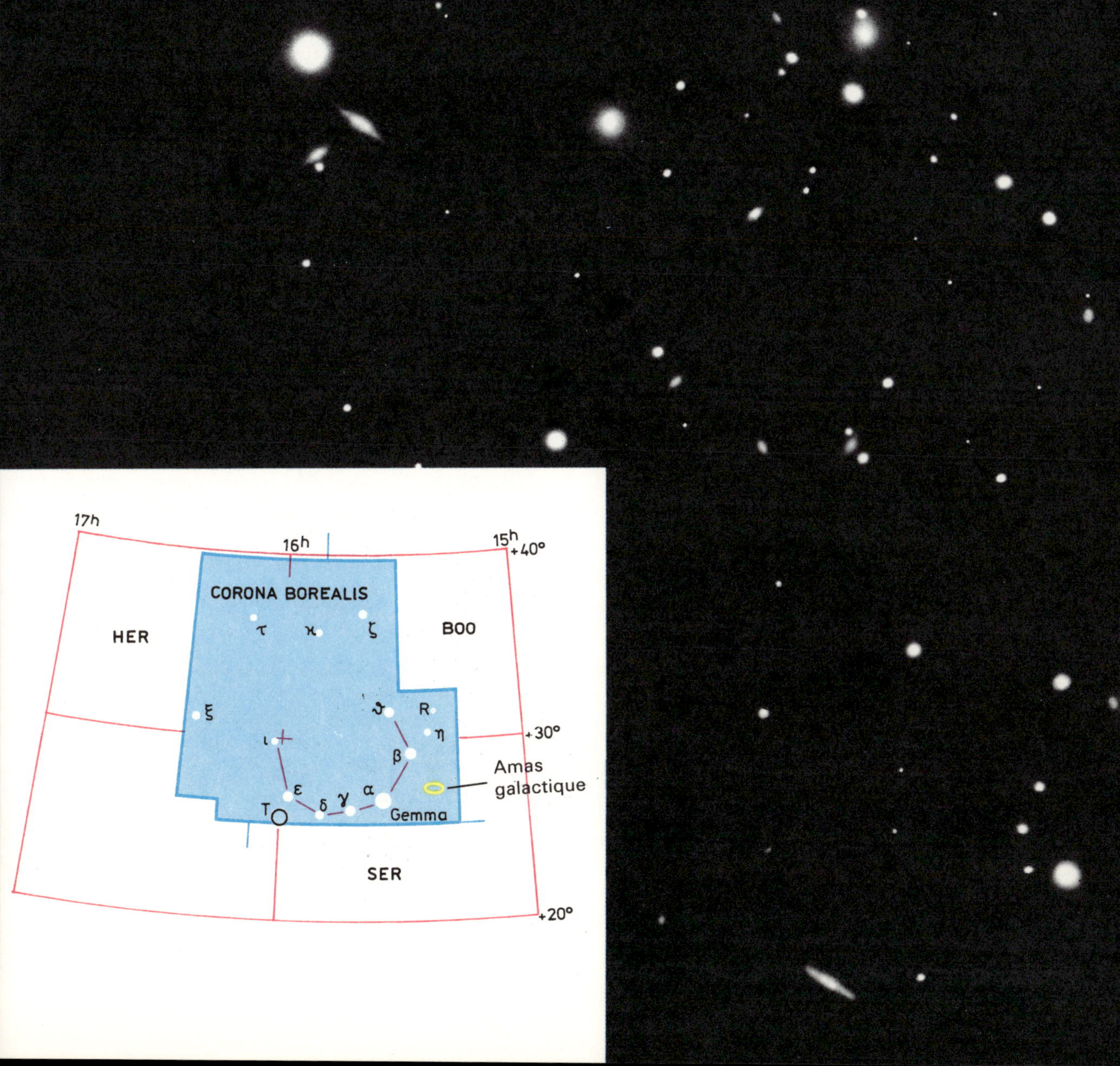

17h
16h
15h
+40°
+30°
+20°
CORONA BOREALIS
HER
BOO
SER
τ
κ
ζ
ξ
ϑ
R
η
ι
β
ε
δ
γ
α
T
Gemma
Amas
galactique

HER

HERCULES

Herculis · Her · Hercule

LYR

LYRA

Lyrae · Lyr · la Lyre

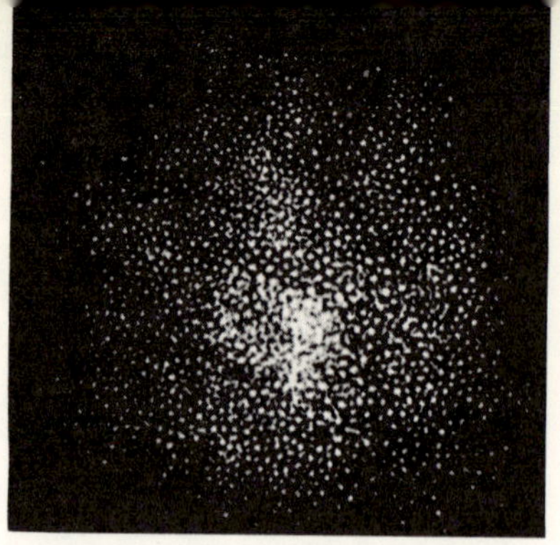

L'amas stellaire globulaire M13. Littrow, *Himmelsatlas*, 1854.

Alpha de la Lyre ou Véga: α = 18 h 36,9 mn δ = +38° 47′; étoile la plus brillante du triangle d'été (voir page 168), cinquième étoile par ordre de brillance dans le ciel, $0{,}04^m$. Distance: quelque 27 années-lumière de la Terre, diamètre: 3,2 fois celui du Soleil, c'est-à-dire 4,5 millions de km. Luminosité: 58 soleils; température de surface: 9200 K, spectre A0, coloration bleutée. En 1983, les détecteurs infra-rouges du satellite IRAS ont détecté autour de Véga un anneau de poussière qui pourrait bien être un embryon de formation planétaire.

Epsilon de la Lyre: α = 18 h 44,4 mn δ = + 39° 40′; une des plus célèbres étoiles multiples connue sous le nom de «double-double». Avec une excellente vue, on peut distinguer sans télescope deux composants, ε_1 et ε_2, distants de 3,5′. Au télescope, on découvre que les deux composants sont eux-mêmes des binaires très serrées (dessin du bas). Le groupe est distant de 180 années-lumière environ. La distance réelle entre les composants ε_1 et ε_2 est pratiquement de 13 000 ua et leur mouvement orbital dure relativement longtemps. La distance entre les composants dans les binaires se situe en moyenne autour de 160 ua.

M 13 — NGC 6205 (en haut, à droite de la page ci-contre): α = 16 h 41,7 mn δ = +36° 27′; amas stellaire globulaire, le plus célèbre du ciel du Nord. A l'œil nu il ressemble à un petit nuage brumeux. C'est un très bon objet à observer au télescope. Éclat total: $5{,}7^m$; diamètre apparent: 23′ (au petit télescope uniquement 10′). Diamètre réel: environ 160 années-lumière; récentes estimations de sa distance: entre 21 000 et 25 000 années-lumière de la Terre. L'amas contiendrait un million d'étoiles, son âge est évalué à 10 milliards d'années.

M 92 — NGC 6341 (non illustré): α = 17 h 17,2 mn δ = +43° 08′; amas stellaire globulaire facilement observable, brillant. Éclat total: $6{,}5^m$, diamètre apparent 8′, distance: 35 000 années-lumière de la Terre.

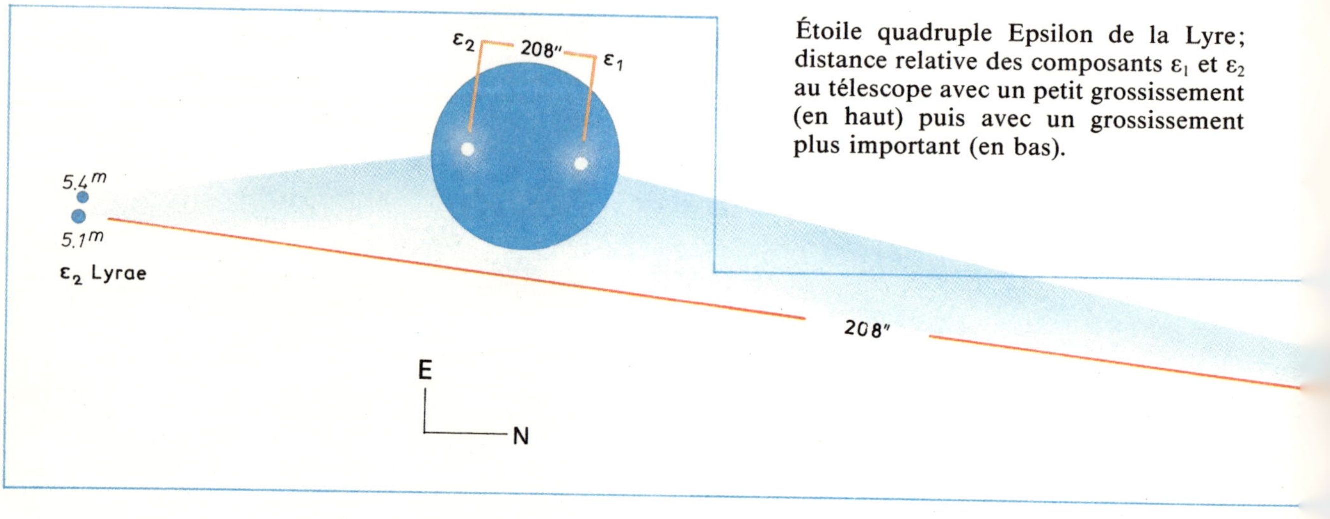

Étoile quadruple Epsilon de la Lyre; distance relative des composants ε_1 et ε_2 au télescope avec un petit grossissement (en haut) puis avec un grossissement plus important (en bas).

Amas stellaire globulaire M 13. La concentration très compacte d'étoiles n'est qu'apparente. En réalité, elle est égale à une étoile par année-lumière cubique. Même au centre de l'amas, les étoiles voisines sont distantes de plus de cent milliards de diamètre d'étoile.

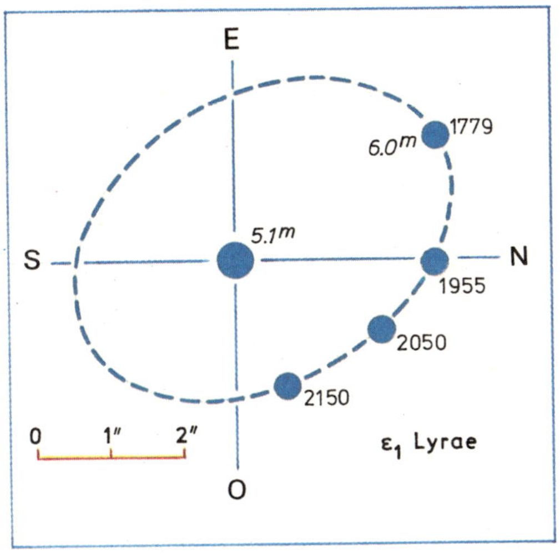

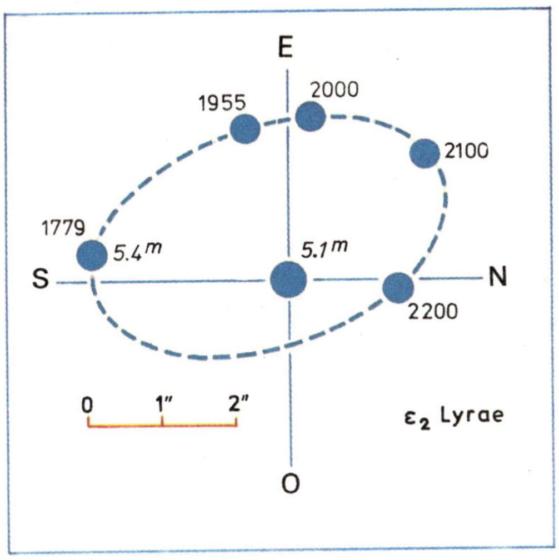

Ci-dessus: trajectoires apparentes des composants des binaires ε_1 et ε_2.

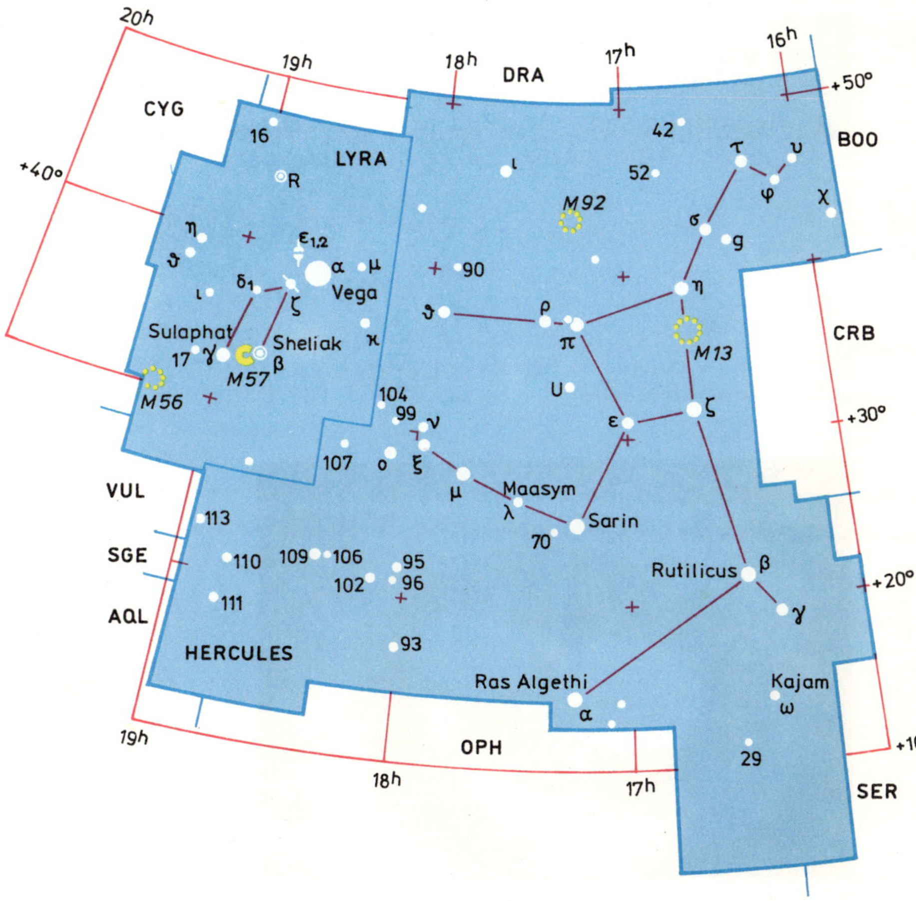

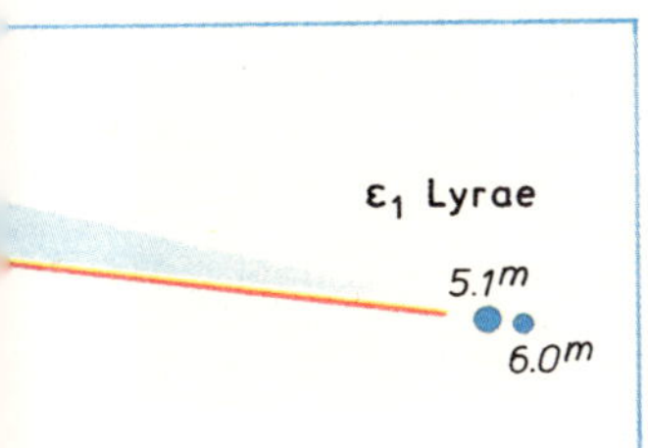

LA NÉBULEUSE ANNULAIRE DE LA LYRE

La Lyre.
P. Apianus,
Quadrans, 1532.

Bêta de la Lyre ou Sheliak: α = 18 h 50,1 mn δ = +33° 22′; étoile double à éclipses caractéristiques, principale représentante du groupe très fourni des binaires à éclipses (type Bêta de la Lyre). Les étoiles ont la forme d'une ellipse et elles présentent des dimensions très diverses. Leur courbe de lumière est arrondie, sinusoïdale. Magnitude maximum de Bêta de la Lyre: $3{,}4^m$, minimum 3,8 à $4{,}1^m$; sa période est de 12,9 jours; les variations d'éclat sont facilement observables à l'œil nu ou bien avec des jumelles en comparant avec l'étoile proche Gamma de la Lyre $3{,}25^m$. Tous les 13 jours Bêta est deux fois moins brillante que Gamma. Bien que Bêta de la Lyre soit la deuxième étoile la plus étudiée après le Soleil, de nombreuses particularités de son spectre n'ont pas été jusqu'à présent expliquées de manière satisfaisante. Les deux étoiles exercent l'une sur l'autre leur force gravitationnelle, leur rotation est très rapide, ce qui leur donne une forme allongée. Elles sont si proches que leurs atmosphères se mélangent et un courant de matière s'écoule de la plus massive vers la seconde. Une partie du gaz s'échapperait dans un courant ressemblant à une spirale dans l'espace. La distance à la Terre de Bêta de la Lyre serait de 860 années-lumière.

M 57 — NGC 6720: α = 18 h 53,5 mn δ = 33° 01′; nébuleuse annulaire de la Lyre, vraisemblablement la plus célèbre des nébuleuses planétaires. Éclat total 9^m, dimensions angulaires 80″ × 60″, diamètre réel: 0,5 année-lumière; distance: probablement entre 1300 et 1500 années-lumière de la Terre. Nous pouvons nous représenter la nébuleuse comme une bulle de gaz mais il n'est pas exclu qu'elle ait une forme réellement toroïdale (comme un pneumatique). Au centre de la nébuleuse se situe une petite étoile de magnitude 16, que l'on ne peut observer visuellement qu'avec un grand télescope. C'est une naine bleue très chaude avec une température de surface de 100 000 K. Le rayonnement ultraviolet intense de cette étoile est absorbé dans la nébuleuse et émane de nouveau dans le domaine visible du spectre. Vous trouverez les détails sur la nature des nébuleuses planétaires aux pages 12 et 221.

Modèle vraisemblable de Bêta de la Lyre (le disque du Soleil «S» sert d'échelle).

Courbe de lumière de Bêta de la Lyre.

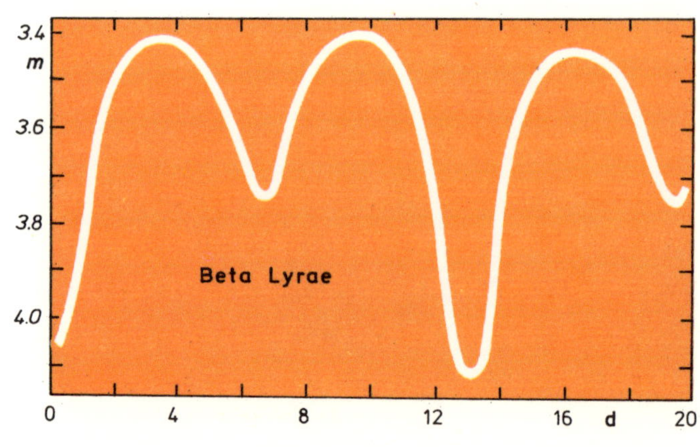

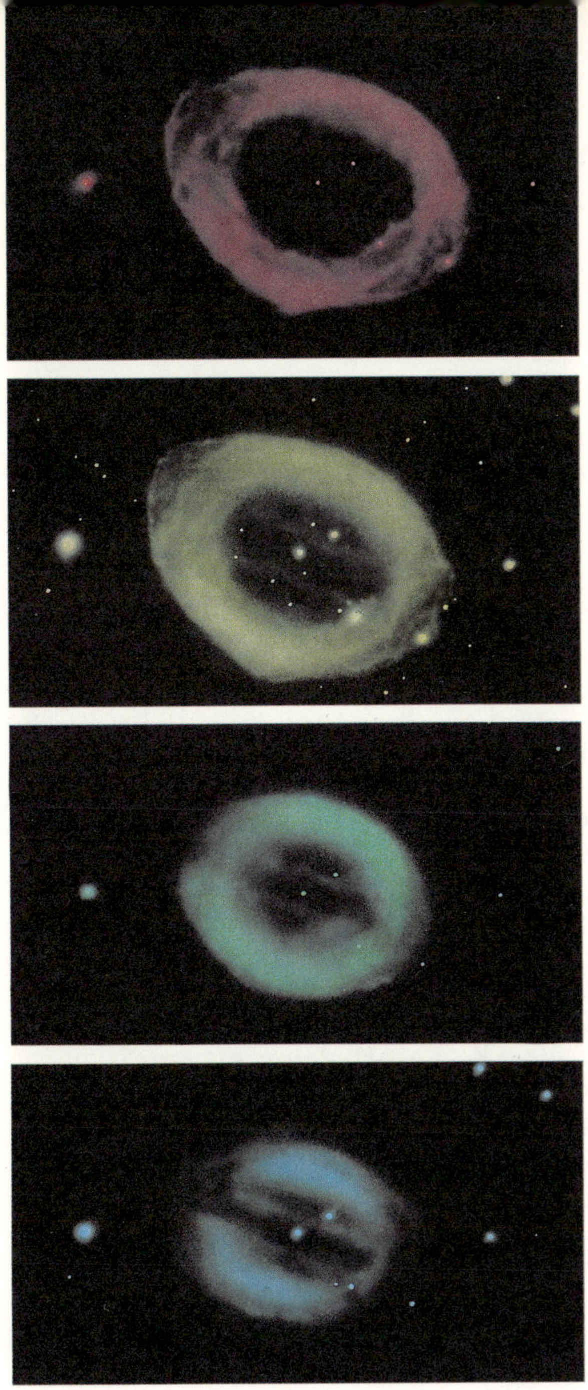

A partir du haut, à gauche: apparence de M 57 sur des photographies dans la lumière rouge, jaune, verte et bleue.

Les teintes de la nébuleuse annulaire sont trop subtiles pour être saisies à l'œil nu: tandis que l'observation visuelle ne permet de percevoir qu'une pâle couleur bleu-vert, toutes leurs nuances se révèlent sur les photographies.

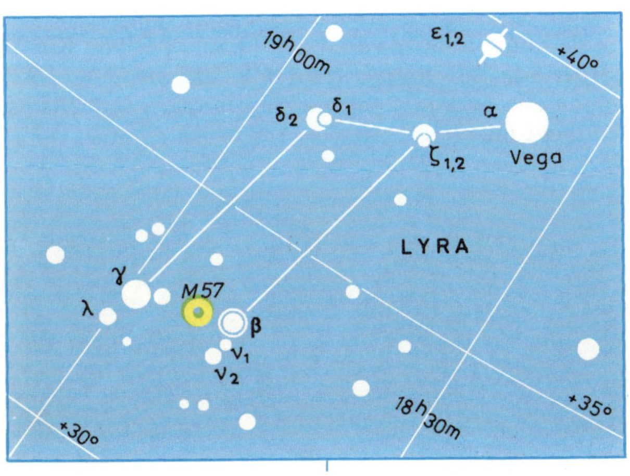

Carte de la constellation de la Lyre avec indication de la position des objets décrits.

CYG

CYGNUS

Cygni · Cyg · le Cygne

VUL

VULPECULA

Vulpeculae · Vul · le Renard

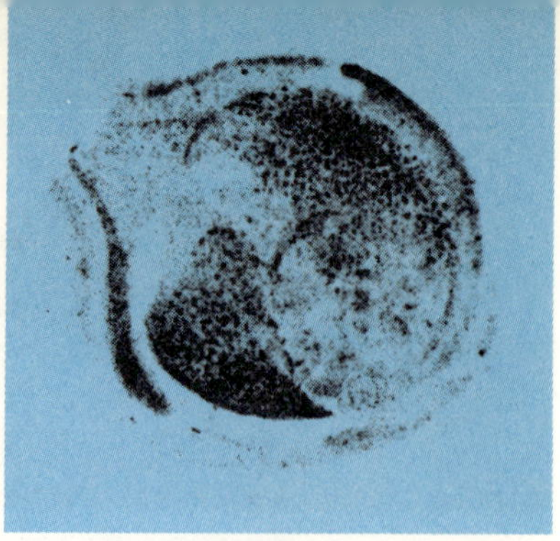

La nébuleuse «en haltère» d'après Lord Ross, 1840.

Alpha du Cygne ou Deneb: α = 20 h 41,4 mn δ = +45° 16′; étoile brillante située dans la queue du Cygne, qui constitue une des pointes du triangle d'été (voir page 168); 1,3^{m}; distance: 1600 années-lumière de la Terre. C'est l'une des plus grandes et des plus brillantes supergéantes blanches, son diamètre est égal à 60 fois celui du Soleil, sa masse est de 25 soleils; luminosité: 60 000 soleils (!); spectre A2; température de surface: 9700 K.

Cygnus X — 1: α = 19 h 58,4 mn δ = +35° 12′; une des plus importantes sources de rayonnement X découverte parmi les premières (1962) dans la Galaxie. Dans le domaine optique cette source a été identifiée comme une étoile double de magnitude 9 dont l'un des composants serait invisible et aurait une masse de 6 soleils. Il s'agirait probablement d'un trou noir autour duquel graviterait à grande vitesse un disque de plasma chaud, se manifestant à l'extérieur par des rayons X.

M 27 — NGC 6853 ou Dumb-Bell (page ci-contre, en haut à droite): α = 19 h 59,5 mn δ = +22° 43′; nébuleuse planétaire brillante surnommée «Haltère». Facilement observable au petit télescope. Objet brumeux de 8^{m}; dimensions apparentes: 8′ × 5′. C'est l'une des plus proches nébuleuses planétaires; distance évaluée par divers auteurs dans une fourchette de 490 à 980 années-lumière de la Terre. L'étoile centrale 13,5^{m} est une naine extrêmement chaude dont la température de surface atteindrait 85 000 K. La nébuleuse est en expansion à une vitesse de 27 km/s et son âge est évalué à 48 000 ans.

Bêta du Cygne ou Albireo: α = 19 h 30,7 mn δ = +27° 58′; l'une des plus belles binaires colorées pour petit télescope. Distance: 410 années-lumière de la Terre.

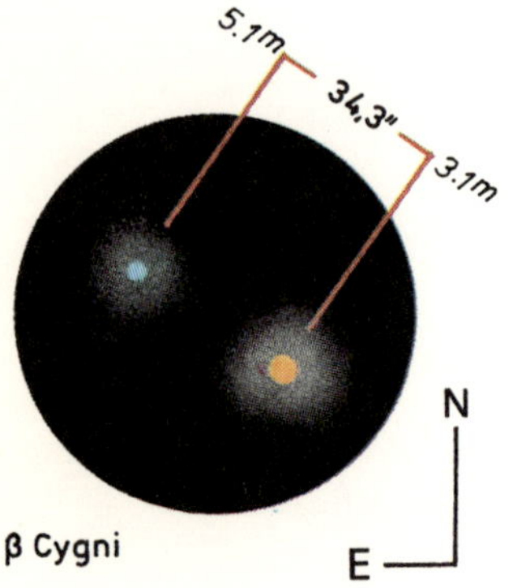

Courbe de lumière de la variable à longue période **Khi du Cygne** (période 407 jours): α = 19 h 50,5 mn δ = +32° 55′. Lorsqu'elle est aux alentours de son maximum elle est visible à l'œil nu.

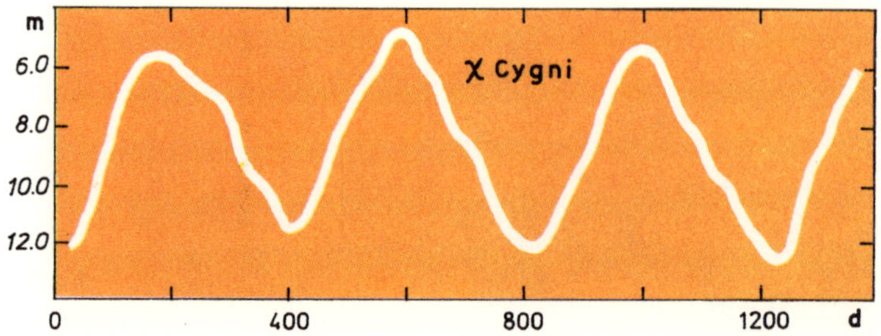

Amas stellaire ouvert **M 39 — NGC 7092** dans le Cygne: $\alpha = 21$ h 32,2 mn $\delta = +48° 27'$. Il contiendrait 30 étoiles; diamètre apparent: 0,5° ; distance: 800 années-lumière de la Terre.

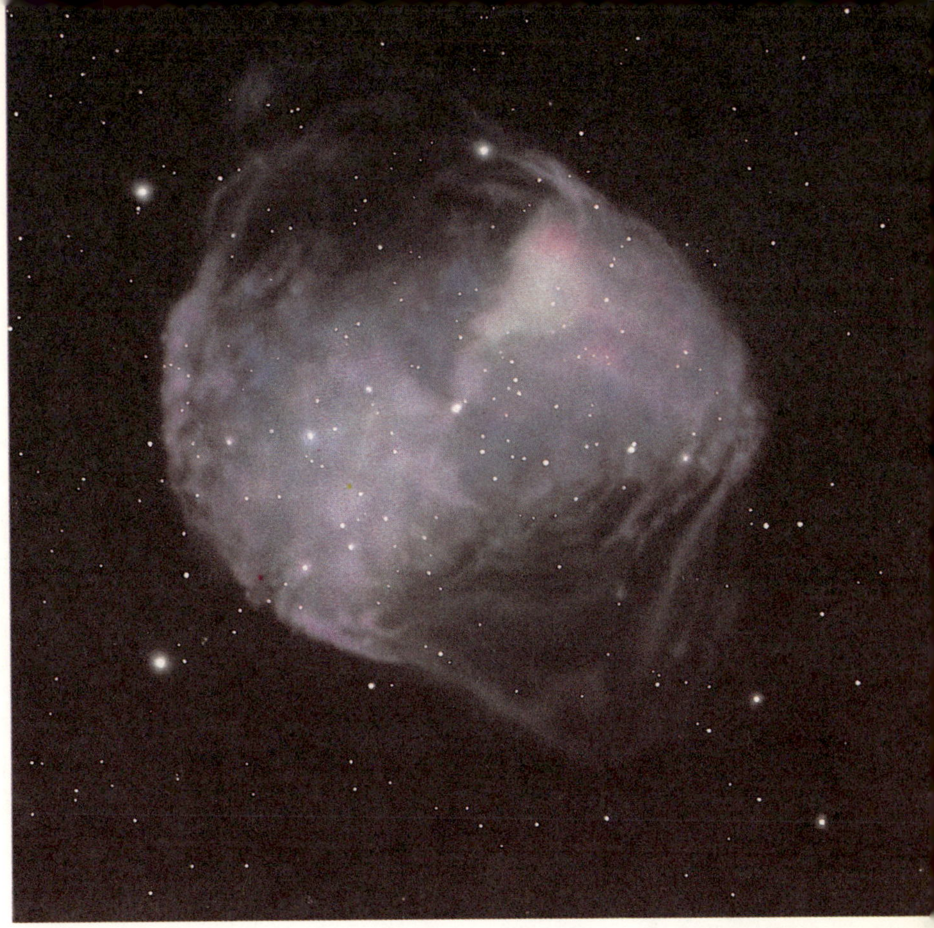

M 27 — NGC 6853

Amas stellaire peu dense **C 399** dans le Renard, $\alpha = 19$ h 26 mn $\delta = +25° 06'$, facilement observable avec des jumelles. Les étoiles 5^m—7^m ressemblent à un ceintre pour vêtements.

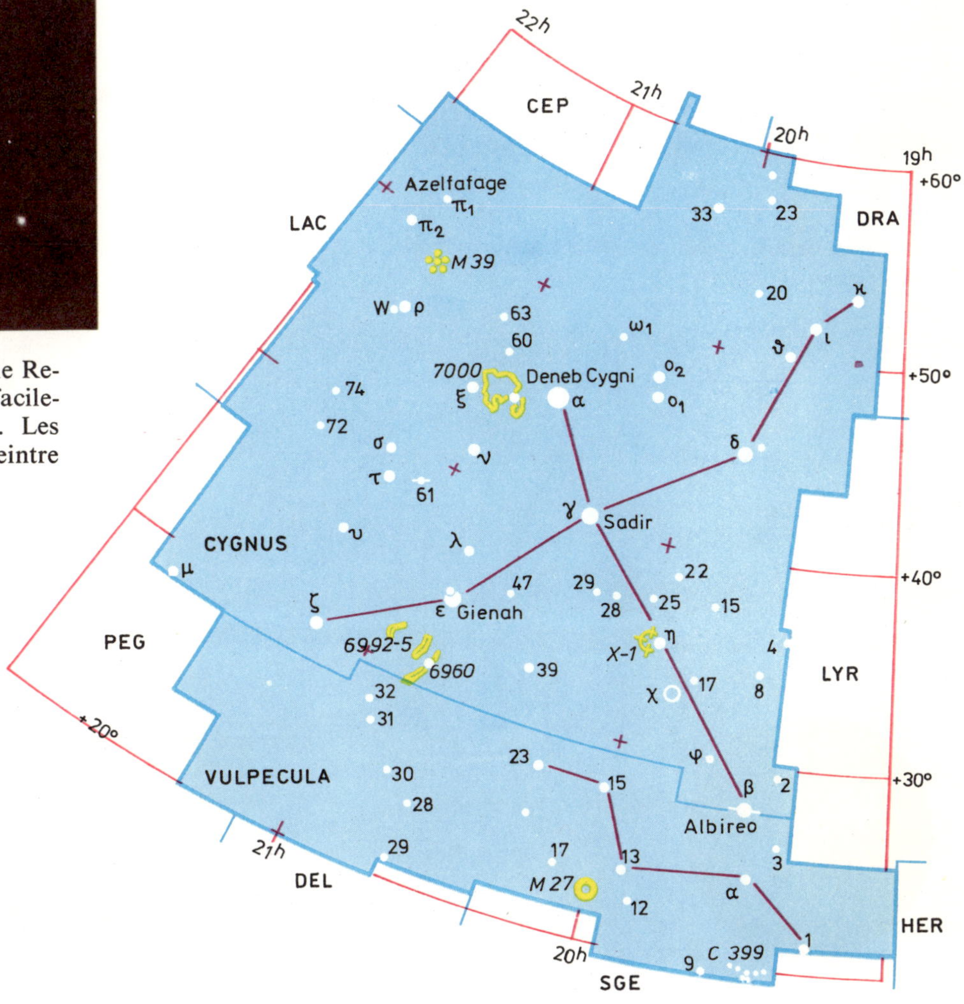

LES NÉBULEUSES DANS LE CYGNE

Le Cygne.
Code astronomique
du XIVe siècle.

NGC 7000 (en haut de la page ci-contre): α = 20 h 58,8 mn δ = +44° 19′; nébuleuse diffuse «America». Vue avec des jumelles ou bien à l'œil nu, la nébuleuse ressemble à un petit nuage brumeux brillant de 1,5° de diamètre dans la Voie lactée, à environ 3° à l'est de Deneb. Nous pouvons admirer sur des photographies la saisissante similitude de ses contours avec ceux du continent nord-américain. A l'ouest du golfe du Mexique s'étend la petite nébuleuse **IC 5067** appelée Pélican: α = 20 h 48,7 mn δ = +44° 22′. La nébuleuse NGC 7000 est distante de la Terre de 1600 années-lumière, son diamètre atteint 45 années-lumière. Sa principale source d'énergie (si l'on fait exception d'autres étoiles plus faibles) est bien sûr Deneb, située à distance égale de la Terre.

NGC 6960 et **NGC 6992**, «les Dentelles du Cygne», splendide ensemble de nébuleuses dont la structure ultra-fine n'apparaît que sur des photographies réalisées avec des grands télescopes. Sur le dessin de la page ci-contre, en bas à gauche, NGC 6992, α = 20 h 56,4 mn δ = +31° 41′, ressemble à un petit nuage brillant dans la partie gauche du dessin; par contre, dans la partie droite, NGC 6960, α = 20 h 45,7 mn δ = 30° 43′, se trouve près de l'étoile brillante 52 du Cygne. La structure de NGC 6992 apparaît de manière détaillée dans le dessin de droite en bas. Il semblerait que ce complexe appartienne à un nuage en expansion de diamètre apparent 2,6°, ce qui correspondrait à un diamètre réel de 70 années-lumière. Estimation de sa distance: 1500 années-lumière de la Terre. Les Dentelles du Cygne sont des résidus de l'explosion d'une supernova qui s'est enflammée il y a 30 000 à 40 000 ans. Jusqu'à présent, on n'a pas pu identifier avec certitude les éventuels débris stellaires, c'est-à-dire la source de rayonnement des nébuleuses.

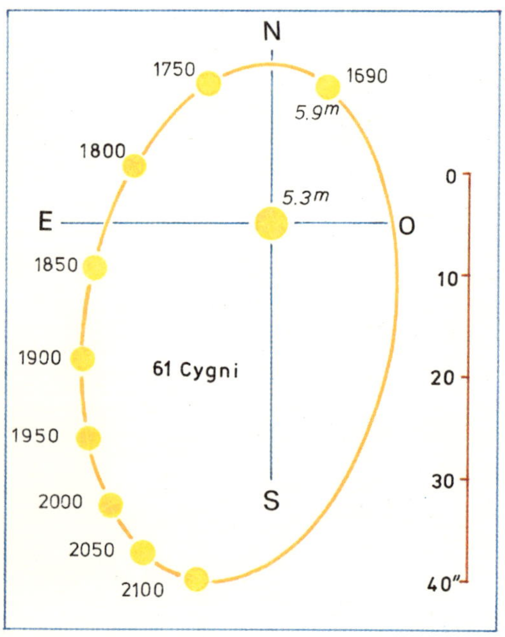

Trajectoire apparente de la binaire **61 du Cygne**: α = 21 h 06,9 mn δ = +38° 44′. La distance des composants varie entre 11″ et 34″ dans une période de 635 ans. C'est un objet important dans l'histoire de l'astronomie: ce fut la première étoile pour laquelle l'on parvint à mesurer la parallaxe et à définir ainsi quelle était sa distance au Soleil (F. W. Bessel, 1838). La distance à la Terre de 61 du Cygne est de 11,1 années-lumière. Un troisième corps invisible appartient à cette formation; sa masse est excessivement petite: 0,008 soleil, c'est-à-dire 8 fois la masse de Jupiter. Ce pourrait être un corps de type planétaire.

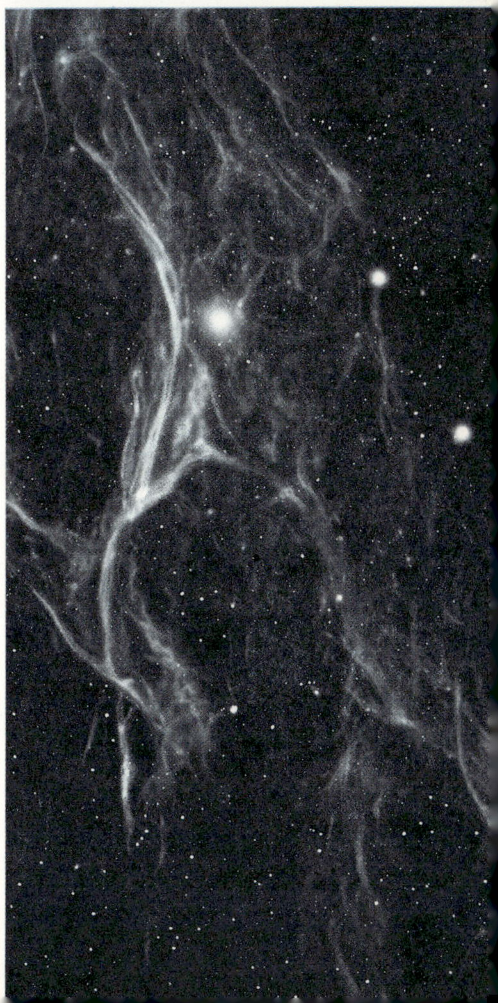

OPH

OPHIUCHUS

Ophiuchi · Oph · Ophiucus (ou Serpentaire)

Ophiucus. Code astronomique du XIVe siècle.

Étoile de Barnard ou «étoile projectile»: α = 17 h 57,9 mn δ = +4° 24′; petite étoile faible, $9{,}5^m$, très populaire. C'est elle qui connaît le plus important mouvement propre parmi les étoiles: 10,29″ en une année (c'est-à-dire que l'étoile se déplace dans l'arrière-plan des étoiles d'un diamètre de Lune en 175 ans). Deuxième étoile par ordre de proximité (seule Alpha du Centaure est plus proche); distance: 6,0 années-lumière de la Terre seulement. L'étoile de Barnard est une naine rouge, spectre M 5; luminosité 1/2500 soleil, température de surface: 3200 K; masse: 0,16 soleil; diamètre: 225 000 km. L'étoile se déplace à 165 km/s. Les variations périodiques dans le mouvement de l'étoile prouvent qu'il existe au minimum un compagnon, peut-être une planète.

M 10 — NGC 6254 (page ci-contre, en bas, à gauche): α = 16 h 57,1 mn δ = −4° 06′; amas stellaire globulaire brillant, facilement discernable avec des jumelles, de magnitude 7; diamètre apparent: 12′. Distance de la Terre estimée entre 16 000 et 22 000 années-lumière. A proximité de M 10, à quelque 3,5° au nord-ouest, se trouve un second amas stellaire globulaire brillant, M 12.

Nuages stellaires et nébuleuses sombres: ils se situent dans la région méridionale d'Ophiucus et constituent les plus belles régions de la Voie lactée. A proximité de l'étoile Thêta d'Ophiucus, α = 17 h 22,0 mn δ = −25° 00′, on aperçoit une nuée sombre en forme de pipe de 7° de long et 2° de haut. La taille réelle de la «pipe» excède plusieurs centaines d'années-lumière. Si nous observons cette région et la partie voisine de la Voie lactée dans le Sagittaire, notre regard est dirigé vers le centre de notre Galaxie.

Trajectoire apparente de la binaire **70 d'Ophiucus**: α = 18 h 05,4 mn δ = +2° 30′. Composants: $4{,}2^m$ et $5{,}9^m$, distance variant entre 1,7″ et 6,7″ dans une période de 87,85 années. Distance de la Terre: 16,5 années-lumière.

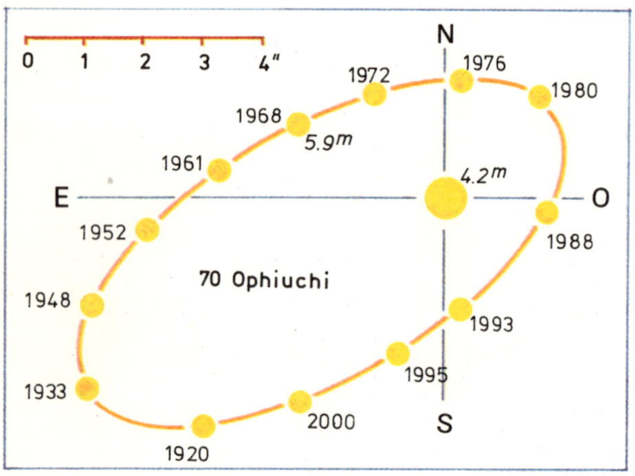

Mouvement propre de l'étoile de Barnard entre 1900 et 2020.

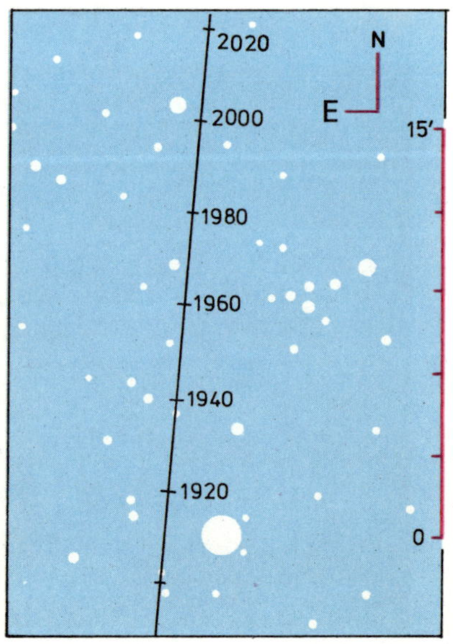

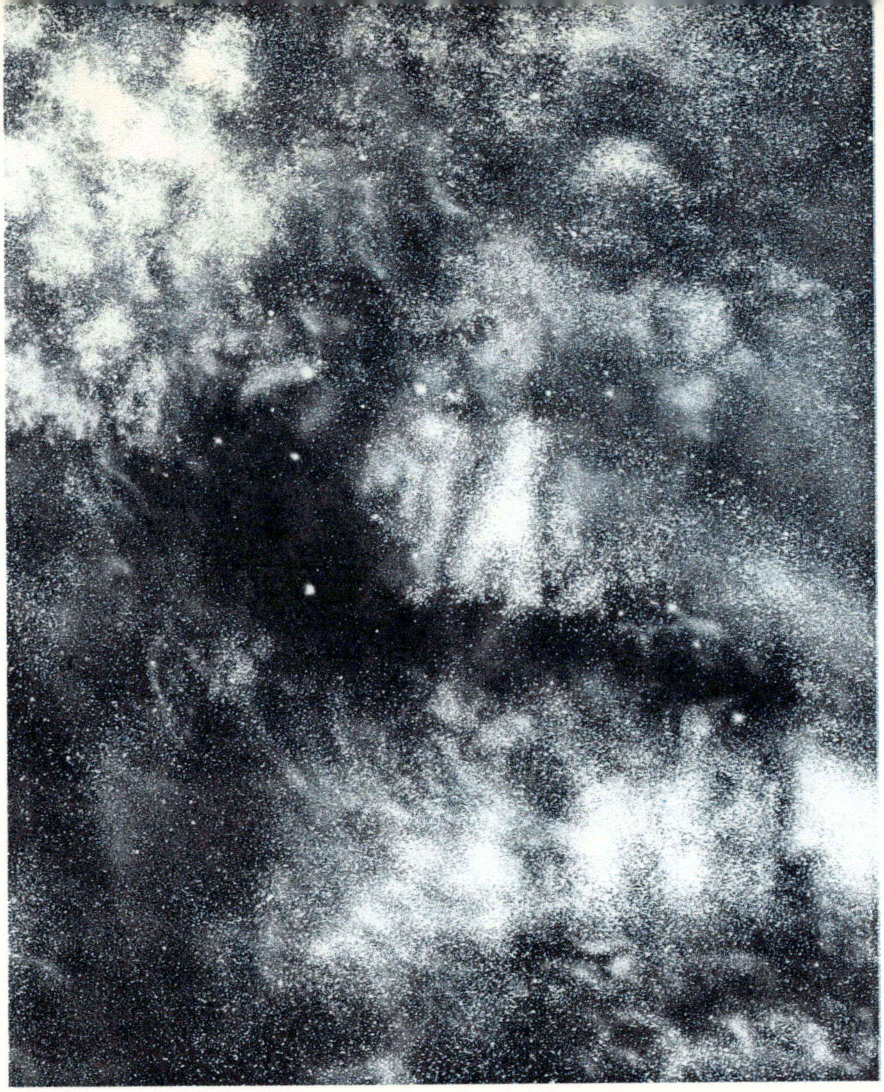

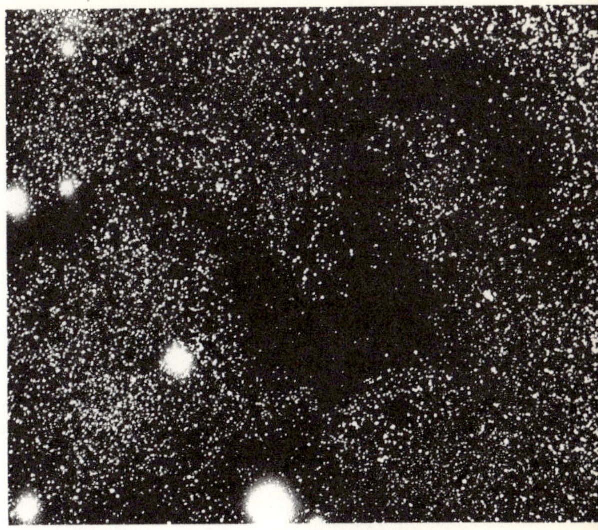

Nébuleuses sombres dans Ophiucus. A gauche s'étend la vaste nébuleuse «Pipe», à proximité se trouve la petite nébuleuse S de Barnard (dessin du haut).

M 10 — NGC 6254

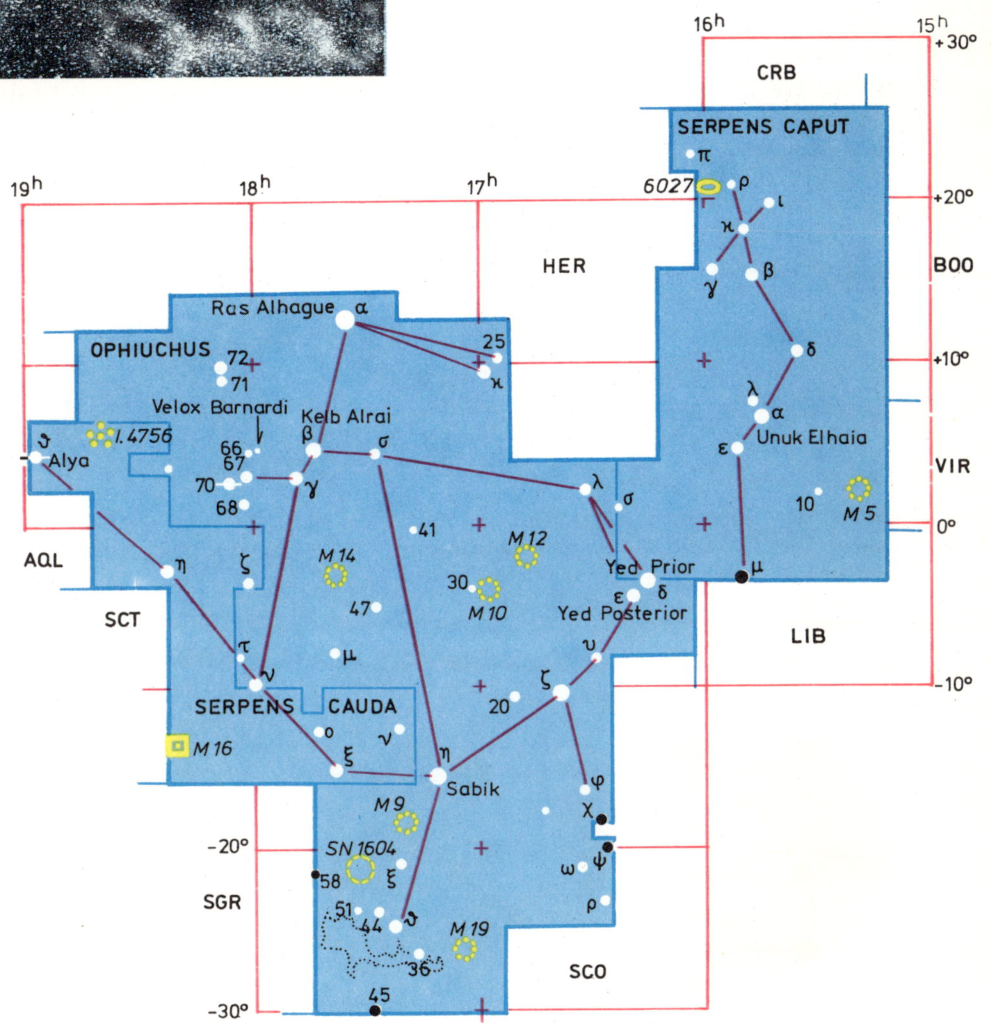

SER

SERPENS

Serpentis · Ser · le Serpent

Tête de Serpent.
Code astronomique
du XIVe siècle.

La constellation du Serpent comprend deux parties (voir carte page 181): la tête du Serpent *(Serpens Caput)* et la queue du Serpent *(Serpens Cauda)*.

M 16 — NGC 6611 (en haut de la page ci-contre): α = 18 h 18,9 mn δ = −13°47′; vaste amas stellaire ouvert avec une nébuleuse diffuse, splendide objet en son genre. Il est souvent désigné comme «nébuleuse de l'Aigle». R. Burnhan lui avait attribué le nom romantique de «Reine des étoiles» car sa silhouette sombre au centre de l'amas stellaire contient essentiellement des géantes chaudes très brillantes, de classe spectrale O et B. L'âge moyen de l'amas serait de 800 000 années et pourtant de nouvelles étoiles continuent à se former au sein de la nébuleuse. La nébuleuse brillante présente des régions H II d'hydrogène ionisé; dans la partie antérieure sont localisées les régions froides de matière interstellaire sombre qui constitue de bien curieuses figures. Masse de la nébuleuse: 12 500 soleils environ. Sa distance de la Terre est difficile à déterminer; des évaluations la situent entre 4200 et 11 000 années-lumière avec une moyenne de 8000 années-lumière, ce qui correspondrait à un diamètre réel de 70 années-lumière. Sur des photographies prises avec des télescopes performants, la nébuleuse M 16 occupe un espace comparable à celui de la Lune, mais elle ne brille que faiblement; elle est difficilement discernable même au grand télescope.

Thêta du Serpent : α = 18 h 56,3 mn δ = +4° 12′. Une des plus belles binaires à observer avec un petit télescope. Distance: 130 années-lumière de la Terre.

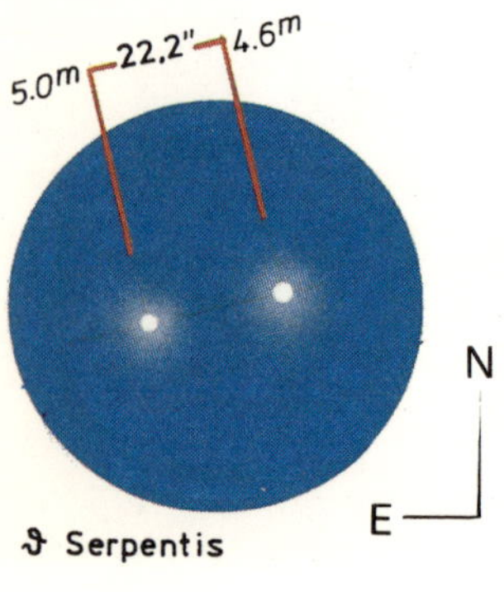

M 5 — NGC 5904: α = 15 h 18,6 mn δ = +2° 06′; amas stellaire globulaire très apparent. Distance: 27 000 années-lumière de la Terre; il contiendrait plus d'un demi-million d'étoiles.

Amas stellaire ouvert M 16, noyé dans la nébuleuse portant la même dénomination.

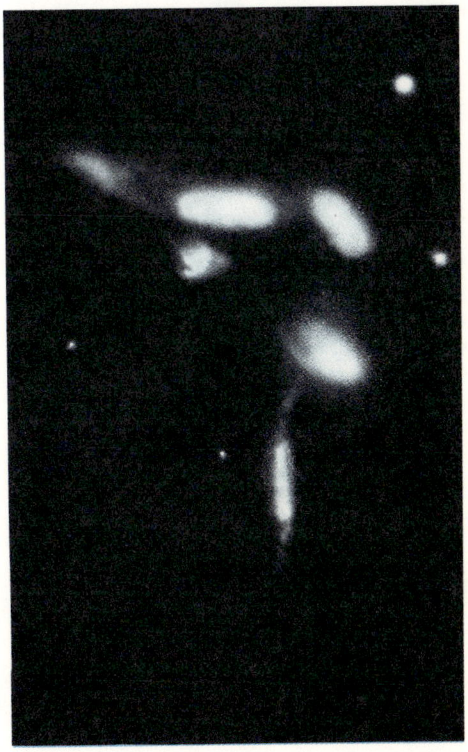

NGC 6027:
α = 15 h 59,2 mn
δ = +20° 47′ ;
groupe inhabituel de galaxies dans le Serpent.

AQL

AQUILA

Aquilae · Aql · l'Aigle

DEL

DELPHINUS

Delphini · Del · le Dauphin

SCT

SCUTUM

Scuti · Sct · l'Écu

SGE

SAGITTA

Sagittae · Sge · la Flèche

L'Aigle.
P. Apianus,
Quadrans, 1532.

La constellation de l'Aigle avec l'étoile brillante Altaïr est entourée par un groupe de constellations qui comptent parmi les plus petites de la voûte céleste: le Dauphin, la Flèche et l'Écu.

Alpha de l'Aigle ou Altaïr: α = 19 h 50,8 mn δ = +8° 52′; constitue la pointe sud du triangle d'été; magnitude $0{,}77^m$; spectre A 7; distance: 16 années-lumière de la Terre. Diamètre 1,5 fois celui du Soleil; luminosité; 9 fois plus importante. L'étoile connaît une rotation extrêmement rapide, elle effectue un tour sur son axe en 6,5 heures, ce qui lui confère une forme ellipsoïdale fortement aplatie.

M 11 — NGC 6705: α = 18 h 51 mn δ = —6° 16′; un des plus riches et plus beaux amas stellaires ouverts. Il se projette sur le bord Nord du nuage stellaire dans l'Écu qui appartient à la Voie lactée et dont la distance est naturellement supérieure à celle de M 11. Vu avec des jumelles, l'amas ressemble à un petit nuage brumeux mais il faut recourir au télescope pour distinguer ses étoiles. Le diamètre apparent de M 11 est de 12′, il contient quelque 500 étoiles plus brillantes que 14^m et de nombreuses autres étoiles plus faibles. La masse totale de l'amas est de 2900 soleils et sa luminosité totale de 10 000 soleils. Distance de M 11: 5500 années-lumière de la Terre.

M 71 — NGC 6838: α = 19 h 53,7 mn δ = +18° 47′; amas stellaire inhabituel dans la constellation de la Flèche qui présente en même temps les caractéristiques des amas globulaires et des amas ouverts. Distance probable: 18 000 années-lumière de la Terre; diamètre apparent: 6′; diamètre réel: environ 30 années-lumière.

Gamma du Dauphin: α = 20 h 46,6 mn δ = +16° 08′; belle binaire à observer au petit télescope. Distance: 100 années-lumière de la Terre environ.

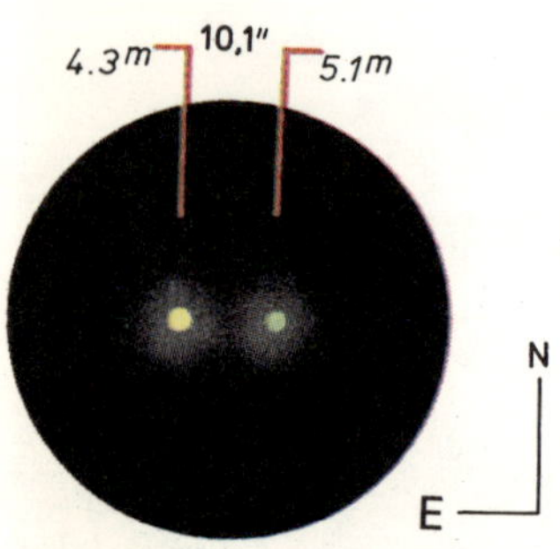

γ Delphini

Courbe de lumière de la variable **Êta de l'Aigle**: α = 19 h 52,5 mn δ = +1° 00′. C'est une céphéide: variation d'éclat de $4{,}5^m$ à $3{,}7^m$ dans une période de 7,2 jours. Distance: 1300 années-lumière de la Terre.

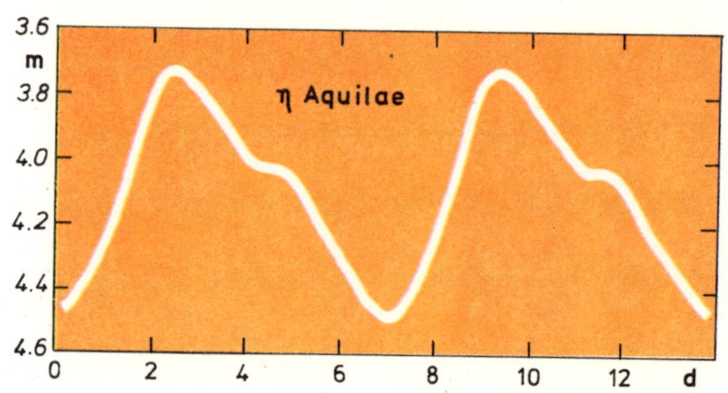

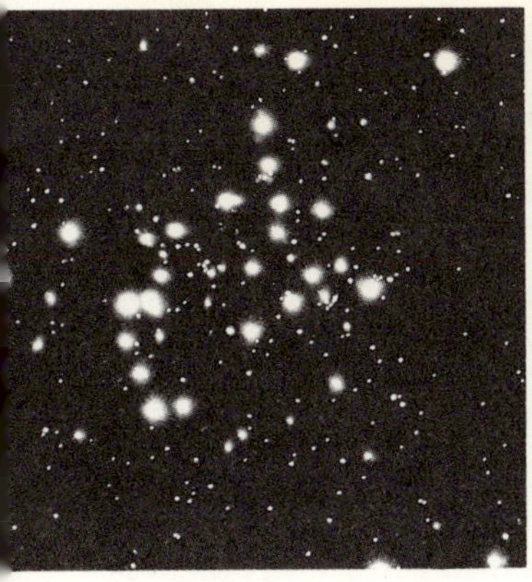

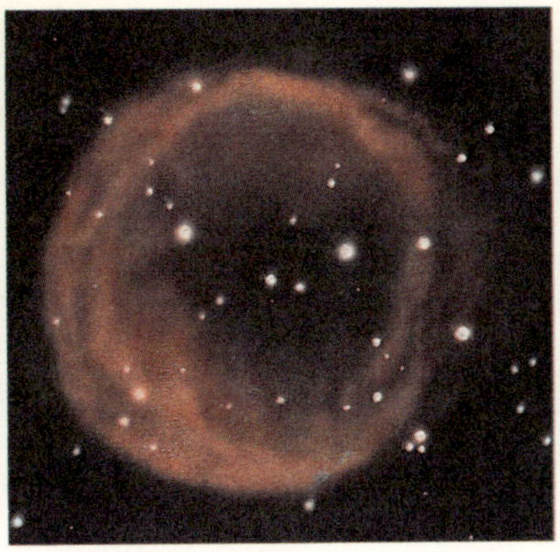

En haut, à partir de la gauche:
amas stellaire ouvert **NGC 6709** dans l'Aigle,
nébuleuse planétaire **NGC 6781** dans l'Aigle,
galaxie spirale **NGC 6814** de type Sb, dans l'Aigle,
amas stellaire **M 71** —**NGC 6838** dans la Flèche.

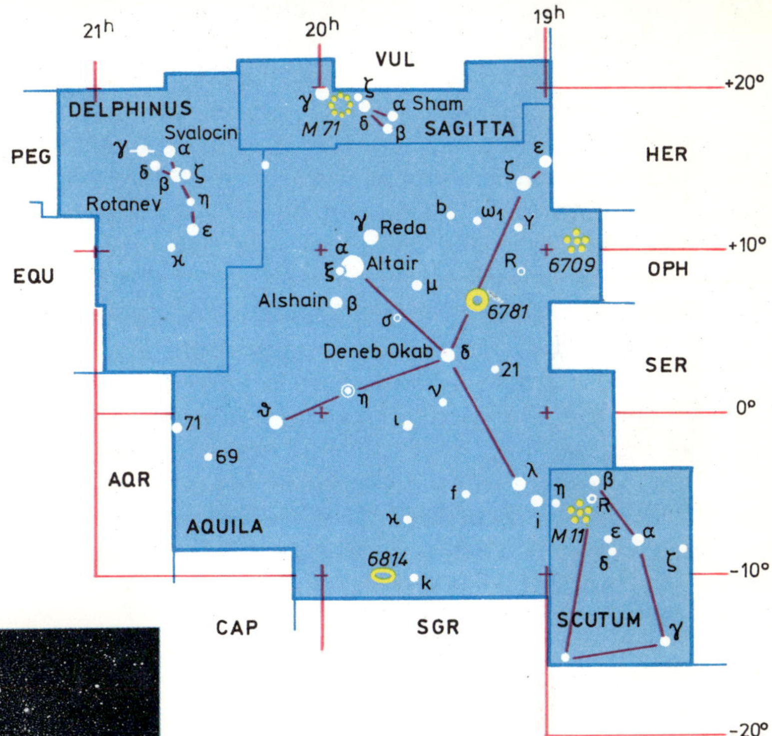

Nuage stellaire dans l'Écu.

Amas stellaire ouvert M 11.

LIB LIBRA

Librae · Lib · la Balance

SCO SCORPIUS

Scorpii · Sco · le Scorpion

Le Scorpion (détail). Code astronomique du XIVe siècle.

Alpha du Scorpion ou Antares: α = 16 h 29,4 mn δ = –26° 26′; $0{,}92^m$, supergéante rouge, de classe spectrale M 1. Diamètre de l'étoile: 950 millions de km, c'est-à-dire 700 fois le diamètre du Soleil. Distance: 520 années-lumière de la Terre; luminosité: 9000 soleils; température de surface: 3100 K. Antares est une variable (variations irrégulières d'éclat de $0{,}89^m$ et $1{,}06^m$) ; c'est également une étoile double: son compagnon $6{,}5^m$ est distant de 3,0″. Antares est plongée dans une nébuleuse de 5 années-lumière de diamètre.

Nu du Scorpion: α = 16 h 12,0 mn δ = –19° 28′; très bel exemplaire d'étoile quadruple qui rappelle le système d'Epsilon de la Lyre (voir page 172). Vue au petit télescope, elle ressemble à une binaire; avec un instrument d'optique plus puissant nous distinguons les composants C et D. Il est difficile de discerner les composants A et B. Distance de la formation: 400 années-lumière de la Terre.

M 6 — NGC 6405 (page ci-contre, en bas, à gauche): α = 17 h 40,0 mn δ = –32° 13′; l'un des plus beaux amas stellaires ouverts pour petit télescope. Diamètre apparent: 25′; il contiendrait 50 étoiles de 7^m à 10^m. Diamètre réel: 20 années-lumière; distance: 1300 années-lumière de la Terre. A proximité de M 6 se trouve un second amas stellaire riche, **M 7 — NGC 6475**, perceptible aux jumelles; diamètre apparent supérieur à 30′; distance: 800 années-lumière de la Terre.

M 4 — NGC 6121: α = 16 h 23,6 mn δ = –26° 30′; grand amas globulaire brillant, l'un des plus proches de nous, facilement visible avec des jumelles. Distance: 6000 à 7000 années-lumière de la Terre.

Scorpius X — 1: α = 16 h 19,9 mn δ = –15° 38′; c'est la plus puissante source de rayonnement X de la voûte céleste. Étoile double serrée; l'un des composants serait une étoile à neutrons à rotation rapide. Le rayonnement X est provoqué par le transfert de matière (du plasma extrêmement brûlant) de l'étoile vers le composant à neutrons.

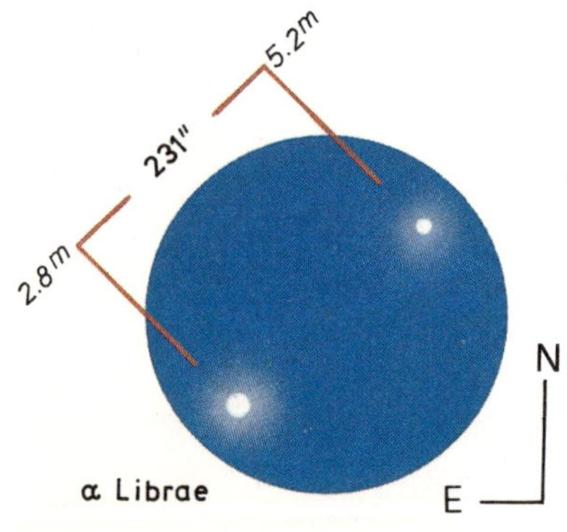

En haut, à gauche: **Alpha de la Balance** ou Zuben el Genubi: α = 14 h 50,9 mn δ = –16° 03′; étoile double pour jumelles. Distance: 65 années-lumière de la Terre. Le composant le plus brillant est une binaire spectroscopique.

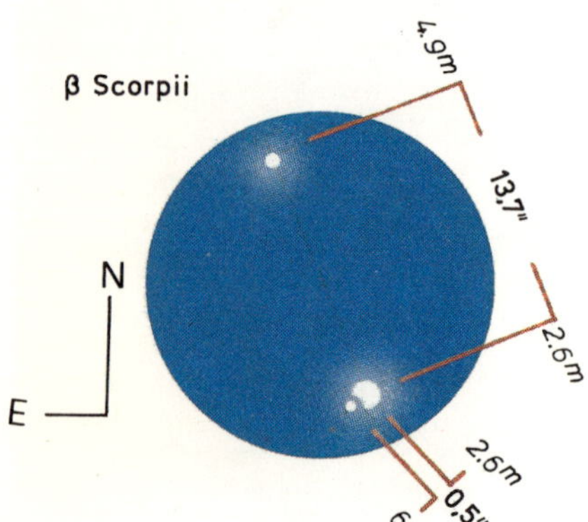

En bas, à gauche: **Bêta du Scorpion** ou Acrab: α = 16 h 05,4 mn δ = –19° 48′. Formation quintuple. Les composants A et C constituent une très belle binaire pour petit télescope. On ne peut distinguer le composant B qu'avec un grand télescope. Les composants A et C sont des binaires spectroscopiques. Distance de la formation: 600 années-lumière de la Terre environ.

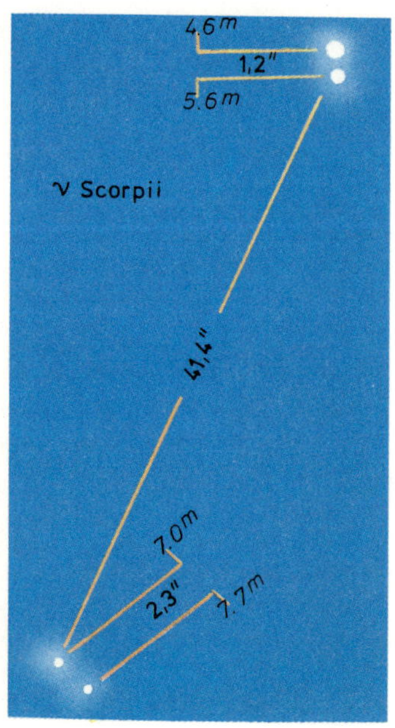

A droite: étoile quadruple Nu du Scorpion.

En haut: région ceignant l'étoile Antares et comprenant de nombreux nuages sombres. L'amas stellaire globulaire à droite d'Alpha du Scorpion est M 4, l'étoile brillante sur le bord étroit du dessin est Sigma du Scorpion. La nébuleuse bleutée en haut du dessin encercle la binaire Rhô d'Ophiucus (cf. carte en bas à droite).

En haut: **NGC 6231:** α = 16 h 54,2 mn δ = $-41°48'$. Magnifique amas stellaire ouvert dans le Scorpion. Diamètre apparent du groupe central: 15|, diamètre réel: 8 années-lumière. Distance: 5700 années-lumière de la Terre.

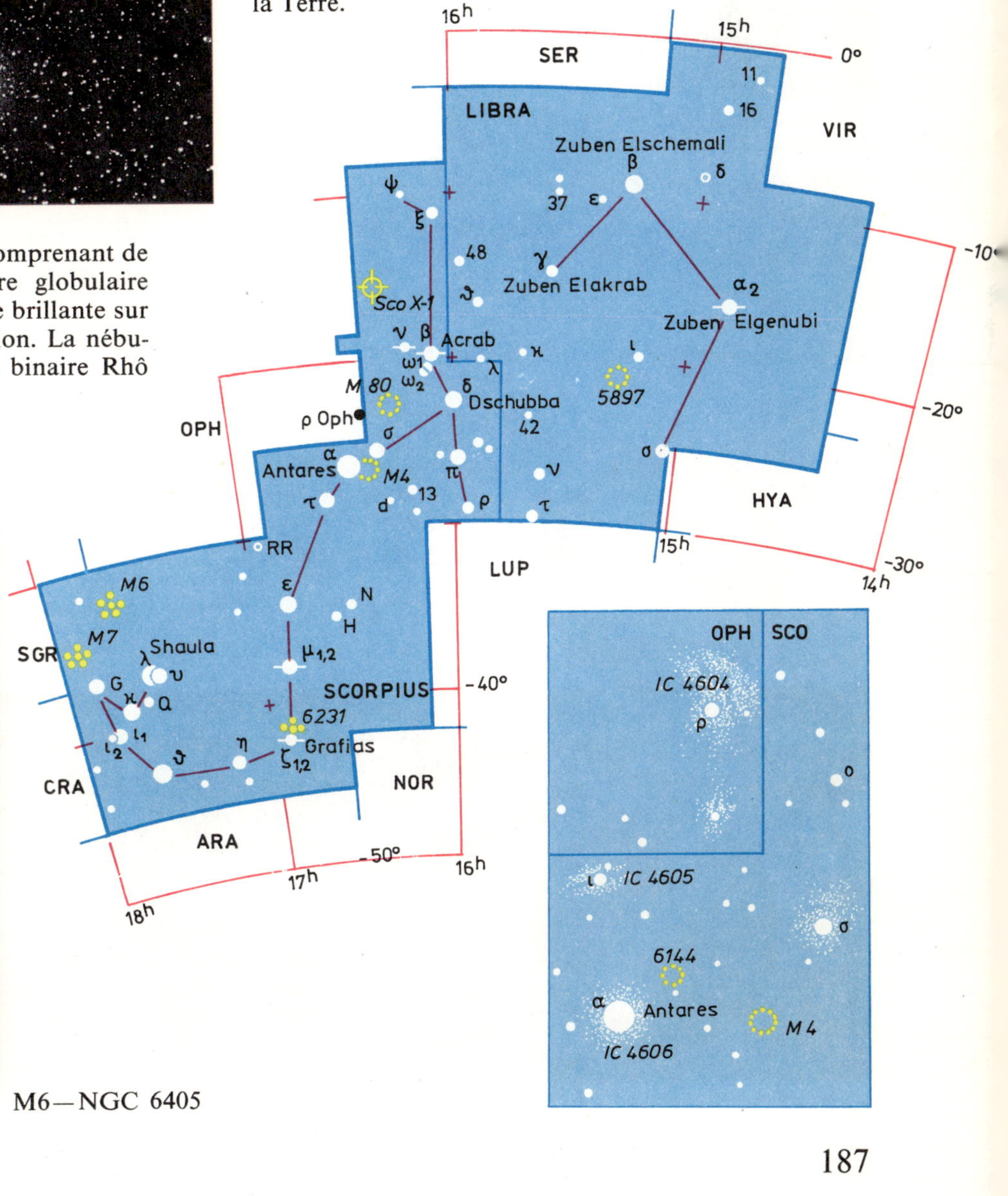

M6 — NGC 6405

SAGITTARIUS

Sagittarii · Sgr · le Sagittaire

Le Sagittaire (détail).
Code astronomique du XIVe siècle.

Lorsque nous admirons la constellation du Sagittaire, notre regard est plongé vers le centre de notre Galaxie, distant de 28 000 années-lumière et dissimulé par des nuages stellaires et de la matière interstellaire. Cependant, il est possible d'observer le centre de la galaxie dans le domaine de l'infrarouge ou radio (dessin du bas). Le centre de la galaxie est une puissante radiosource appelée «Sagittarius A». Dans la constellation du Sagittaire on note une forte concentration en objets splendides tels que des nébuleuses et des amas stellaires.

M 24: α = 18 h 18,5 mn δ = −18°24′; nuage stellaire dans la Voie lactée, observable à l'œil nu. Dimensions apparentes 2° × 1°. A 3° vers l'est, nous trouvons un amas stellaire ouvert brillant, M 25 — IC 4725. Un second magnifique amas ouvert, M 23 — NGC 6494, se situe à 5,5° à l'ouest de M 24.

M 22 — NGC 6656: α = 18 h 36,3 mn δ = −23°56′; un des plus brillants amas globulaires du ciel, plus brillant que le très célèbre M 13 dans Hercule. Diamètre apparent: 18′; diamètre réel de la partie centrale la plus brillante: 50 années-lumière; distance: 9600 années-lumière de la Terre (c'est l'un des amas globulaires les plus proches).

NGC 6822: α = 19 h 44,9 mn δ = −14°45′; galaxie de Barnard, galaxie naine irrégulière, découverte par E. E. Barnard en 1884. Dimensions angulaires: 20′ × 11′. Membre du groupe local; distance: 1,7 million d'années-lumière de la Terre; dimensions réelles: 10 000 × 5000 années-lumière.

Dessin radio du centre de la Galaxie dans le domaine λ = 3,75 cm et détail du centre tel qu'il apparaît dans le domaine λ = 6 cm à droite.

Dans le centre, la concentration de la masse est égale à 10 millions de masse solaire.

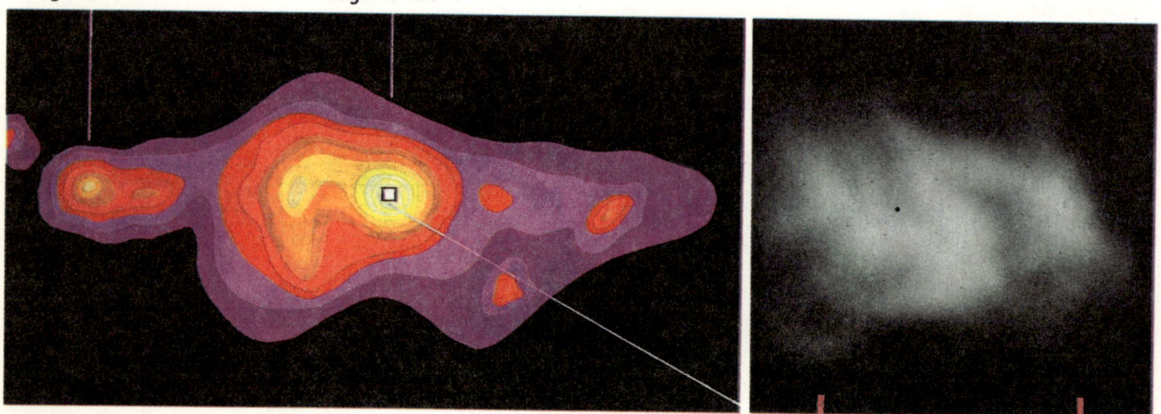

M 17 — NGC 6618; α = 18 h 20,8 mn δ = —16° 10′; nébuleuse diffuse dans le Sagittaire appelée Omega. Dimensions apparentes: 45′ × 35′; diamètre réel: 40 années-lumière; distance: 5700 années-lumière de la Terre.

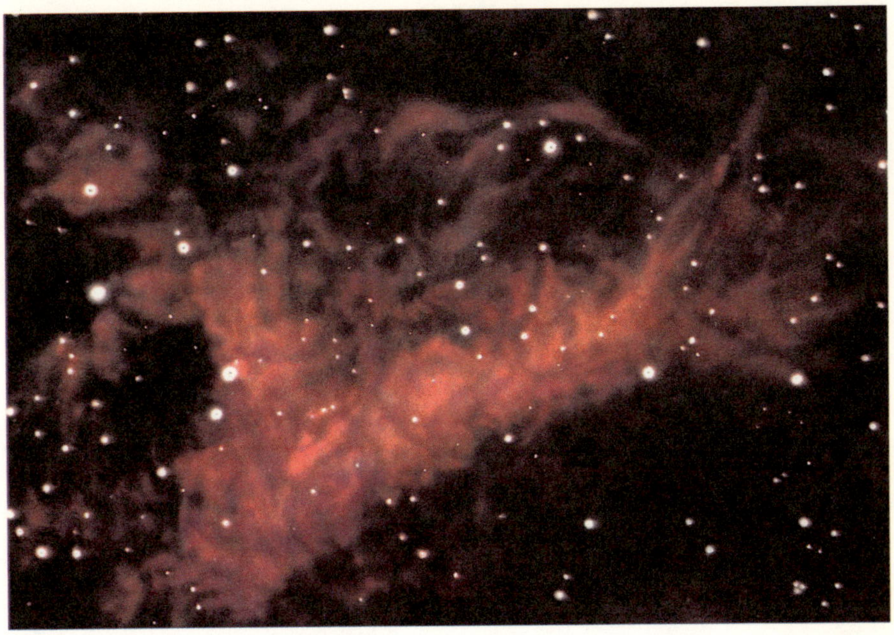

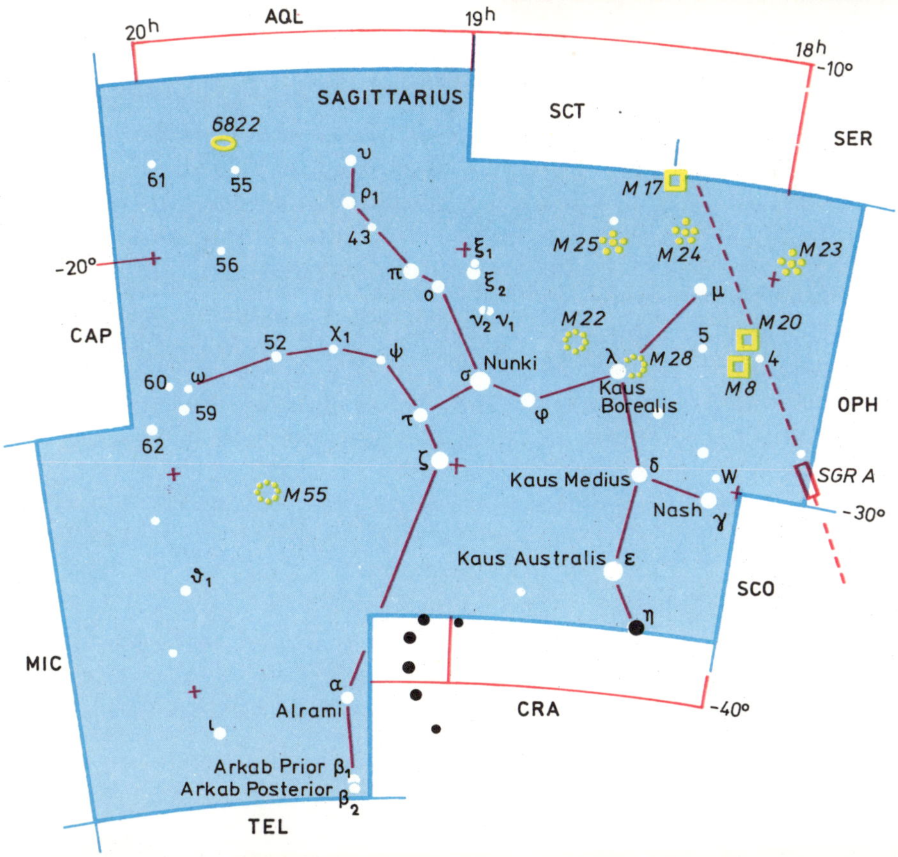

Le petit rectangle (SGR A) sur la carte voisine marque la position du centre de la Galaxie et correspond au format du dessin radio de la page ci-contre en bas à gauche:

En bas, à partir de la gauche:
M 24 — nuage stellaire dans la Voie lactée,
M 22 — amas stellaire globulaire,
NGC 6822 — galaxie irrégulière.

SGR

LES NÉBULEUSES DANS LE SAGITTAIRE

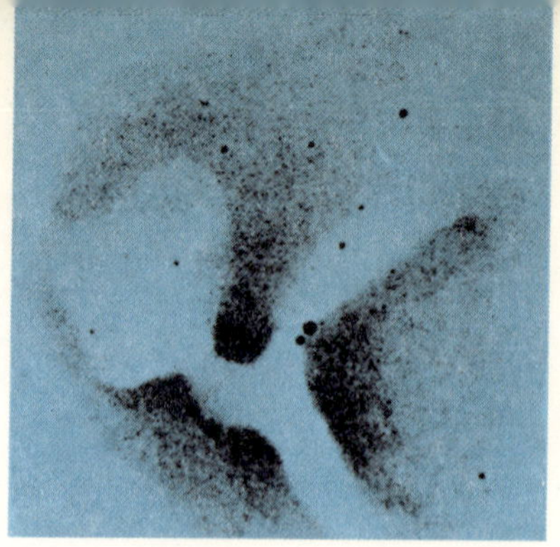

La nébuleuse Trifide. Littrow, *Himmelsatlas,* 1854.

M 8 — NGC 6523 (page ci-contre, en bas): α = 18 h 03,9 mn δ = —24° 20′; nébuleuse diffuse «Lagune». Objet très brillant, facilement discernable avec des jumelles. Nous notons la structure complexe de cette région H II au télescope ou bien sur des photographies. La nébuleuse ceint l'amas peu dense NGC 6530, contenant des étoiles très chaudes et jeunes de classe spectrale O et B. Les deux formations dépendent étroitement l'une de l'autre: dans la nébuleuse se forment les nouvelles étoiles. La présence de petites nébuleuses foncées et sphériques — les globules — confirme ce dernier fait: elles ressemblent à des points noirs dans l'arrière-plan de la matière brillante (voir la nébuleuse Rosette page 149). Le détail le plus brillant de la nébuleuse correspond à une formation de 30″, appelée «le Sablier». Les dimensions réelles de M 8 excéderaient 100 années-lumières; sa distance est supérieure à 5000 années-lumière de la Terre.

M 20 — NGC 6514 (page ci-contre, en haut) : α = 18 h 02,3 mn δ = —23° 02′; nébuleuse diffuse appelée «Trifide» car ses parties les plus brillantes sont divisées par trois bandes foncées. M 20 est faible, elle est plus difficile à observer que sa voisine M 8. Trifide fait l'objet de magnifiques photographies publiées dans bon nombre d'ouvrages. Dans la partie centrale de la nébuleuse se situe une étoile sextuple dont le composant le plus brillant est une géante chaude de magnitude 7 et de classe spectrale O 7; elle serait la principale source de rayonnement de la nébuleuse. La couleur rouge est caractéristique pour les nuages brillants d'hydrogène. Les régions bleues contiennent des particules de poussière qui dispersent la lumière des étoiles chaudes et jeunes. D'après certaines estimations, M 20 se situe à peu près à la même distance que M 8; selon d'autres auteurs, Trifide serait localisée très loin derrière la Lagune.

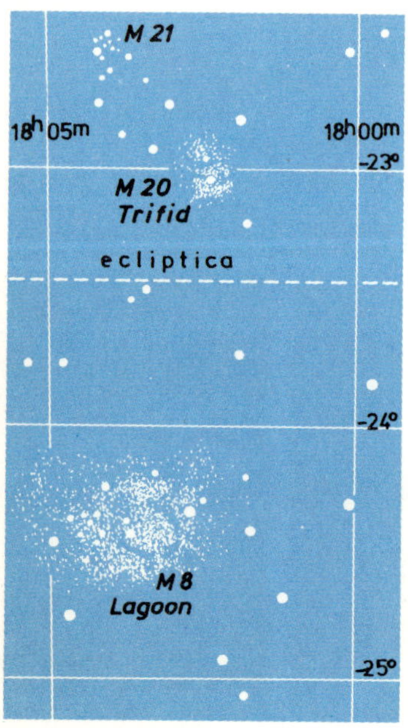

Les nébuleuses diffuses M 8 et M 20 dans la constellation du Sagittaire se situent à proximité de l'écliptique (ligne en pointillé sur la carte). Parfois dans leur voisinage apparaissent des planètes ou la Lune. Comparez les dimensions angulaires des nébuleuses avec le disque lunaire dont le diamètre apparent est 30′.

F LES CONSTELLATIONS DANS LA RÉGION DU PÔLE SUD

Le navire Argo.
Cellarius, *Harmonia macrocosmica,* 1763.

Il est relativement plus difficile de s'orienter dans cette région céleste que dans le ciel du Nord. Les constellations située près du pôle Sud comprennent pour la plupart des étoiles faibles, peu apparentes.

Comme point de départ, nous pouvons choisir la bande de la Voie lactée avec la Croix du Sud *(Crux).* A sa proximité nous rencontrons un endroit sombre de la Voie lactée, surnommé «le Sac de charbon». La droite reliant les deux étoiles les plus brillantes du Centaure *(Centaurus)* est orientée vers la Croix du Sud et nous permet de ne pas confondre cette constellation avec la «fausse croix», située à la jonction des constellations *Vela* (les Voiles) et *Carina* (la Carène). Dans le Centaure nous distinguons le plus brillant amas stellaire globulaire, Omega du Centaure, visible à l'œil nu.

Il n'existe pas d'étoile brillante qui signalerait la position du pôle Sud aussi manifestement que l'étoile Polaire dans le ciel du Nord. On ne trouve que la constellation peu apparente *Octans* (l'Octant) avec Sigma d'Octant, une petite étoile faible de magnitude 5 qui remplit les fonctions de la Polaire. On peut déterminer la position du pôle grâce à la Croix du Sud dont le bras le plus long désigne le pôle ou bien encore grâce aux Nuages de Magellan qui constituent avec le pôle un triangle pratiquement équilatéral. Les deux Nuages de Magellan (le petit — SMC — *Small Magellanic Cloud* et le grand — LMC — *Large Magellanic Cloud*) sont parfaitement visibles à la lumière lunaire.

La droite reliant les trois étoiles brillantes Canopus, Achernar et Fomalhaut constitue un excellent axe d'orientation. Le long de cette droite nous nous efforçons d'identifier des constellations moins apparentes telles que *Pictor* (le Peintre), *Dorado* (la Dorade), *Reticulum* (le Réticule), *Horologium* (l'Horloge) et *Phoenix* (le Phénix).

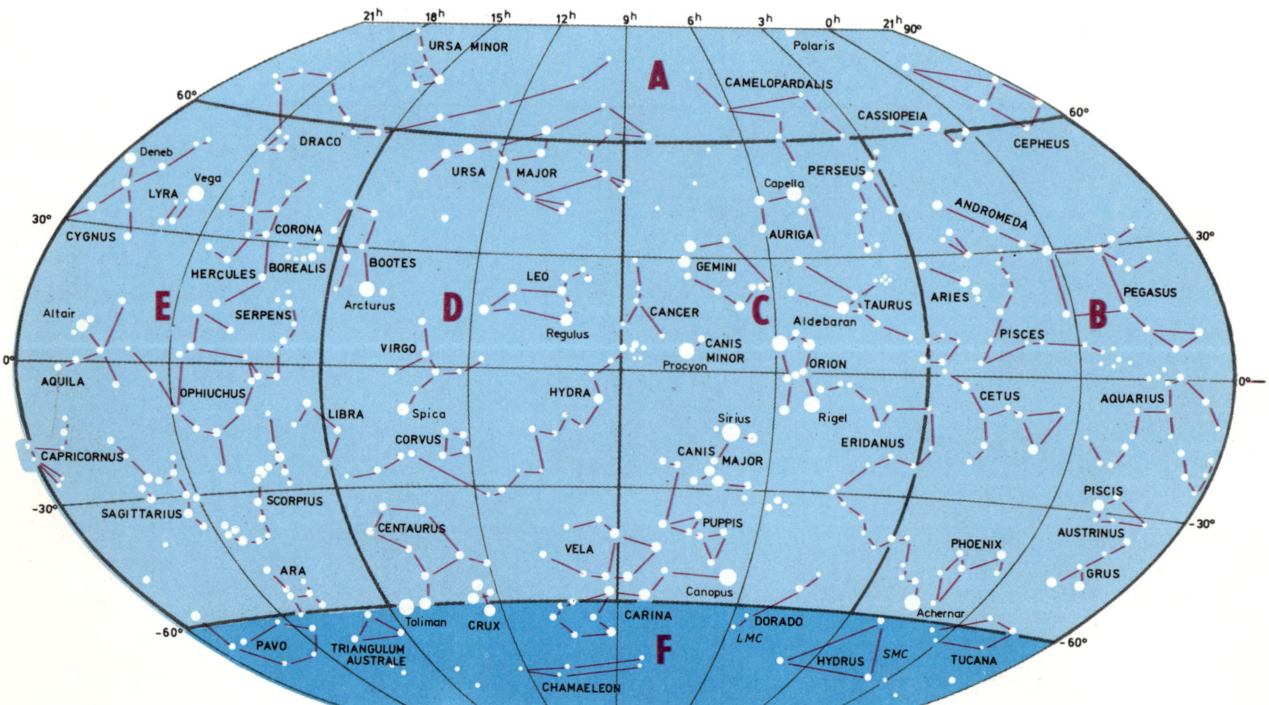

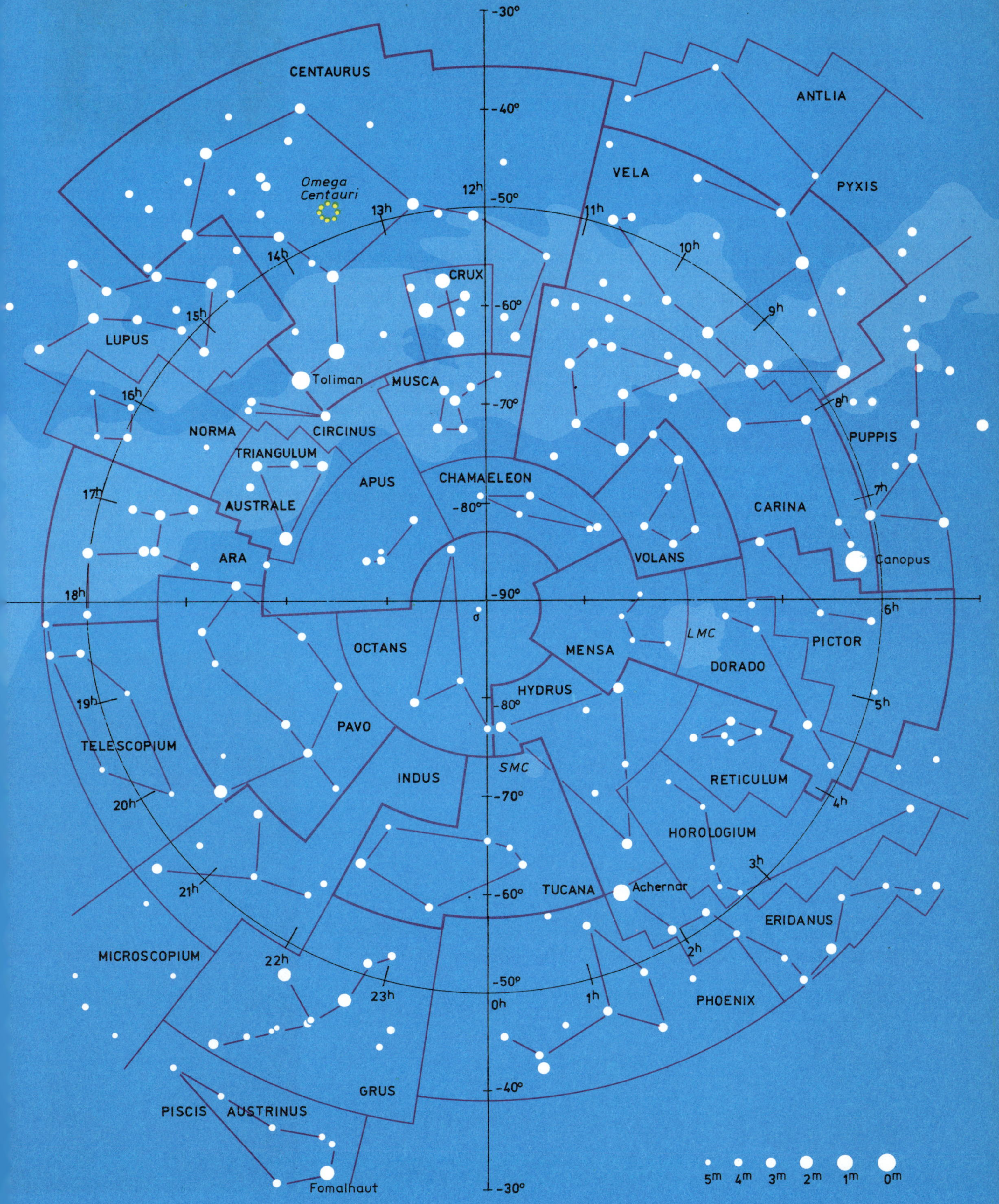

CENTAURUS
ANTLIA
VELA
PYXIS
Omega Centauri
CRUX
LUPUS
Toliman
MUSCA
NORMA
CIRCINUS
TRIANGULUM AUSTRALE
APUS
CHAMAELEON
PUPPIS
CARINA
Canopus
ARA
VOLANS
OCTANS
MENSA
LMC
DORADO
PICTOR
HYDRUS
PAVO
TELESCOPIUM
INDUS
SMC
RETICULUM
HOROLOGIUM
TUCANA
Achernar
ERIDANUS
MICROSCOPIUM
PHOENIX
GRUS
PISCIS AUSTRINUS
Fomalhaut
5m 4m 3m 2m 1m 0m

CRU

CRUX

Crucis · Cru · la Croix, la Croix du Sud

La Croix du Sud. Cellarius, *Harmonia macrocosmica,* 1763.

NGC 4755 (page ci-contre, en haut, à droite): $\alpha = 12$ h 53,6 mn $\delta = -60°21'$; amas stellaire ouvert appelé «l'écrin de perles précieuses». C'est un splendide objet, l'une des formations les plus riches. Dans un cercle de 10′ se situe une cinquantaine de membres parmi les plus brillants de l'amas, de 6^m à 10^m. Il s'agit pour la plupart de supergéantes présentant une forte luminosité; l'étoile la plus brillante de l'amas est de classe spectrale B 9, sa luminosité est de 80 000 soleils. L'existence de telles étoiles témoigne de la «jeunesse» de l'amas qui ne serait âgé que de quelques millions d'années. Sa distance varie d'un auteur à l'autre; de récentes estimations la situent à 7700 années-lumière de la Terre. Le diamètre de l'amas est de 50 années-lumière.

Nébuleuse obscure «le Sac de charbon»: c'est probablement la plus célèbre nébuleuse sombre, facilement discernable à l'œil nu. Elle correspond à un «endroit vide» dans la Voie lactée à proximité immédiate de la Croix du Sud. Cette nébuleuse obscure est d'autant plus remarquable que dans les environs de la Croix du Sud et du Centaure les nuages stellaires de la Voie lactée sont particulièrement brillants et nombreux (en bas, à droite). Dimensions angulaires du Sac de charbon: 7° × 5°; diamètre réel supérieur à 60 années-lumière; distance évaluée à 500—600 années-lumière de la Terre.

L'étoile double **Alpha de la Croix** ou Acrux: $\alpha = 12$ h 26,6 mn $\delta = -63°06'$. L'une des plus belles binaires de la voûte. Distance: 370 années-lumière de la Terre. Mouvement orbital des composants très lent, période non déterminée. Le composant le plus brillant est une binaire spectroscopique.

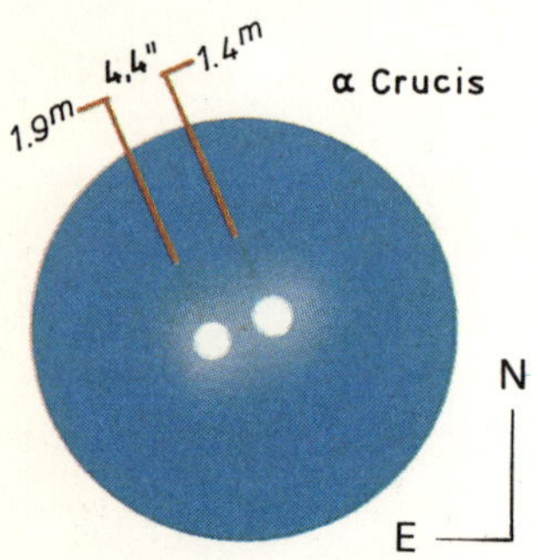

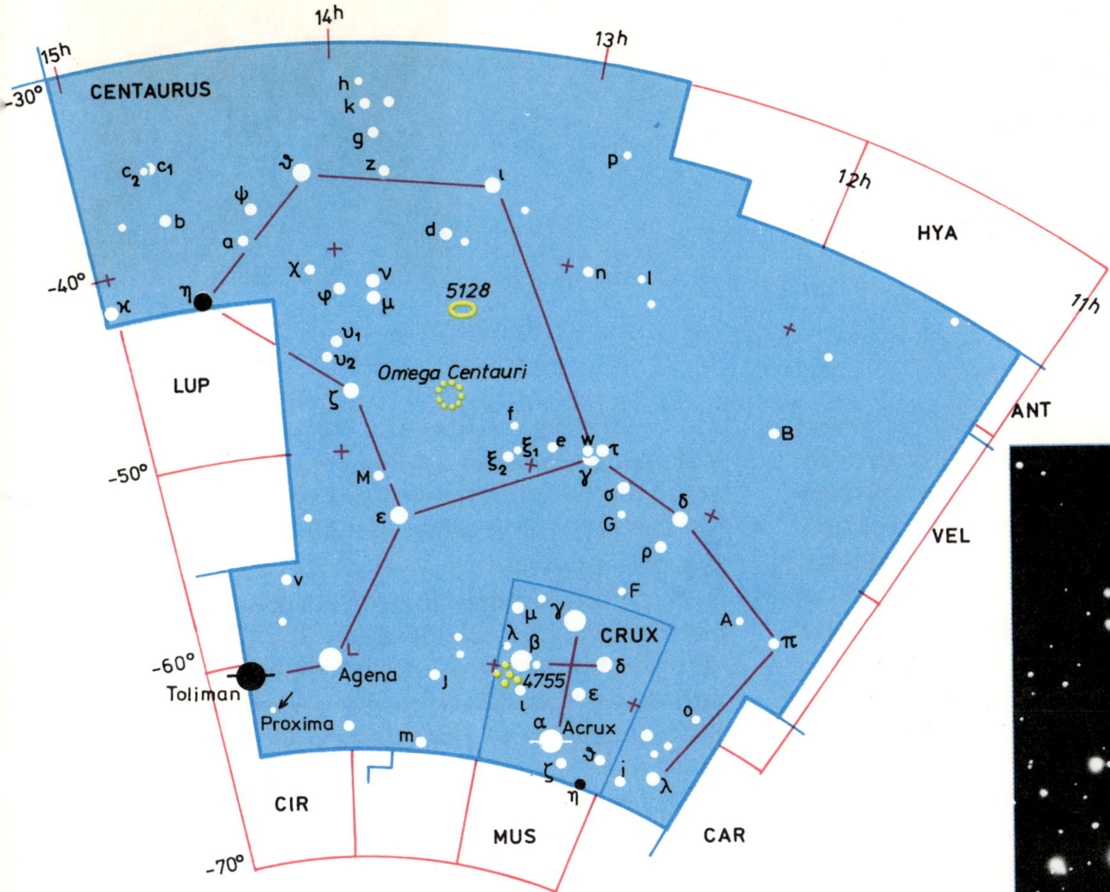

A droite: amas ouvert NGC 4755
dans la constellation de la Croix du Sud,
appelé «l'écrin de perles précieuses».

«Le Sac de charbon».↑

Le Centaure et le Loup.
Code astronomique du XIVe siècle.

CEN

CENTAURUS

Centauri · Cen · le Centaure

Alpha du Centaure ou Toliman: $\alpha = 14$ h 39,6 mn $\delta = -60°50'$; troisième étoile par ordre de brillance, $-0{,}27^m$. Étoile la plus proche de notre Soleil. Étoile triple: les deux composants brillants A ($-0{,}04^m$) et B ($1{,}17^m$) forment une magnifique binaire (dessin du bas, à droite). Le troisième composant est une naine rouge, $10{,}7^m$, distance: 2° des deux autres composants. Elle se nomme Proxima du Centaure, c'est le plus proche des trois composants: 4,28 années-lumière de la Terre, c'est-à-dire 270 000 ua (distance Terre-Soleil).
Omega du Centaure ou NGC 5139 (page ci-contre, en bas): $\alpha = 13$ h 26,8 mn $\delta = -47°19'$; c'est le plus grand et le plus beau de la voûte. A l'œil nu il ressemble à une étoile brumeuse 4^m (c'est pourquoi Bayer l'a désigné au XVIIe siècle par la lettre omega). Il est relativement proche (17 000 années-lumière de la Terre). L'amas paraît avoir la taille de la Lune dans le ciel. Diamètre réel de la région centrale dense et brillante: 100 années-lumière. Au centre de l'amas la concentration en étoiles est 25 000 fois supérieure à celle des régions proches du Soleil; la distance moyenne entre les étoiles est de 1/10e d'année-lumière.
NGC 5128 ou Centaurus A (page ci-contre, en haut): $\alpha = 13$ h 25,3 mn $\delta = -43°01'$; galaxie inhabituelle aux dimensions géantes, puissante source d'énergie diffusée dans le domaine de la lumière visible, radio, X et infrarouge. Elle contient trois fois plus d'étoiles que notre Galaxie. Distance: 12 millions d'années-lumière de la Terre. L'objet proviendrait de la collision de deux galaxies qui se seraient ensuite regroupées. Cette grande galaxie elliptique contenant de vieilles étoiles est pénétrée par un anneau foncé de poussière qui semble diviser l'ellipse en deux; c'est le résidu d'une seconde galaxie plus jeune. Dans l'anneau de poussière brillent de nombreuses étoiles jeunes et bleues qui sont peut-être apparues au cours de la collision.

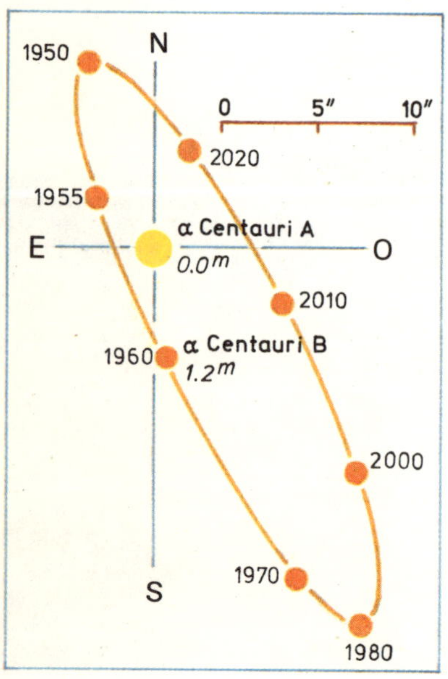

A gauche: trajectoire apparente des deux composants les plus brillants A et B de l'étoile triple Alpha du Centaure. La distance des composants varie de 2″ à 22″ dans une période de 80 ans.

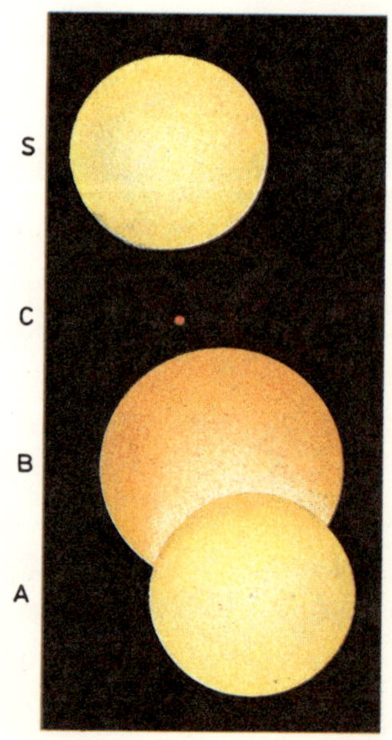

A droite: comparaison de la taille des composants d'Alpha du Centaure A, B, C avec celle du Soleil S.

CAR

CARINA

Carinae · Car · la Carène

VEL

VELA

Velorum · Vel · les Voiles

Le navire Argo (détail). Code astronomique du XIVᵉ siècle.

Alpha de la Carène ou Canopus: α = 6 h 24,0 mn δ = —52° 41′; deuxième étoile par ordre de brillance: magnitude —0,72ᵐ. Distance: entre 100 et 120 années-lumière de la Terre; diamètre: 30 fois celui Soleil; luminosité: 1400 soleils. Canopus a fait office d'étoile de navigation pour la plupart des sondes interplanétaires: cette étoile est considérablement éloignée de l'écliptique, ce qui évite de la prendre pour une planète.

NGC 2516: α = 7 h 58,2 mn δ = —60° 52′; amas stellaire ouvert brillant visible à l'œil nu. Au télescope on compte près d'une centaine d'étoiles dans un rayon de 1°. Diamètre réel de l'amas: 20 années-lumière; distance: 1200 années-lumière de la Terre.

NGC 3532: α = 11 h 06,5 mn δ = —58° 40′; un des plus riches amas ouverts de la voûte. Il présente une forme allongée et des dimensions angulaires impressionnantes: 60′ × 30′. Il contiendrait 400 étoiles dont 150 de magnitude inférieure à 12. Diamètre réel: 25 années-lumière; distance: 1300 années-lumière de la Terre.

NGC 3132: α = 10 h 07,0 mn δ = —40° 26′; nébuleuse planétaire avec une étoile centrale très brillante, 10ᵐ. L'étoile est dotée d'un compagnon 16ᵐ, distant de 1,65″. C'est une naine avec une température de surface extrêmement élevée (100 000 K), source de rayonnement pour la nébuleuse. Diamètre réel de la nébuleuse: 0,5 année-lumière; distance: entre 2000 et 2800 années-lumière de la Terre.

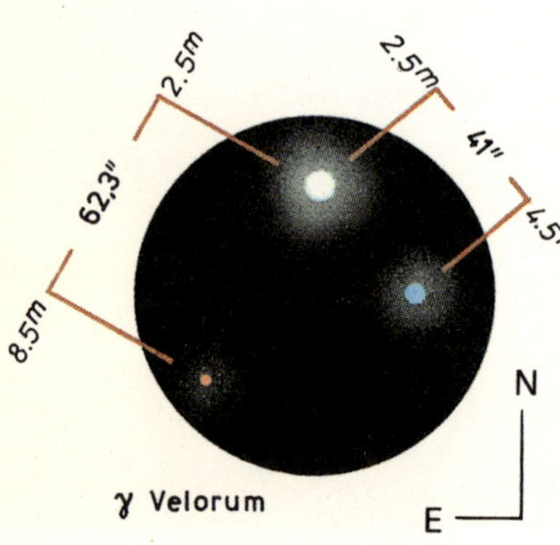

Gamma des Voiles: α = 8 h 09,5 mn δ = —47° 21′; formation multiple dans laquelle resplendit une binaire brillante avec des composants 2,5ᵐ et 4,5ᵐ, discernable avec des jumelles. Le composant primaire est un exemple typique d'étoile «Wolf — Rayet», c'est-à-dire de géante extraordinairement lumineuse et chaude. Sa température de surface est supérieure à 50 000 K; elle est dotée d'une atmosphère en expansion très rapide. Distance: 800 années-lumière de la Terre.

NGC 3132: nébuleuse planétaire aux confins des Voiles, appelée Antlia. Dimensions apparentes: 84″ × 52″.

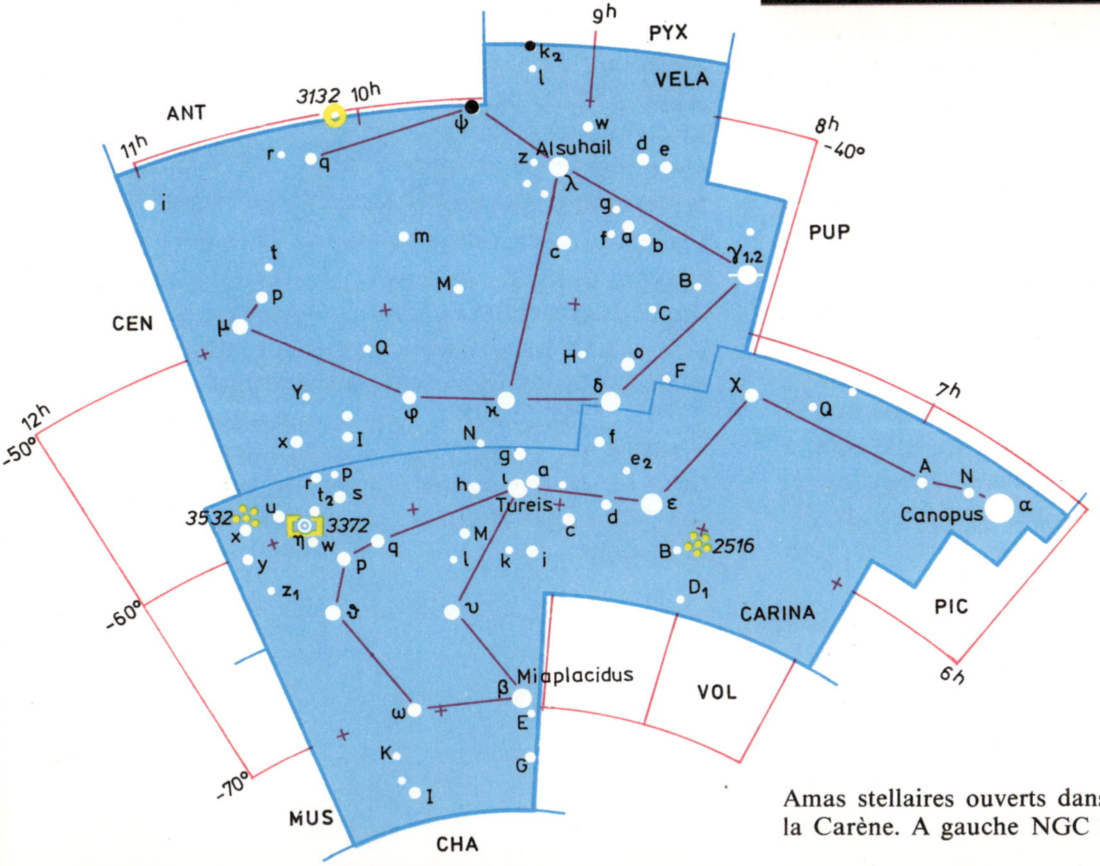

Amas stellaires ouverts dans la constellation de la Carène. A gauche NGC 2516, à droite NGC 3532.

CAR

GRANDE NÉBULEUSE PRÈS D'ÊTA DE LA CARÈNE

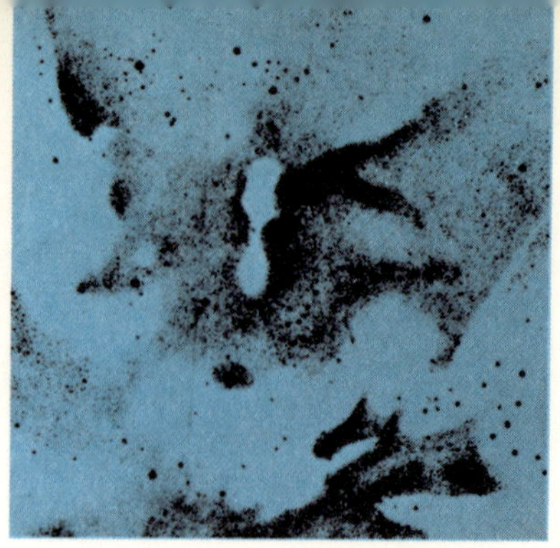

Le nébuleuse près d'Êta de la Carène, d'après Herschel. Littrow, *Himmelsatlas*, 1854.

Êta de la Carène: $\alpha = 10$ h 45,1 mn $\delta = -59°42'$; variable irrégulière, elle ressemble aux novae. C'est un objet très remarquable. Ses variations d'éclat sont suivies depuis la deuxième moitié du XVIIe siècle, époque à laquelle sa magnitude était de 4^m. Depuis lors, son éclat varia irrégulièrement; en 1730 elle atteignit 2^m, puis fluctua entre 2^m et 4^m jusqu'en 1820; depuis cette date, comme l'indique la courbe de lumière (en bas) sa magnitude a augmenté. Êta de la Carène est parvenue à $-0,8^m$ en mars 1843 (magnitude maximum); elle était alors la deuxième étoile par ordre de brillance. Puis son éclat a diminué; elle n'était plus visible à l'œil nu par la suite; au cours du XXe siècle, elle a varié entre 7^m et 8^m. L'étoile est entourée par une enveloppe gazeuse en expansion de 20″ de diamètre; cette enveloppe se serait séparée de l'étoile après son explosion de 1843. Êta de la Carène est pratiquement distante de la Terre de 3900 années-lumière, ce qui implique qu'en 1843 elle connaissait une luminosité un million de fois supérieure à celle du Soleil. Actuellement cette étoile est seulement 1000 fois plus brillante que le Soleil.

NGC 3372: grande nébuleuse prés d'Êta de la Carène, très vaste et brillante, région H II. Elle occupe dans le ciel une surface supérieure à un degré carré. Elle est dotée d'une structure complexe. Elle est divisée en plusieurs formations cunéiformes par des bandes de matière foncée. La partie la plus brillante renferme une petite tache sombre qui ressemble à un trou serrure, d'où le nom de la nébuleuse «Trou de serrure». Nous trouvons également à cet endroit l'étoile Êta de la Carène.

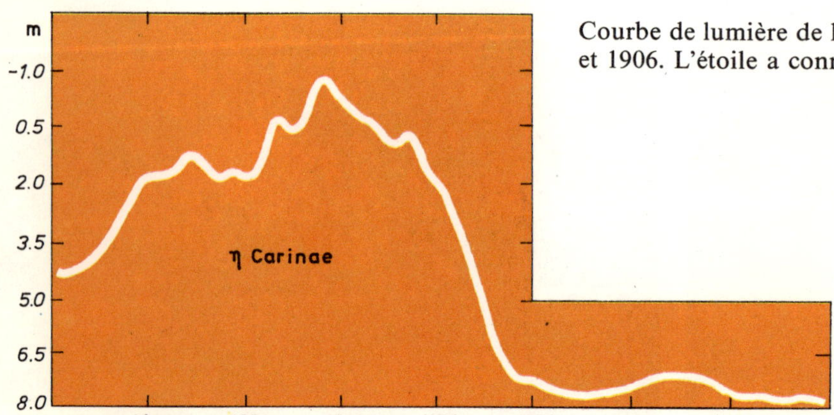

Courbe de lumière de la variable Êta de la Carène entre 1810 et 1906. L'étoile a connu un éclat maximum en 1843.

DOR
DORADO
Doradus · Dor · la Dorade

MEN
MENSA
Mensae · Men · la Table

PIC
PICTOR
Pictoris · Pic · le Peintre

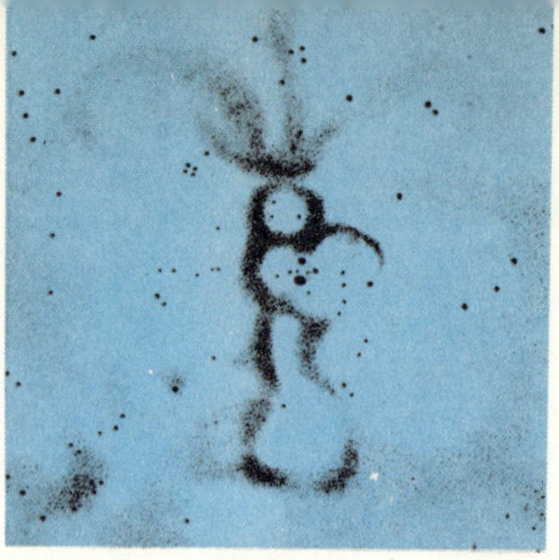

Nébuleuse du Grand Nuage de Magellan. Littrow, *Himmelsatlas,* 1854.

Les Nuages de Magellan: ce sont deux petits nuages brumeux qui ressemblent à des fragments de la Voie lactée. Ils composent avec le pôle Sud céleste un triangle équilatéral. Ils ont été décrits pour la première fois par un navigateur portugais, Ferdinand de Magellan, au début du XVIe siècle. Ce n'est que vers 1920 que les astronomes ont déterminé qu'il s'agissait de deux petites galaxies irrégulières et rapprochées qui gravitent autour de notre Galaxie comme des satellites.

Le **Grand Nuage de Magellan** (α = 5 h 26 mn δ = $-69°$) a un diamètre de 26 000 années-lumière, il est distant de la Terre de 170 000 années-lumière. Le **Petit Nuage de Magellan** (α = 0 h 50 mn δ = $-73°$) a un diamètre de 16 000 années-lumière et est distant de la Terre de 205 000 années-lumière. C'est une petite distance dans le monde des galaxies, 1/10e de la distance de la galaxie M 31 dans Andromède. Nous pouvons observer dans les Nuages des étoiles une par une, non seulement des géantes mais également des étoiles plus faibles comme notre Soleil. Ainsi, nous pouvons comparer beaucoup plus facilement que dans notre Galaxie la luminosité de différents types d'étoiles car elles sont pratiquement situées à la même distance. Il devient alors inutile de déterminer laborieusement la distance de chaque étoile (ce qui est indispensable dans la Voie lactée) et on peut comparer des étoiles sans faire de correctif pour la distance.

En comparant la luminosité des étoiles dans les Nuages de Magellan, on est parvenu à une grande découverte: la dépendance entre la période de variation d'éclat et la luminosité d'un certain type de variables — les céphéides. Les céphéides sont également observables dans des galaxies plus éloignées, elles nous servent de «phares»; nous connaissons leur luminosité et sommes en mesure de calculer leur distance.

Les Nuages sont liés à notre Galaxie non seulement par la force de gravitation mais encore par un gigantesque pont d'hydrogène froid et neutre. Cet énorme nuage appelé «courant de Magellan» s'étend du Petit Nuage jusqu'au plan de notre Galaxie. Il contiendrait de la matière «extraite» par le satellite en traversant le plan de la Galaxie. Les deux nuages sont également reliés entre eux par des nuages d'hydrogène.

La lueur bleutée des Nuages de Magellan témoigne de la présence d'un grand nombre de jeunes étoiles chaudes, de géantes très lumineuses.

Nous pouvons facilement embrasser du regard les deux Nuages de Magellan (à droite). Ils sont distants de 20° l'un de l'autre et occupent dans le ciel une surface égale à celle de la configuration du Grand Chariot. Dans la partie gauche du dessin figure le Petit Nuage de Magellan de 2,5° de diamètre apparent (c'est-à-dire cinq fois le diamètre apparent de la Lune); sur le côté droit est représenté le Grand Nuage de Magellan de 6° de diamètre. Une enveloppe gazeuse (formée d'hydrogène), invisible à l'œil nu, relie les deux petites galaxies.

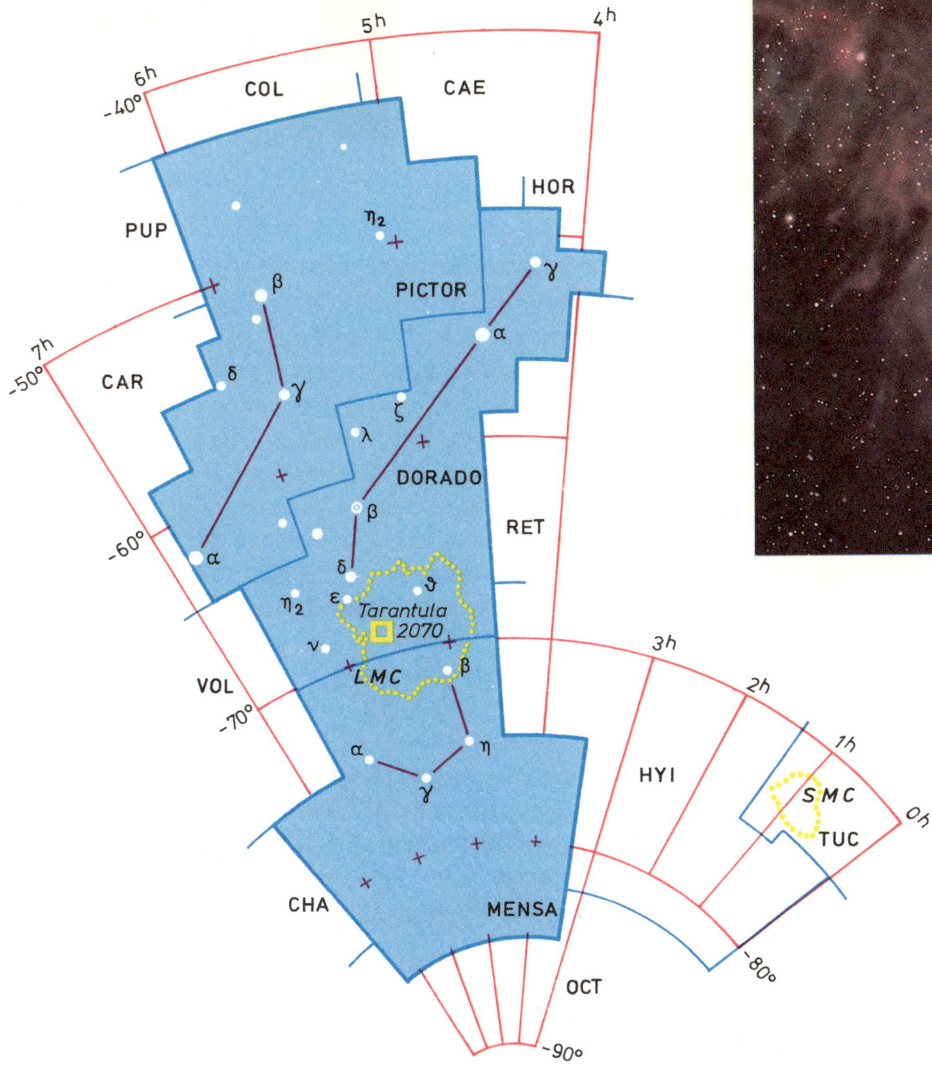

En haut: immense **nébuleuse diffuse «Tarentule»** dans le Grand Nuage de Magellan: $\alpha = 5$ h 39,9 mn $\delta = -69°$ 04′. C'est la plus grande nébuleuse diffuse que nous connaissions. Si elle était localisée à la place de la Grande nébuleuse dans Orion, elle serait trois fois plus brillante que Vénus et couvrirait toute la superficie de la constellation Orion (vous trouverez page 204 plus de détails sur Tarentule).

LE GRAND NUAGE DE MAGELLAN

La Dorade.
Cellarius, *Harmonia macrocosmica*, 1763.

Si nous pouvions regarder notre Galaxie des profondeurs de l'espace, nous remarquerions à ses côtés trois petits satellites: les Nuages de Magellan. Un système similaire existe dans la grande galaxie d'Andromède où l'on observe également des galaxies satellites.

Le Grand Nuage de Magellan α = 5 h 26 mn δ = −69°, est distant de 170 000 années-lumière; son diamètre est de 26 000 années-lumière et sa masse d'environ 10 milliards de masse solaire, c'est-à-dire 1/30e de la masse de notre Galaxie. Il est désigné par LMC *(Large Magellanic Cloud).* Le Grand Nuage fut d'abord apparenté aux galaxies irrégulières, puis certains indices ont indiqué qu'il était doté d'une structure en spirale et appartenait aux spirales barées de type SB. La barre constitue la région la plus apparente de LMC, elle ressemble à un nuage stellaire ovale, long de 20 000 années-lumière. Le long de la barre sont réparties de nombreuses nébuleuses brillantes et rougeâtres, contenant de l'hydrogène ionisé par de jeunes étoiles chaudes. Dans ces régions naissent actuellement des étoiles.

LMC contient un nombre considérable de supergéantes brillantes dont la luminosité atteint un million de soleils. La variable très particulière **S de la Dorade** fut longtemps considérée comme la plus brillante des super-supergéantes. Cependant au cours de ces dernières années, son éclat s'est affaibli et le record de luminosité est actuellement détenu par l'étoile HD 33 579 dont la masse est comprise entre 50 et 100 soleils et le diamètre de 4000 soleils.

La gigantesque nébuleuse diffuse **NGC 2070**, appelée «Tarentule» bat tous les records. C'est à l'œil nu l'objet le plus brillant de LMC, situé à côté de la barre (voir dessin page 203). Son diamètre atteint 800 années-lumière et ses protubérances externes 1700 années-lumière. Sa masse totale excéderait 400 000 masses solaires. Au centre de Tarentule se cache la source de son rayonnement: *R 136,* corps aveuglant qui possède trois composants. Le composant le plus brillant désigné par *R 136a* présente un diamètre de 3 années-lumière et semble être l'unique «super-étoile» de dimensions extraordinaires. Sa température de surface est de 60 000 K, sa luminosité de 30 millions de soleils et sa masse totale se situe entre 2500 et 4400 masses solaires. Ce monstre serait dix à vingt fois plus massif que l'étoile la plus massive connue jusqu'à présent. Des investigations récentes ont montré qu'il s'agissait en fait d'un groupe d'objets brillants.

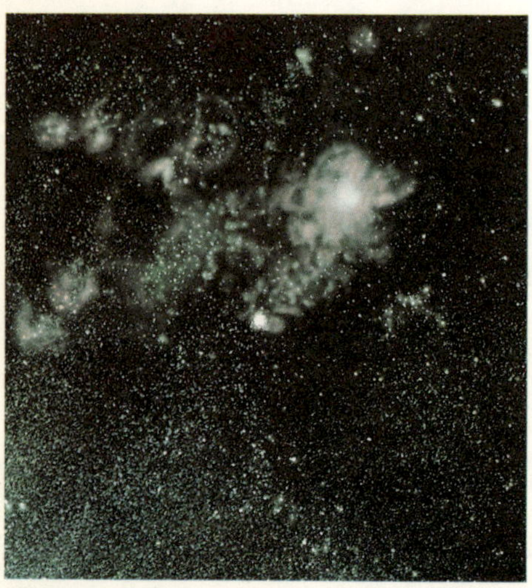

Supernova 1987 A, découverte en février 1987 dans le LMC, au voisinage de la nébuleuse de la Tarentule (cf. illustration de la page ci-contre). C'était la première supernova visible à l'œil nu depuis les temps de l'étoile de Kepler, connue en 1604. C'était également le premier objet de ce genre suffisamment brillant pour être observé par tous les types d'appareils astronomiques modernes et aussi, pour la première fois, par les détecteurs de neutrinos (particules libérées lors de la chute gravitationnelle du noyau d'une étoile devenue supernova dans le stade final de son développement. Par ces observations, l'astrophysique a beaucoup enrichi ses connaissances.

TUC

TUCANA

Tucanae · Tuc · le Toucan

SMC

LE PETIT NUAGE DE MAGELLAN

Le Toucan. Cellarius, *Harmonia macrocosmica,* 1763.

Le Petit Nuage de Magellan, SMC *(Small Magellanic Cloud)* est une galaxie irrégulière de 16 000 années-lumière de diamètre et de deux milliards de masses solaires: α = 0 h 50 mn δ = —73°. Elle est proche: 205 000 années-lumière de la Terre: avec le Grand Nuage de Magellan (voir page 202), elle gravite autour de notre Galaxie. Une partie essentielle de SMC est constituée par des nuages interstellaire d'hydrogène. L'hydrogène est le matériau indispensable pour la formation de nouvelles étoiles. SMC est le berceau de très nombreuses étoiles comme en témoigne la présence de jeunes étoiles chaudes — des géantes bleues qui confèrent à SMC une teinte bleutée.

Des radioastronomes australiens ont constaté en 1984 que SMC correspondait en fait à deux galaxies distinctes, localisées l'une derrière l'autre dans l'espace, se cachant par conséquent pour ne présenter qu'un objet unique. La galaxie la plus éloignée a été baptisée Mini Nuage de Magellan (MMC: *Mini Magellanic Cloud*); elle est située à 32 000 années-lumière au-delà de SMC. Les deux nuages SMC et MMC s'éloignent l'un de l'autre à une vitesse d'environ 40 km/s. C'est grâce aux différentes vitesses d'éloignement des deux objets que l'on a pu identifier «le visage à deux faces» du Petit Nuage de Magellan.

NGC 104 — 47 du Toucan: α = 0 h 24,1 mn δ = —72° 05′; amas stellaire globulaire très brillant qui ressemble à l'œil nu à une petite étoile de $4{,}5^m$ située à 2,5° à l'ouest de SMC. NGC 104 est l'un des plus beaux amas globulaires après Omega du Centaure (voir page 196). Il est très riche, sa concentration centrale en étoiles est très élevée, les étoiles semblent accolées les unes aux autres. Pour observer cet objet il faut utiliser un grand télescope car ses étoiles les plus brillantes n'ont qu'une magnitude apparente de $11{,}5^m$.

La distance de NGC 104 est estimée selon diverses mesures entre 15 000 et 20 000 années-lumière de la Terre. Le diamètre réel de l'amas est supérieur à 200 années-lumière.

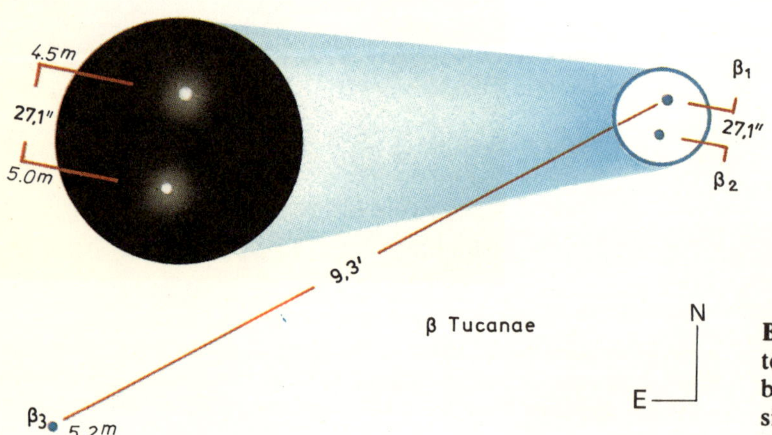

Bêta du Toucan: α = 0 h 31,6 mn δ = —62° 58′; système sextuple. Au petit télescope nous distinguons une belle binaire Bêta 1 — Bêta 2; à une distance de 10′ se situe le composant Bêta 3. Ces trois composants sont eux-mêmes des binaires très serrées.

En haut: nous observons dans le Petit Nuage de Magellan des objets semblables à ceux de la Voie lactée: des étoiles parmi lesquelles scintillent des géantes bleues brillantes, des amas stellaires ouverts et globulaires ainsi que des nuages rougeâtres de nébuleuses diffuses.

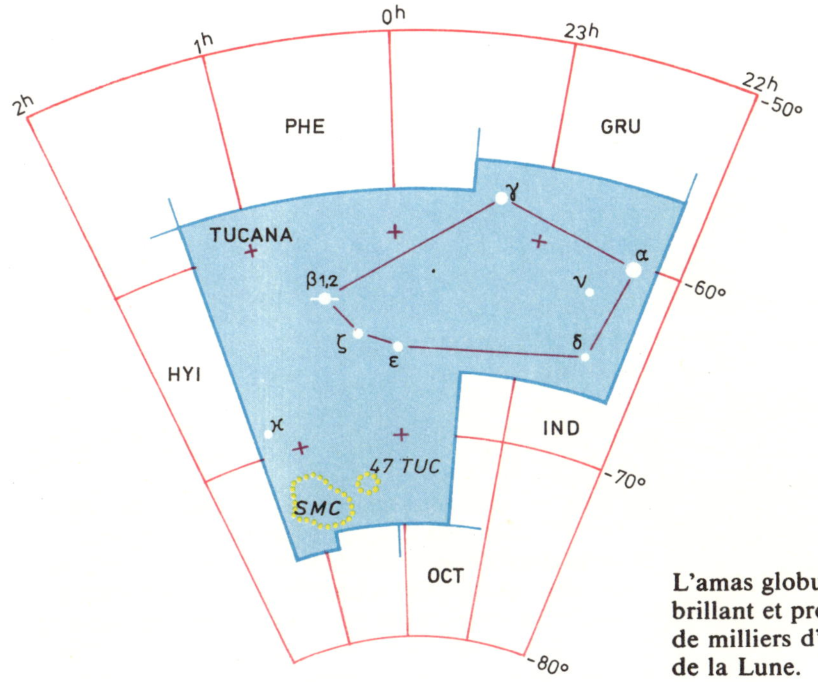

L'amas globulaire NGC 104—47 du Toucan est un objet splendide, brillant et proche. Au grand télescope nous discernons des dizaines de milliers d'étoiles dans un cercle supérieur au diamètre apparent de la Lune.

ARA
Arae · Ara · l'Autel
OCTANS
Octantis · Oct · l'Octant
PAVO
Pavonis · Pav · le Paon

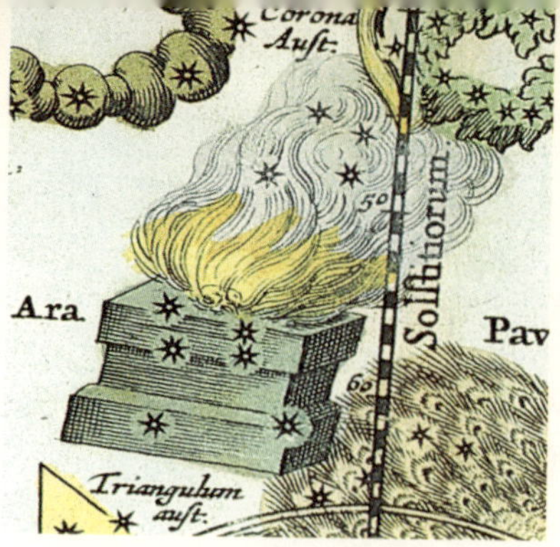

L'Autel.
Cellarius, *Harmonia macrocosmica,* 1763.

NGC 6397 (page ci-contre, en haut, à droite): $\alpha = 17\,h\ 40{,}8\,mn$ $\delta = -53°41'$; amas globulaire dans la constellation de l'Autel, supposé être l'objet de ce type le plus proche. Distance: 8200 années-lumière de la Terre environ. Diamètre apparent 20', c'est-à-dire $1/30^{e}$ du diamètre du disque lunaire. Les étoiles les plus brillantes de l'amas ont une magnitude comprise entre 10^{m} et 12^{m}, ce sont des géantes rouges, environ 500 fois plus lumineuses que le Soleil. La luminosité globale de l'amas est de 8000 soleils, valeur relativement faible par rapport aux autres amas globulaires.

NGC 6752 (page ci-contre, en bas, à gauche): $\alpha = 19\,h\ 10{,}8\,mn$ $\delta = -60°00'$; un des plus brillants et des plus vastes amas globulaires de la voûte céleste. Il est situé dans la constellation du Paon. Magnitude apparente: $7{,}2^{m}$ et diamètre apparent sur photographie: 42', c'est-à-dire un diamètre supérieur au disque lunaire. Luminosité globale atteignant 100 000 soleils, distance: 20 000 années-lumière de la Terre.

NGC 6188 (page ci-contre, en bas, à droite): nébuleuse diffuse dans la constellation de l'Autel, encerclée par des nébuleuses sombres qui dessinent une figure abstraite.

La nébuleuse ceint un amas ouvert: **NGC 6193**, $\alpha = 16\,h\ 41{,}4\,mn$ $\delta = -48°46'$, dont les géantes chaudes enflamment les nuages d'hydrogène interstellaire. La région la plus remarquable de ce complexe est la bordure brillante de nuages de poussière sombres qui, de loin, ressemblent à «la Tête de Cheval» dans Orion. L'absorption de la lumière des étoiles dans les nuages de poussière y est très manifeste. Nous pouvons remarquer que sur un bord de la frontière brillante, il y a une concentration d'étoiles plus importante que sur l'autre côté (partie basse du dessin); les étoiles y sont plus dispersées. C'est ainsi que nous identifions le nuage de poussière, normalement invisible car non brillant; il dissimule les étoiles comme un rideau et ne laisse apparaître que les étoiles situées à l'avant, c'est-à-dire entre nous et la nébuleuse sombre.

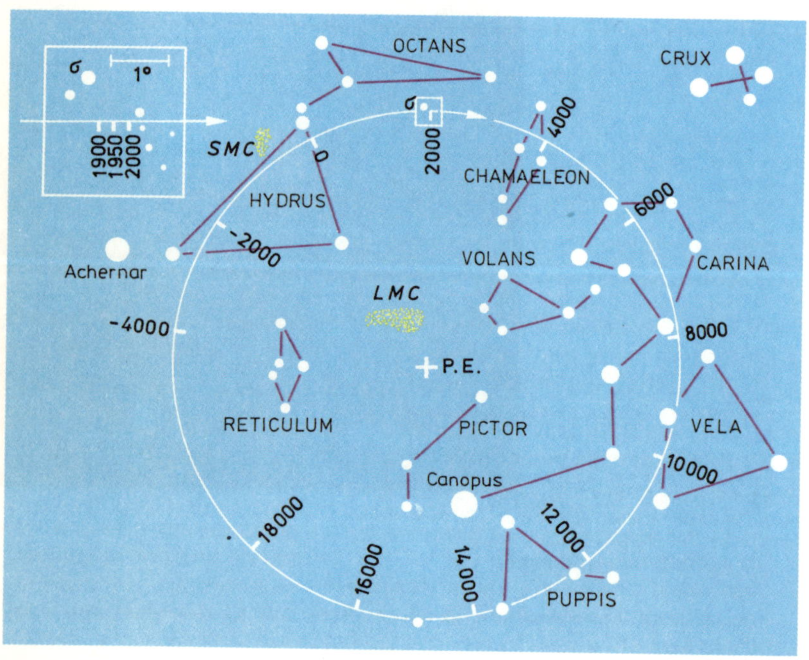

En raison du mouvement de précession de l'axe terrestre, la position des pôles célestes n'est pas stable. Le dessin représente le mouvement du pôle Sud en une année platonicienne (26 000 ans). La «Polaire du Sud» est actuellement une petite étoile de magnitude $5{,}5^{m}$: **Sigma d'Octant.** Elle est située à 1° du pôle Sud.

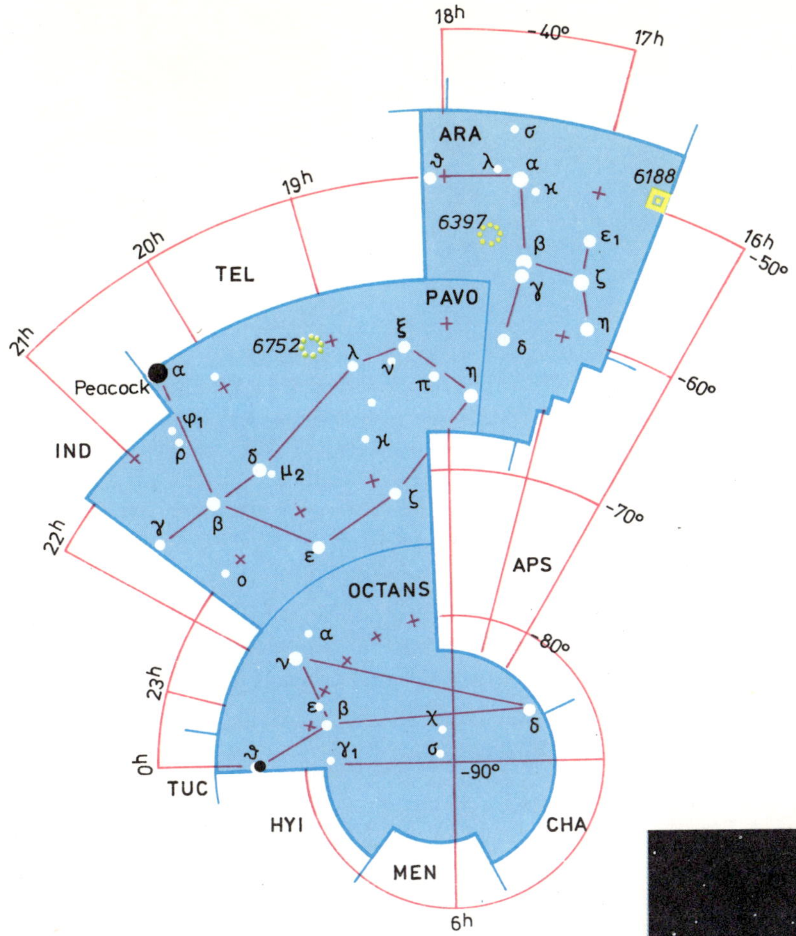

En haut: NGC 6397 — amas stellaire globulaire dans la constellation de l'Autel. Vraisemblablement le plus proche des amas stellaires globulaires.

A droite NGC 6188: splendide complexe de nébuleuses brillantes et sombres dans la constellation de l'Autel. Les contours des nuages de poussière et de gaz sombres laissent présupposer l'existence d'un volume considérable de matières diverses qui remplissent l'espace interstellaire apparemment vide.

En bas: NGC 6752: amas stellaire globulaire dans la constellation du Paon: l'un des plus riches amas globulaires.

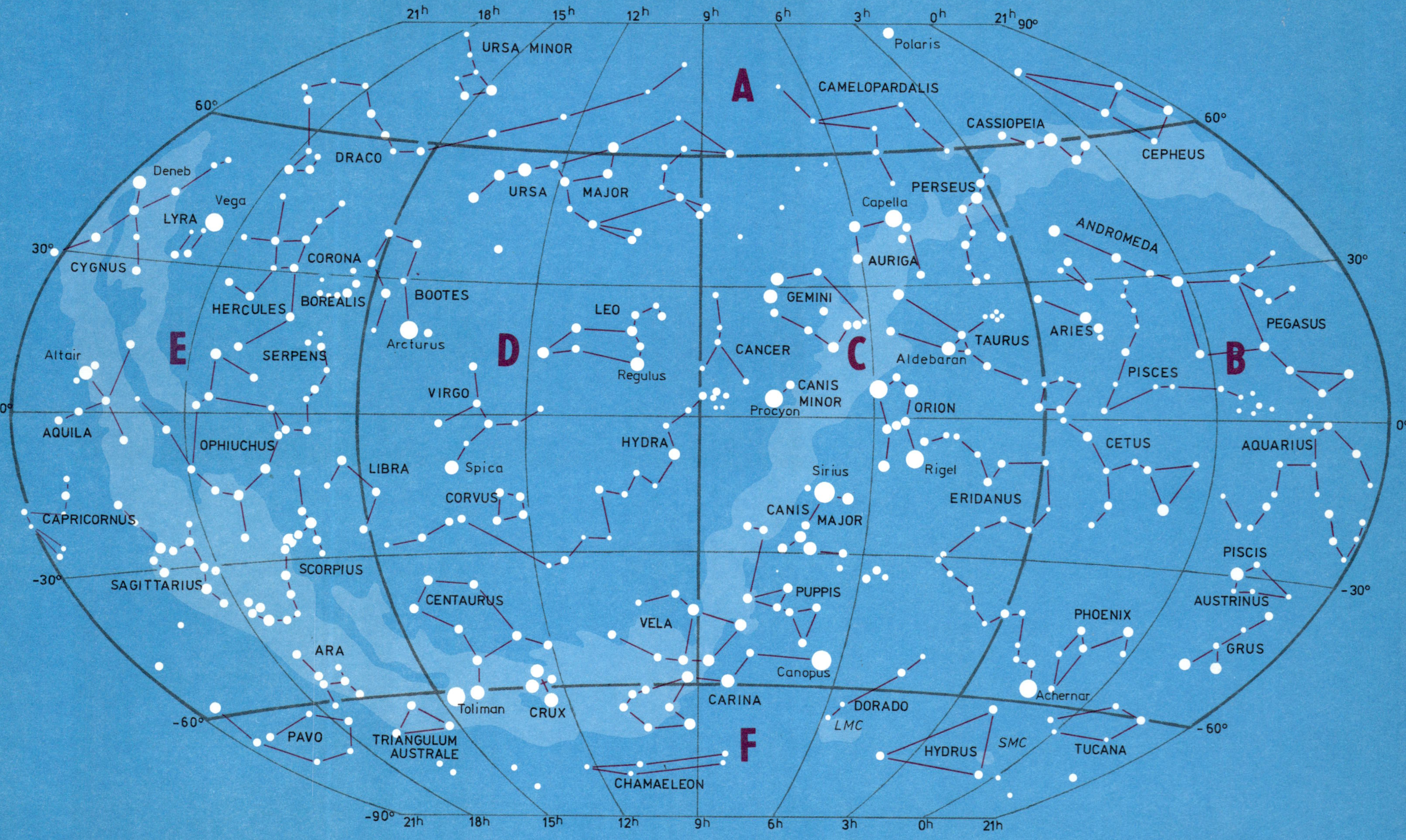
21h
18h
15h
12h
9h
6h
3h
0h
21h
90°
60°
30°
0°
-30°
-60°
-90°
A
B
C
D
E
F
URSA MINOR
Polaris
CAMELOPARDALIS
CASSIOPEIA
CEPHEUS
DRACO
URSA
MAJOR
PERSEUS
Capella
AURIGA
ANDROMEDA
Deneb
Vega
LYRA
CYGNUS
CORONA
BOREALIS
HERCULES
BOOTES
Arcturus
LEO
Regulus
GEMINI
CANCER
TAURUS
Aldebaran
ARIES
PISCES
PEGASUS
Altair
SERPENS
VIRGO
CANIS
MINOR
Procyon
ORION
AQUILA
OPHIUCHUS
LIBRA
Spica
HYDRA
Rigel
CETUS
AQUARIUS
Sirius
CORVUS
CANIS
MAJOR
ERIDANUS
CAPRICORNUS
SAGITTARIUS
SCORPIUS
PUPPIS
PISCIS
AUSTRINUS
CENTAURUS
VELA
PHOENIX
GRUS
ARA
Canopus
Achernar
Toliman
CRUX
CARINA
DORADO
LMC
PAVO
TRIANGULUM
AUSTRALE
HYDRUS
SMC
TUCANA
CHAMAELEON